"大国三农"系列规划教材

普通高等教育"十四五"规划教材

农业生物环境因素测试技术

第 2 版

滕光辉　主编

U0219270

中国农业大学出版社
·北京·

内 容 简 介

本书内容主要包括绪论,测量误差与测量数据的处理,温度检测,辐射检测,空气湿度与气体成分检测,气体压力、流速和流量测量,数据监测系统,农业生物环境测试技术的新进展等共 8 章。本书重点讲述了农业生物环境工程科研、教学、管理以及动植物种养生产实践活动中经常涉及的一些参数,如温度、湿度、光辐射、气体成分、气体压力、流速和流量等的测量方法,以及这些测量方法在农业生物环境工程中的应用。

本书可作为农业建筑环境与能源工程专业本科生教材,以及农业工程、环境工程、园艺、畜牧等相关专业参考书,也可供从事设施农业、农业建筑、生物环境控制和能源工程等相关专业的科研人员、工程技术人员和研究生参考。

图书在版编目(CIP)数据

农业生物环境因素测试技术 / 滕光辉主编. --2 版. --北京:中国农业大学出版社,2022.3
ISBN 978-7-5655-2535-3

Ⅰ.①农… Ⅱ.①滕… Ⅲ.①农业环境-生物环境-环境因素-测试技术 Ⅳ.①S181.3

中国版本图书馆 CIP 数据核字(2021)第 050156 号

书 名	农业生物环境因素测试技术　　第 2 版			
作 者	滕光辉　主编			
策划编辑	杜 琴　郑万萍		责任编辑	杜 琴　郑万萍
封面设计	郑 川			
出版发行	中国农业大学出版社			
社 址	北京市海淀区圆明园西路 2 号		邮政编码	100193
电 话	发行部 010-62731190,2620		读者服务部	010-62732336
	编辑部 010-62732617,2618		出 版 部	010-62733440
网 址	http://www.cau.edu.cn/caup		e-mail	cbsszs @ cau.edu.cn
经 销	新华书店			
印 刷	北京时代华都印刷有限公司			
版 次	2022 年 3 月第 2 版　　2022 年 3 月第 1 次印刷			
规 格	185 mm×260 mm　　16 开本　　17.5 印张　　415 千字			
定 价	52.00 元			

图书如有质量问题本社发行部负责调换

P 第 2 版前言
PREFACE

"生物环境因素测试技术"是农业建筑环境与能源工程专业本科生的一门重要必修课程。因为测试目的和要求不同,测试对象又是千变万化的,所以,测试技术中的调试系统的组成、传感器的采用及其工作原理也各不相同。本课程涉及机械、光学、电学、声学、热工、数字技术、控制理论等多种学科,本书仅就测试技术的基础知识、常用传感器以及非电量电测方面的有关知识加以介绍。通过本课程的学习,学生能对生物环境因素测试系统有一个完整的概念,能正确地选用测试装置,掌握生物环境因素测试所需要的基本知识和技能。

本课程所用教材《农业生物环境因素测试技术》(第 1 版)系 2005 年编写完成。近年来,伴随数字农业、物联网、大数据等新一代信息技术的快速发展,智能感知方法、机器视觉技术、新型传感器技术等创新科研成果已在农业工程领域得到应用并展现出很好的应用前景。在将前沿科研成果及时转化为课堂教学内容的同时,为方便学生和读者全面了解和系统掌握农业生物环境因素测试技术的前沿知识、基本原理和测试方法,在中国农业大学本科教材建设项目的支持下,本次对课程原有教材进行了修订。

重点修订内容有 3 个方面。

第一,基础理论部分:增加了湿热空气动力学(湿焓图应用)概论、测量数据误差案例分析、计算机算法程序及练习题。第二,测试技术部分:增补了红外光声谱多种气体检测仪、脉冲荧光法 H_2S 分析仪及化学荧光法 NH_3 检测仪等精密检测仪器设备的工作原理及使用方法等,强化了农业工程案例应用内容。第三,传感器部分:增加了家禽感知光照度、机器视觉感知等基于新原理的前沿传感器技术内容和案例。

在本书编写的过程中,中国农业大学童勤老师帮助提供了第 4 章中动物光环境感知技术的相关内容,王朝元老师帮助提供了部分气体检测新仪器的使用资料;中国农业大学农业生物环境与能源工程专业杜晓冬、刘慕霖、庄晏榕等博士生为本书插图绘制做了大量工作。本书的编写与出版得到了许多专家和学者以及中国农业大学出版社的帮助与支持,在此一并致以最诚挚的感谢。

由于编者水平有限,书中难免出现错误与疏漏之处,希望广大师生及读者对本书提出宝贵意见,以便不断完善。

编者

2020 年 10 月

P 第1版前言
PREFACE

目前,"农业生物环境因素测试技术"已成为农业建筑环境与能源工程专业研究生的一门重要的必修课程。尽管有关农业生物环境测试技术的参考书较多,但是尚缺乏能够适应当今研究生教学要求的教材,因此我们编写了《农业生物环境因素测试技术》一书。本书是中国农业大学研究生精品及重点课程建设项目成果。

在农业生产进入工厂化、信息化的今天,从农产品种植到畜产品养殖,都与测试技术分不开。为了满足动植物生长的需要,人们在选择温室、畜禽舍设计方案,解决动植物养殖和(或)种植过程中发现的问题时,往往需要对生产环境和生产工艺进行各种试验,以便获得必要的技术数据,并通过试验研究,取得可靠数据,才能使设计的人工饲养和种植设备及采取的环境手段满足动植物生长的需求。

随着科学技术和生产的发展,对环境因素测量的精度和速度,尤其是对动态量的测量和远距离测量提出了更高的要求,为了满足这些要求,就必须寻求新的测量方法。通常都是把被测的非电量,通过传感器变换成电信号再进行测量。

因为测试目的和要求不同,测试对象又是千变万化的,所以组成的调试系统、采用的传感器及其工作原理也各不相同,涉及机械、光学、电学、声学、热工、数字技术、控制理论等多学科知识,本书仅就测试技术的基础知识、常用传感器以及非电量电测方面的有关知识加以介绍。通过本课程的学习,学生对测试系统有一个完整的概念,能正确地选用测试装置,掌握测试所需要的基本知识和技能。

本书可作为农业建筑环境与能源工程专业研究生教材,以及农业工程、环境工程、园艺、畜牧等相关专业参考书,也可供从事设施农业、农业建筑、生物环境控制和能源工程及相关专业的科研、工程技术人员和研究生参考。

本书的编写得到了中国农业大学出版社及许多专家和学者的帮助与支持,特别是中国农业大学出版社的编辑为本书的编写和出版做了大量的工作,付出了辛勤的劳动,在此,请接受我们最诚挚的谢意。

本书作者在编写的过程中,参阅了近年出版的有关测试技术论著和教科书,吸收了其中的某些观点和例证,中国农业大学农业生物环境与能源工程专业的李志忠、刘雁征等博士生,为本书插图绘制做了大量工作,在此一并致谢。

由于时间仓促,加之作者水平有限,书中缺点、错误难免,祈望广大师生及读者对本书提出宝贵意见,给以批评指正。

编 者
2005 年 5 月

C目录
ONTENTS

农业生物环境因素测试技术

2

目
录

第1章
绪　论

1.1　环境因素测试的目的和意义

　　测试技术是指按照被测对象的特点,采用某种方法和仪器获取被测试数值的全过程,主要研究各种物理量的测量原理和测量信号的分析处理方法。只有通过测试才能获得表征物理或化学现象和过程的定量信息。因此,各行各业都有自己的测试技术问题,农业生物环境工程领域也不例外。

　　测试技术是进行各种科学实验研究和生产过程参数检测等必不可少的手段,它起着类似人的感觉器官的作用,通过测试可以揭示事物的内在联系和发展规律,从而去利用它和改造它,推动科学技术的发展。科学技术的发展促进测试技术的发展,反过来,测试技术的发展又促进科学技术的提高,这种相辅相成的关系推动社会生产力不断前进。现代科学技术和现代测试技术的关系比任何时候都更为密切。中国有句古话:"工欲善其事,必先利其器",用这句话来说明测试设备与科学技术的关系是很恰当的。这里,所谓"事"就是科学技术,而"器"则是测试设备。翻开科学发展史就会看到,许多重大的科学成就几乎都与某种新的实验仪器的诞生息息相关。

　　国民经济各部门的生产虽然是千差万别的,但需要测试的参数可归结为并不太多的若干种类。一般说来,被测参数有长度、时间等空间和时间量,压力、质量等力学量,温度、热量等热学量,电流、电压和磁场强度等电磁量,以及光学量、有害气体和化学成分等等。上述各种参数并无行业、部门的界限,如温度在电力、化工、冶金、农业和医药等行业中都是重要参数。因此,通用性是测试技术的一个特点。由于被测对象的不同和测试条件的差异,同一种参数,其测试方法、设备和系统一般不是完全一样的。如温度参数,就可能属于物体表面温度、火焰温度、高速气流温度等不同的测试对象,有高温、中温、低温等不同的测试范围,还有精密测试和一般测试这样一些不同的精度要求,等等。在测试工作中必须根据不同的情况,具体分析,区别对待,这是测试技术的又一个特点。

　　在农业生物环境工程领域中,与农业生产有关的环境因素(一般有温度、湿度、光照、流量、营养液浓度和气体成分,以及风速、风向、雨量等气象参数等)的测量,都离不开测试技术。农用设施的结构强度和热维护特性试验常常还要测试流速、热量及应力等。在工程技术中广泛应用的自动控制技术也和测试技术有着密切的关系,测试装置是自动控制系统中的感觉器官和信息来源,对确保自动化系统的正常运行起着重要作用。图 1-1 是温室环境测控系统示意图。一栋 2 000 m² 左右的连栋温室,其测点一般有 50～60 个,各种测试和控制设备及传感器多达几十种。由此可见,环境因素测试在控制系统中占据重要地位,其测试结果的准确度直接影响着自动控制的水平。

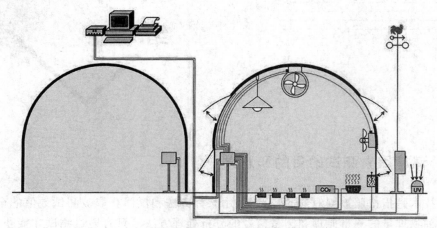

图 1-1　温室环境测控系统示意图

环境因素测试系统在设计和安装时,应正确地选择测点和仪器,以达到系统合理、投资少、便于维护的要求。运行中应保证整个测试系统经常处于投入状态,能正确而及时地反映环境调控设备的运行情况,并改善管理人员的劳动条件。因此,从事环境因素测试工作的技术人员必须充分熟悉仪器和测试系统,掌握测试方法,对设施农业装备(即被测对象)的结构和性能要有一定的了解。

根据上述要求,本书的内容讲述了农业生物环境因素测试的基本理论与方法、传感器的原理和性能、仪器的选用和测点的选择原则、测试系统的组成与误差分析等。这些内容涉及面很广,显然,书中只能介绍典型的测试方法和仪器,希望读者能举一反三,这样,在各种实际的测试任务中,尽管对象特性不同,仪器品种繁多和不断更新,也能运用基础理论和专业知识来分析和解决测试问题。

1.1.1　农业生物与环境

农业生物机体的各种性状,是其遗传潜力(内在因素)及其所处环境两者交互作用的结果。我们知道,千百年来,自然界的动植物一直遵循着"适者生存、优胜劣汰"的残酷法则生存着,进化着,为了适应自然环境变化的节律性和随机性,农业生物的生长习性也相应地呈现出与之对应的节律性,并通过遗传特性代代相传。食物、光、水、热及其他环境因素,构成某一特定的遗传潜力能否表现的客观条件。遗传潜力究竟能在多大程度上表现出来,则主要取决于它所处的外界环境。外界环境可分为:

①物理环境,如温度、光照、湿度、水分、土壤等,其中温度、湿度、辐射、气流等因素合在一起称为热环境,是环境控制的重点。

②化学环境,如有害气体。

③生物环境,如致病微生物、寄生虫、土壤微生物等。生物彼此之间也构成生物环境,这

种生物环境被称为群体环境。

农业生物环境主要指与植物和动物生长、发育、繁殖直接有关的温度、光照、湿度、水分、土壤、气体等外界因素。现有的技术水平可控制的环境只限于局部空间。通过控制、改善和创造适合农业生物生活和生产的环境条件，可以实现农业生产的优质、低耗、速生和高产。具体地说，影响植物生产的环境因子有光（光质、光量）、温度、湿度、空气成分（CO_2 和乙烯等）、风速、水分、土壤等。影响动物反应的环境因子主要有辐射、光、温度、湿度、空气成分（O_2，CO_2，NH_3，粉尘等）、风速、水质等。

1.1.2 环境因素测试在现代农业生产中的应用

随着现代农业生产节奏的加快以及人们对农产品质量的高要求，环境因素测试技术在现代农业生产中的作用日益突出。

例如，在工厂化农业生产的过程控制中，农业设施的光环境、温湿度、通风量等控制参数的检测，营养液配比量的检测等，对生产工艺的优化控制、农产品质量监控、安全生产都具有非常重要的意义。又如，近年来出现的"植物工厂"，通过检测植物栽培作业流水线生产中各种工艺参数（营养液浓度配比、营养液温度调控等）和植物生长环境条件所发生的变化（温室温度、光照、湿度、CO_2 浓度等）信号进行反馈控制，自动调节这些参数在最佳状态下工作。这一切都需要借助于环境测试技术来完成。

在制定农业生产领域的环境质量标准时，往往需要利用环境测试技术进行农作物产品的优化试验、定量分析，通过研究环境工程与自然环境、农业生物间互相作用的规律，建立相应的数学模型，以便为标准的制定提供依据。

同时还要看到，为了适应大自然千百年来优胜劣汰、适者生存的自然法则，农业生物有自己的生长节律性，同时自然环境也有自己的节律性、随机性。在人工种植的条件下，需监测、研究农业生物的生长节律与自然环境节律之间的相互作用、相互影响的关系，这些也都离不开环境测试技术。

在智能化温室运行监控和故障诊断中，通过环境测试技术从温室内生态环境中提取系统参数变化的特征信息，来判断动态数据的性质，监测、预测和诊断植物生理生长过程与系统的状态，以达到为植物生长提供适宜生存环境的目的。

由此可以看出，环境测试理论所研究的内容是农业生物环境工程中的重要基础技术，在农业生物环境工程中的地位和作用是显而易见的。随着农业生物环境工程的不断深入发展，其应用的范围将越来越广泛，所起的作用也会越来越大。

在农业生物环境领域中，测试技术得到越来越多的应用，起着越来越大的作用。对于设施农业中的温室、畜禽舍等农业建筑物，以前只是测试一些静态或稳态下的参数（静态特性），如舍内温湿度、舍内有害气体浓度等，而现在普遍要求测试它的动态参数（动态特性），如舍内温湿度变化曲线、在工作状态下的舍内通风风速变化率、温室温度场等，以便更好地了解农业设施在运行时的确切情况，找出薄弱环节，改进农业设施的设计和改善农业设施的运行状态。从以下几个方面可以看到测试技术在农业生物环境领域中应用的概貌及其广泛性。

1.1.2.1 畜舍环境因素测试

畜舍环境因素测试即对畜舍内各种环境因素进行测定和计量。通过测试掌握畜舍内环境的实际状况，包括温度、湿度、气流、光照、尘埃及有害气体等，来评价畜舍环境的优劣，以便采用相应的管理技术和方法,为家畜创造适宜的环境条件,充分发挥家畜的生理机能和生产性能。

(1)温度测试 温度是畜舍内首要的环境因子,直接影响家畜生产性能和饲料转化率。温度的计量在中国普遍采用摄氏温标,常用的仪器有水银温度计、双金属片自记温度计、热敏电阻温度计、热电偶温度计和辐射式温度计等。水银温度计在畜舍中应用最为广泛,在能够就地读数的场合均可采用;双金属片自记温度计主要用来监测畜舍 1 d 或 1 周温度的连续变化状况;热敏电阻温度计和热电偶温度计用以测定畜舍围护结构表面、畜床表面和家畜皮肤的温度,并可进行多点同时观察;红外测温仪是利用红外热影像技术测试畜体或物体的温度和温度场,可以在不接触畜体或围护结构的情况下测试其表面温度。

畜舍温度测试主要包括畜舍内空气温度、舍外空气温度、围护结构两侧附近的空气温度、围护结构内表面温度。为了解畜舍内温度分布的情况,有时还必须测定水平方向和垂直方向的温度分布。测点的选取因研究目的、研究对象的不同而异。畜舍空气温度的测点一般选取畜舍的中央,至少需离开窗门、墙角和采暖设备 1.0～1.5 m。测温仪安置的高度如下:牛舍、马舍离地面 0.5～1.0 m,猪舍、羊舍离地面 0.2～0.5 m,平养鸡舍离地面 0.2 m,笼养鸡舍在中心笼中央。测定畜床或地面的温度,测点距地面 5 cm,畜舍围护结构内外两侧附近的空气温度测点一般布置在离表面 20～25 cm 的地方。舍外空气温度的测点应在建筑物附近的空旷地方,离地面 2 m 高处设置百叶箱测定,也可在树荫下进行。

(2)湿度测试 湿度是表示空气中水分含量或潮湿程度的物理量,直接影响家畜的饮水和散热。在畜舍中以相对湿度作为湿度指标最为普通,常用仪器有干湿球温度计、通风干湿球温度计、自记毛发湿度计、电阻式湿度计等。干湿球温度计是畜舍中最通用的湿度测试仪。通风干湿球温度计精度较高。自记毛发湿度计主要用以观测 1 天或 1 周空气湿度的连续变化。电阻式湿度计可以进行远距离测试、自动记录和自动控制。湿度的测试和测点布置与温度测试基本一致。

(3)气流测试 气流是家畜热质传递和调节舍内空气成分的动力因子。为了评价畜舍的通风换气条件,需要测定舍内的气流速度和气流方向(方位角),计量单位分别为 m/s,m/min 和(°)。气流速度的测试仪器有叶轮风速计、转杯风速计、热电风速计和卡他温度计等。叶轮风速计和转杯风速计适用于舍外风力较大时气流速度的测试;热电风速计是一种测试微风的仪表,最小可测 0.95 m/s 的风速,是畜舍内最常用的气流测试仪器;卡他温度计是一种测试微风的速度计,可测试 1 m/s 以下的风速。

气流测试过程中,首先测定进、排气口的气流速度,以确定畜舍的通风量;其次将畜舍长短轴方向分别均匀地分割成 5 个断面,确定 25 个测点,然后再选取 3 个水平面,测定整个舍内的气流分布。气流方向的测试,可用香烟或线香观察,也可用氯化铵烟雾测定。

(4)光照测试 畜舍常用的物理量,主要是光强、照度和光照时数。光强是单位时间内投射于与光线垂直的单位面积上的辐射能,单位为 W/cm^2;照度是单位面积上所投射的光通量,单位是 lx。

光照测试仪器有光度计和照度计。光度计用于测定光源的光强,研究种植业光合作用时常用此类仪器。照度计适用于畜舍测试。相对照度计是测试 2 个环境间光照度比值的仪器。

积光仪是测试一段时间内照度累积值的仪器,其显示器用电流表显示瞬间照度值,计数器记录照度累积值。测试根据感光原理进行,光照首先通过家畜的眼睛刺激脑垂体,控制采食或释放激素,因此,测试高度应与家畜的眼睛保持相同的水平高度,测试范围应在家畜经常活动区,测试内容主要是光照强度和光照时数。

(5)有害气体测试　畜舍内空气中的有害气体,如 CO_2,NH_3,H_2S,CO 等,对人和家畜有直接危害,需要经常进行监测和调控。

气体测试方法有物理监测和化学分析等。物理方法时效快,有利于调控,但目前气敏元件缺乏,精确度差,因此,主要采用化学方法测试。常用仪器有热导式气体分析仪、红外线气体分析仪、磁氧式气体分析仪和干涉式气体分析仪等。这些仪器结构复杂,精度高,价格昂贵,多用于一些实验室。生产单位多采用检气管,其价格便宜,操作简单,按色层原理、试剂用量和有关公式进行计算后,可求出有害气体的浓度。

(6)尘埃测试　尘埃的计量单位有 mg/m^3 和粒$/m^3$。测试仪器有光电脉冲粒子(尘粒)计数器、尘埃浓度测定仪等。

测试方法主要有质量法和密度法,这两种方法都要用滤膜采样装置。含尘空气通过滤膜时,被阻留在滤膜上,质量法是根据流量及采样前后滤膜的质量计算出单位体积空气中的含尘量(mg/m^3);密度法是根据流量及滤膜上的积尘数量,计算出单位体积空气中的含尘量(粒$/m^3$)。测点高度一般取动物的呼吸高度。

1.1.2.2　温室环境监控

与作物生长相关的环境因子众多,主要包括:

①养分。

②水分。光合作用需要水分参与,但其量很小,细胞中的水分已足够。造成植物体水紧迫的主要原因在于气孔关闭。

③空气湿度。空气中湿度太低会造成气孔的关闭,维持高湿可使叶片舒展,气孔全开。

④空气温度。温度升高,光合作用、呼吸作用加速,新陈代谢增加,叶温增加,水分蒸散亦增加。

⑤土壤温度。低温会影响水分与营养的吸收,水培养液的饱和溶氧量亦随水温的增加而降低。

⑥CO_2 含量。已知增施 CO_2 可促进作物生长,增加产量与增进品质。所谓增进品质指较长且厚的茎秆、较大且厚的叶片、花朵或果实;所谓增加产量指增加花朵或果实数量或干物重。另外,增加 CO_2 的同时应补光,对幼苗需要供给充足的水分与肥料。

⑦光强度。加大光强度会增加叶面温度,加速同化作用,气孔打开,加强 CO_2 的吸收。同样,因为气孔打开,水分可轻易地蒸腾,所以要注意水分的供应。若空气中湿度太低,或水分来不及补充,则气孔会关闭,补光、增施 CO_2 也无法促进光合作用。

用于调节、控制温室内上述植物环境因子的工程技术称为温室环境调控技术,用以改善和创造适合植物生长的环境条件,以获得速生、优质、高产和低耗的产品。温室内微气候的控制是所有室内环境控制中最困难的,一般建筑物的环境控制几乎不受阳光的影响,温室则不然,温室外部环境状况对室内环境控制有着决定性的影响。一般的环境控制大多针对空气温、湿度与空气的品质,温室环境控制则尚需兼顾光量、光质、光照时间,CO_2 浓度,水量、水温与水质(包括溶解氧、电导度与酸碱度)等。

温室环境工程的"软件"已不再是经验的、定性的,而是建立在可靠的理论基础之上,经过精密的实验和计算确定环境调控指标、操作规程等。如采暖、通风换气、CO_2 施肥等都是建立在温室质、能平衡的理论基础之上的，并且经过计算可得到温室热负荷、换气量的定量数值。

20 世纪 80 年代后半期，温室环境工程已涉及如何综合运用生物工程、自然能源、新材料、新工艺，实现环境工程设施的轻型化、标准化、节能化和多功能化。在利用电子计算机进行综合环境调控的基础上，进一步优化环境控制指标，并引入系统工程、知识工程和控制工程的理论和方法，努力开展植物活体信息的动态遥测、植物信息的图像处理，以调控植物本身的体温、蒸腾量、光合量等。建立计算机智能系统，将计算机网络化，可实现多层次的综合管理，实现植物的工厂化生产。

由此可以看出，随着科技进步和设施农业的发展，在农业生物环境领域中对测试理论和测试手段都将提出更新、更高的要求，从事农业生物环境方面工作的技术人员，不仅要进行静态参变量的测试，还要进行动态参数的测试。在农业生物环境领域中，测试技术的应用主要有 3 个方面：

①监视生产过程，告诉人们是否处于最佳工况，或诊断已发生故障的部位和性质。

②将控制生产过程中的各种工艺参数，与设定值进行比较，进行反馈，自动调节这些参数，使生产过程处在最佳状态下运行。这就是所谓的以信息流控制物质流和能量流。

③对工程过程进行实验分析。农业生物环境中的各种工艺过程、工艺设备如需要加以改进，在改进前需要对原有的状况进行深入的分析和评价，找出改进措施，需要测试大量的数据，作为分析、评价和改进的依据；评价改进后是否达到了预期的要求，也需要进行大量的参数测试来进行分析和评价。

1.1.3 环境因素测试的基本内容

按农业设施内外来分，环境可分成农业设施外的大气环境和设施内的生物环境。农业设施内部环境因素测试技术与方法是本书的主要研究内容，本书将从热力学的角度出发，以空气温度、湿度、气流运动和太阳辐射等环境因素为中心，分析农业设施中热量和水汽的传递及其对农业生物体的效应，研究生产过程中改善和控制环境因素的工程理论和技术措施。此外，也介绍了其他物理和化学环境因素，如光照、有害气体等对农业生物的影响及相应的工程控制措施。

1.1.3.1 测试对象

在测试研究中，被测对象的信息是非常丰富的。测试工作根据一定的目的和具体的要求，获取有限的、研究者感兴趣的某些特定的信息。在农业生物环境工程领域主要有下述环境因素：

（1）辐射方面

①净辐射，全光谱辐射（100～4 000 nm）；

②光合作用有效光辐射（400～700 nm）；

③光合作用有效光及远红光（400～850 nm）。

以上 3 种不同波长的辐射又可细分为直射与漫射两大类来测试，除测试辐射能量外，也可测试光量子数。

（2）温度方面

①空气温度、叶片表面温度、地表/土壤温度；

②作物叶冠面空气温度；

③温室覆盖材料表面温度；

④营养液温度；

⑤根系介质温度（如土壤、岩棉、营养液等）。

（3）湿度方面

①相对湿度；

②作物叶冠面空气相对湿度。

（4）营养液方面

①酸碱度（pH）、电导率（EC）、溶氧量（DO）；

②氮、磷、钾、钙等营养元素的含量；

③水流量。

（5）其他方面

①CO_2浓度；

②大气压力；

③风向/风速。

将上述可测试的环境参数定义为一级参数。测试这些参数有助于导出二级参数。常见二级参数包括：

①水蒸气压力、水蒸气压差；

②湿球温度、露点温度；

③绝对湿度、湿度比；

④干湿球温差、叶片内外温差；

⑤蒸发速率、显热通量、系统热焓值、系统净能量通量；

⑥二氧化碳通量；

⑦作物周边气流速度。

1.1.3.2 测试手段

在以往的测试工作中，从信号的获取、变换、传输、显示、记录到分析计算和反馈控制，以电量形式表示的电信号最为方便，因此，本书所指的信号一般是指随时间变化的电量——电信号。

测试的目的是获取研究对象的状态、特征等自然规律的有关信息。信息总是以某种形式的物理量表现出来的，而这些物理量就是信号。例如，在研究一个物体的冷热状态时，物体的冷热信息是通过辐射红外光波的形式表现出来的，这里红外光波就是信号，它携带着物体冷热状态的有关信息，通过对该物体辐射的红外光波进行有效的测试，经过对信号的变换和处理，最后以温度的高低表征物体的冷热状态。至此就对该物体的冷热状态有了认识和了解。

信号中虽然携带着信息，但是信号并非就是信息。信号中既包含着需要的信息，也常常含有大量不需要的信息，后者统称为干扰。因此，信号可分为有用信号和干扰信号，两者的定义是相对的，在某种场合中，我们认为是干扰的信号，在另外一种场合却可能是有用的信号。例如,齿轮噪声对工作环境是一种污染,但齿轮噪声是齿轮副传动缺陷的一种表现,因此,可以用来评价齿轮副的运行并用于故障诊断,对故障诊断来说,就是有用信号。从复杂的信号中提取出有用信息,是测试中非常重要的工作。另外,为了保存、传输、读取或反馈有用信息的需要,常常把信号进行必要的变换。以语言为例,语言本身是人们表达思想的一种载体,用声波形式和约定的方式(各民族有自己的语言)来表达。为了便于传输和抗干扰,人们把声波信号换为电信号后,又将低频(或直流)电信号变换为高频电磁波信号。在接收后恢复原来的电信号,或变换成磁信号保存,或将这电信号激励一个发声系统,还原成相应的声波。这一系列的变换,无非是为了方便传输和保存。在外界严重干扰的情况下,能够提取和辨识出信号中所包含的有用信息非常重要。为提高测量精度,增加信号传输、处理、存储、显示的灵活性和提高测试系统的自动化程度,以利于和其他控制环节一起构成自动化测控系统,在测试中通常先将被测对象输出的物理量转换为电量,然后再根据需要对变换后的电信号进行处理,最后以适当的形式显示和输出(图 1-2)。

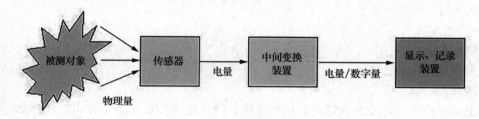

图 1-2 测量系统

测试系统通常由传感器、中间变换装置和显示、记录装置三大部分组成。在测试过程中,传感器将反映被测对象特性的物理量(如压力、加速度、温度等)检出,并转换为电量,然后传输给中间变换装置;中间变换装置对接收到的电信号用硬件电路进行分析处理或经 A/D 变换后用软件进行计算,再将处理结果以电信号或数字信号的方式传输给显示、记录装置;最后由显示、记录装置将测量结果显示出来,提供给观察者或其他自动控制装置。

1.1.4 环境因素测试的研究方法

测试工作从确立对研究对象要探索的内容时起就已经开始了。例如,在进行植物生长机理研究时,测试及计算前面所述的一、二级环境参数,再观察作物对这些参数变化的反应,通过理论分析或回归、统计等数学方法,来建立相应的作物生长模型。

在研究作物生理现象与环境参数之间相关性的过程中,常见的困难是缺乏足够的二级参数(如气孔阻力与叶片面积指标等),原因是无法测试某些一级参数,即缺乏合适的传感器。因此,研发相关传感器是环境因素测试领域的研究发展方向之一。现在已经开发出一些新的测试设备,如叶面积测试仪、气孔阻力传感器及光合作用速率测试仪等。

从测试方案考虑,最大限度地激发出所需的信息,用简捷、合理的方法获得最有用的、表征性强的有关信息。从广义上来讲,测试工作涉及试验设计、模型理论、传感器、信号加工与处理(传输、加工和分析、处理)、误差理论、控制工程、系统辨识和参数估计等学科内容,测试工作者应当具备这些学科的知识。从狭义上来讲,测试工作则是指在选定激励方式下,信号的检测、变换、处理,以及显示、记录,或以电量输出数据的工作。总之,测试工作的根本目的在于控制被测对象。

1.2 测试技术发展概况与特点

随着科学技术的迅猛发展,新技术革命将把人类由工业化社会推进到信息化社会。对于信息来说,都有一个检测、转换、存贮和加工的过程。以检测、转换为主要内容的测试技术,已形成专门的学科。人们通过测试获得客观事物的定量概念,以掌握其运动规律。在某种意义上来说,"没有测试,就没有科学"。广泛地说,人类的各种活动领域都离不开测试。测试包含着测试和试验两大内容。测试就是把被测系统中的某种信息,如运动物体的位移、速度、加速度检测出来,并加以度量;试验就是通过某种人为的方法,把被测系统的许多信息中的某种信息,用专门的装置激发出来,加以测试。

在现代工业技术及科学研究中,测试手段十分重要,涉及面很广。在各种测试中,大量的参量很难用直接测试的方法获得,需要将它们的变化转换成另外某些参量的变化,然后对转换后的参量进行测试。测试的方法有机械方法、光学方法和电学方法。随着微电子技术、半导体超大规模集成电路的发展,特别是微型计算机技术的成熟,极大地推进了测试技术的进步,对电量的测试技术(电测法)已达到比较完美的程度。电测法具有高精确度、高灵敏度、高响应速度、低功耗、结构小,可以连续测试、自动控制,以及可以方便地与计算机接口等特点,在测试时,达到了用机械方法和一般光学方法很难达到的水平,因此,电测法(将被测的非电量变换成电量后,再加以测试)在动、静态测试中得到了广泛的应用。用电测法测试时有以下优点:

①可以将许多不同的非电量转换成电量加以测试,从而可以使用相同的测试和记录显示仪器。

②输出的电量信号可以进行远距离传输,有利于远距离操作和自动控制。

③采用电测法可以对变化中的参数进行动态测试,因此,可以测试和记录其瞬时值及变化过程。

④易于用许多后续的数据处理分析仪器,特别是与电子计算机连接的,从而能对复杂的测试结果进行快速的运算分析处理和反馈控制。

1.2.1 测试与控制系统的组成

一般的测试系统就其部件在处理被测试系统时的功能而言,可看成由传感器,变换及测量装置,显示、记录装置 3 个环节组成,如图 1-3 所示,它们之间用信号线路或信号管路联系。各环节可以分成许多部件,也可以组合在一个整体中。对一些简单的测试仪器,上述环节的界线不易明确划分。

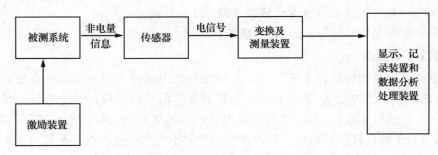

图 1-3　测试系统的组成

数据采集系统由包括微型计算机在内的一些模块组成,其集成度很高,模块不至于很多,结构紧凑,可靠性高,且对数据具有计量、分析和判断的能力。数据采集系统分为自动数据分析系统和智能测试系统。由于采用硬件和软件相结合的技术,数据采集系统具有一定的通用性,性能指标也可达到令人满意的程度。

这种系统的基本结构形式如图 1-4 所示。

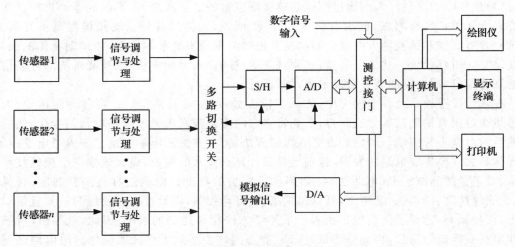

图 1-4 典型的数据采集/控制系统

1.2.1.1 传感器

传感器是一种从被测对象中接受能量信息,把某种或多种信息从被测系统中检拾出来,并将它转换成电信号输出的装置。如图 1-4 所示,被测信号由传感器转换成相应的电信号(最终是电压),不同信号使用的传感器是不同的。例如,若第一路被测信号是温度,其传感器可以是热电偶;若第二路是力,传感器可以是应变片;等等。

传感器很大程度上决定了整个仪表的测试质量。对传感器的要求如下:

①按被测试的输入大小,传感器相应发生一个可"观测"的参数变化作为输出,且此输出与输入之间有稳定的单值函数关系。这种函数关系能按一定的工艺准确复现。

②非被测试信号对传感器作用时,对输出的影响应小得可以忽略。因此,在寻求传感器所依据的物理现象时,总是希望此现象对被测试的反应特别灵敏,对其他参数的作用反应很小,以致可以忽略。若不能忽略,则应能对影响采取补偿、修正等措施。

③在测试过程中,传感器应尽量少地消耗被测对象的能量,并且对于对象的状态没有干扰或干扰极小。非接触测试仪表的传感器能满足这一要求。

传感器也曾称为敏感元件、一次元件或发送器等。

1.2.1.2 变换器

变换器的作用是把传感器采集的弱电信号变换放大成具有一定功率的电压、电流等信号,并输出推动下一级的记录、显示和分析处理装置。信号的处理由 2 个部分完成,即模拟信号处理和数字信号处理,后者由计算机承担。计算机之前的全部信号处理都是模拟信号处理,如压力表中的杠杆齿轮机构就是将弹性元件的小变形转换成指针在标尺上的转动,机电一体化仪表的毫伏变送器可将热电势转换成 0～10 mA 的信号等。其中 A/D 转换是关键环节,它的作用是将模拟量转换为数字量以适应计算机工作,在此以后的全部信号都是数字信号。当然,为了恢复原始信号波形或反馈控制而将数字量再转换为模拟量又是另一回事。

变换器处理输入信号时,应该使信息损失最小,也就是使误差最小。有时变换器也兼作传感器,例如,压力测试中的位移变换器,在测试距离和位移时就是传感器了。

模拟信号调节与处理的内容是相当丰富的。信号调节的主要作用是使传感器输出信号与 A/D 转换器相适配,例如,A/D 转换的输入电平是 $0\sim5$ V,而传感器输出电平仅几毫伏,这时必须采取放大措施以减小量化误差。放大器输出电平越接近 A/D 输入的满标,相对误差也就越小,这时的信号调节器是放大器。当然,若传感器输出电平过大,则信号调节器应是衰减器。如果传感器输出信号中或在传输过程中,混入了虚假成分,就需要进行滤波、压缩频带,以降低采样率。另外,阻抗变换、屏蔽接地、调制与解调、信号线性化等,皆属处理范畴。一般说来,对弱信号测试,放大与滤波是最基本的环节。并非每个系统都包含上述全部内容,对不同的测试任务,系统应包含哪些环节是有所选择的。

根据变换及测试装置的类型和测试结果的要求不同,有时进行必要的信号变换,如低频信号或近似直流信号,为了传输方便,需要将其调制成高频信号;有时为了与计算机接口方便,将模拟信号变换成数字信号或其他形式。变换及测试装置的形式类别很多,一般包括阻抗变换器、前置放大器、电桥电路、调制/解调电路、模数转换电路等。

一般来说,被测信号有 M 个,相应的 M 个通道共享一个 A/D 转换器,这样做是为了降低成本、减小体积。为了使各路信号互不混叠,系统中必须采用模拟多路切换开关。切换开关相当于一个单刀多掷(这里为 M 掷)开关。它的作用是把各路信号按预定时序分时地与保持电路接通。保持电路的引入是因为 A/D 转换需要一定时间,在转换期间模拟信号应保持不变。

1.2.1.3 输出设备

测试结果由计算机通过接口电路送给输出设备。输出设备可采用数字显示仪器、打印机或绘图仪。如果要观察或记录被测信号的波形,可用 D/A 转换器把计算机输出的数字量恢复成模拟量,然后用示波器或 X-Y 记录仪显示或记录,也可将数字量直接送到显示终端绘制波形。D/A 输出的模拟信号可作为控制信号,它的作用是把变换及测试装置送来的电量信号不失真地记录和显示,而记录和显示的方式一般又分为模拟和数字 2 种。有时可以在一个装置中同时实现记录和显示,如电子记忆示波器。在许多情况下,不仅需要被测参数的平均值或有效值,而且还需要它的瞬时值和变化的过程,如对动态测试结果的频谱分析、能量谱分析等,用显示器无法达到此目的。这时必须使用记录装置将信号记录、存储在存储介质中,然后再对测试记录的数据进行处理、运算和数理统计分析等。

由于输出设备是人和测试仪器联系的主要环节,它的结构应方便用户读出数据,并能防止用户的主观误差,数字显示一般比模拟显示易于减小读数的主观误差。

1.2.1.4 传输通道

仪表各环节的输入和输出信号之间的联系要经过传输通道,传输通道可能是导线、管道、光导管或无线电通信等形式。信号传输通道比较简单,所以往往被人忽视。实际上,不按规定要求布置和选择传输通道而造成信号失真、信息损失和引入干扰的例子是很多的,严重时根本无法进行测试。例如,传输电量时,如果导线的阻抗不匹配,可能导致仪表灵敏度降低,电压或电流信号失真,甚至信号送不进仪表里去。

1.2.2　测试技术发展趋势与特点

1.2.2.1　发展趋势

测试技术总是从其他关联学科吸取营养而得以发展的。综合国内外的发展动态,可以看出测试技术发展的趋势是:除不断提高灵敏度、精度和可靠性外,主要是向小型化、非接触化、多功能化(多参数测试、测试和放大一体化)和智能化方向发展。特别是新型半导体材料方面的成就,已经研发出了很多对力、热、光、磁等物理量或气体化学成分敏感的器件,如光导纤维,不仅可用来进行信号的传输,而且可作为物性型的传感器。微电子技术的发展使得传感器具有放大、校正、判断和一定的信号处理功能,即智能传感器。近年来新型生物传感器也在迅速发展。

计算机技术的发展使当今计算机运算的速度不断提高,存储的容量不断扩大,依靠专用硬件和软件的支持,信号分析可以做到近似"实时"的地步。借助计算机管理,实现自动测试系统。现代信息科学的发展,关键在于信息的获取、传递和信息处理技术的进一步提高,计算机技术已经将信息处理技术推进到一个前所未有的阶段。而信息的获取技术已大大落后于信息的处理技术。在信息的海洋中无论对宏观世界的研究,还是对微观世界的探测,如果没有自动检测是十分困难的。因此,自动检测技术越来越引起人们的重视。尽量采用新材料、新器件和新技术建造先进的自动检测系统,尽可能提高检测系统的可靠性和精确度,是自动检测技术发展的当务之急,而利用现代计算机加上专用硬件或软件而形成的专用虚拟仪器更是当前检测仪器发展的方向。

1.2.2.2　发展特点

当代高性能的自动测试系统具有通道多、精度高、速度快、功能强、操作简便等特点。

(1)通道多　常规仪器一般只能测试单个参数,即使是数字万用表,具有测电压、电流、电阻、电容,甚至频率、温度等多种能力,也不具备同时测试这些参数的能力,而自动测试系统常配备多个信号通道,有的多达上千路。例如,美国万用数据测试系统,其基本通道有64路,可扩展到2 048路,多路信号通过计算机软件控制,进行高速扫描采样,从宏观上看,测试过程是同时进行的。当然,采样速度也可根据实际需要而降低。多通道信号同时测试,大大提高了工作效率,同时,自动测试系统既能检测到各个信号参数,又能检测各信号的相关特性。这对工厂化农业、国防试验以及科学研究都是十分有用的。

(2)精度高　测试精度是测试仪器的基本要求。与单参数仪器相比,由于自动测试系统规模较大,通道信号相互干扰以及屏蔽、接地等方面存在较多的技术难题,精度要低一些。但是,目前,高性能测试系统一般采用14～16位A/D转换器,并且具有下述数据处理能力:

①自动校准,消除零漂、温漂、增益不稳定等系统误差;

②多次测试求平均值,消除随机系统误差;

③软件线性化处理,对传感器等硬件的非线性特性进行校正;

④软件滤波,消除系统外部和内部引入的干扰;

⑤采用自动显示或打印结果,可消除人为的判读误差。

以上几点使测试系统具有较高精度。对电参数测试而言,其精度可达10^{-4},就此看来,整个系统的测试精度主要取决于传感器。

（3）速度快　高速测试与处理是测试系统追求的目标之一。这里所说的速度,是指从测试开始,经过计算机对信号进行处理,直到输出结果整个过程所花时间的多少。速度与精度是矛盾的,一般来讲,精度要求低,速度可加快,反之亦然。影响速度的主要因素是 A/D 转换时间、计算机处理数据的时间、数据传输时间和终端运行时间。目前,若将 16 位 A/D 转换器换成 8 位 A/D 转换器,采样速度可提高到 200 MHz。如果多个 A/D 转换器并行工作,又可成倍提高数据采集速度。

（4）功能强　国内外先进的测试系统都具有很强的功能,且可满足各类用户的需要。典型的功能归结为以下几个方面:

①选择功能,有量程选择、信号通道选择、通道扫描方式选择、采样频率选择等。

②信号分析与处理,有 FFT、相关分析、统计分析、平滑滤波。

③波形显示,实时显示多个被测信号的时域波形,即具有存储示波器功能。

④自诊断,系统越复杂,自身故障的诊断越显得重要。目前,计算机都具有自诊断能力,一般可诊断到插件板一级。一些通用性较强的测试系统可以诊断到关键部位。

⑤自校准,高精度的自动测试系统都配有标准信号源。测试时,对标准信号和被测信号分别进行测试,计算机对 2 个测试结果进行分析,消除系统误差。以上过程全是自动完成的。

⑥绘图与打印,多数测试系统都配有绘图仪和打印机,能将测试结果以图形和表格形式输出,可做到图文并茂,一目了然。

（5）操作简便　当代先进的测试系统都追求高度自动化,即在测试与处理过程中不需要人工参与,在测试前仅做简单的准备工作,例如,面板按键选择或键盘操作。一般来说,专用系统采用面板选择较多,而较通用的系统采用键盘操作,以人机对话方式设定系统工作模式,从而省去了烦琐的人工调节和大量的数据处理工作。

进入 20 世纪 90 年代后,随着个人计算机价格的大幅度降低,出现了用 PC 机＋仪器板卡＋应用软件构成的计算机虚拟仪器。虚拟仪器采用计算机开放体系结构来取代传统的单机测量仪器。将传统测量仪器中的公共部分(如电源、操作面板、显示屏幕、通信总线和CPU)集中起来进行计算机共享,通过计算机仪器扩展板卡和应用软件,在计算机上虚拟多种物理仪器。虚拟仪器的突出优点是与计算机技术结合,仪器就是计算机,主机供货渠道多、价格低,维修费用低,并能进行升级换代;虚拟仪器功能由软件确定,不必担心仪器是否能永远保持出厂时既定的功能模式,用户可以根据实际生产环境变化的需要,通过更换应用软件来拓展虚拟仪器功能,以适应科研、生产的需要。另外,虚拟仪器能与计算机的文件存储、数据库、网络通信等功能相结合,具有很大的灵活性和拓展空间。虚拟仪器还能适应现代制造业复杂、多变的应用需求,能更迅速、更经济、更灵活地解决工业生产、新产品实验中的测试问题。

▶ 1.3　课程的学习要求

测试技术是一门综合性的技术,现代测试系统常常是集机、电于一体,软、硬件相结合的智能化、自动化的系统,涉及传感技术、微电子技术、控制技术、计算机技术等众多技术。因此,要求测试工作者具有深厚的多学科(如力学、电学、信号处理、自动控制、机械振动、计算机、数学等)知识基础。

测试技术也是实验科学的分支,学习中必须理论学习与实验密切结合,掌握测试环境因素的各类测试方法和相关技术,理解实验是研究的重要手段这一论断,并在实际工作中有效地加以利用,以便对基本实验技能进行训练。

通过本课程的学习,要求学生能做到:

①掌握测试技术的基本理论,包括信号调理和信号处理的基本概念和方法。

②熟练掌握各类典型传感器、记录仪器的基本原理和适用范围,并能较合理地选用。

③了解数字测试分析系统的基本组成和专用数字分析仪的特点,了解虚拟仪器的基本构成,具有测试系统的机、电、计算机方面的总体设计能力。

④正确选用测试装置,初步分析测试误差并在实际工程测试中应用,具有实验数据处理和误差分析能力。

❓习题

1.农业生物环境因素的定义是什么?

2.环境因素测试技术的内容是什么?

3.简述设施农业领域中常用的环境因素测试方法。

第2章

测量误差与测量数据的处理

为确定被测对象量值而进行的全部操作叫作测量,它是环境因子测试技术的基础。在农业生物环境测试技术中,不仅要明确测量对象、选择恰当的测量方法、完成测量操作的各个步骤,还要依据误差分析和实验数据处理的理论,表示出完整的测量结果。

例如用万用表测量某一电阻,测量结果最后写成下式:

$$Y = y \pm \Delta = (910.3 \pm 1.4)\Omega \tag{2-1}$$

完整的测量结果表述中,必须包括测量所得的被测量值($y = 910.3$)和测量单位(Ω),一般应给出总不确定度($\Delta = 1.4$),有时还要写出对测量有影响的有关量的值,如写出万用表内阻测量时的温度 $t = (20.0 \pm 1.0)℃$。

式(2-1)表示:被测量的真值(实际值)Y 一般位于区间($y - \Delta, y + \Delta$)之内,电阻的真值落在区间($910.3 - 1.4, 910.3 + 1.4$)之外的可能性(概率)非常小。人们常把测量对象、测量单位、测量方法和测量的不确定度作为测量过程的四要素。

2.1 测量误差的基本概念

2.1.1 误差的定义

测量结果 y 和被测量真值 Y_t 之差叫作误差,计作 dy

$$dy = y - Y_t \tag{2-2}$$

在数据测量中,真值是一个理想的概念,一般无从得知,因此一般不能计算误差。只有少数情况下,用准确度高的实际值来作为约定真值,才能计算误差。例如:

[例1] 用螺旋测微计测量长度(约定真值)为 1.490 0 mm 的3个等量块,由于螺纹的制造公差、棘轮旋转的角速度变动、末位的估读不准确等因素,3 次测得值分别为 1.488 mm、1.490 mm 和 1.489 mm。测得值的误差分别为 −0.002 mm、0.000 mm 和 −0.001 mm。

[例2] 用一块准确度为 1.5 级的电流表测精密恒流源(约定真值)为 2.000 mA 的输出电流,3 次示值分别为 2.02 mA、2.00 mA 和 1.99 mA,其示值误差分别为 0.02 mA、0.00 mA 和 −0.01 mA。

误差普遍存在于测量过程之中。由于测量仪器不准确、测量方法不完善、环境条件不稳定、测量人员不熟练等,测量结果都可能具有误差。虽然一般不知道真值,不能计算误差,但是我们可以分析误差产生的主要因素,尽可能消除或减小某些误差分量对测量的影响,对测量结果中未能消除的误差估计出其限值或分布范围。

2.1.1.1 真值(客观值)

所谓真实值是指在一定条件下,某量值的实际值。量的真实值是一个理想的概念,一般是不知道的。误差理论告诉我们,被测量的真值是客观存在的,但计量器具有精度,因此,该真值是不可测知的,只能在一定误差范围内近似,此范围即是精度指标,在精度指标内的测量值即被认为是真值。基本误差法即出自此误差理论。但在某些特定情况下,真值又是可知的,例如:三角形 3 个内角之和为 180°;一个整圆周角为 360°等。为了使用上的需要,在有些情况下,可采用相应的高一级精度的标准量值(即约定真值)代替真实值。例如,用二等标准活塞压力计测量某压力,测得值为 9 000.2 N/cm²,若该压力用更精确的方法测得为 9 000.5 N/cm²,后者可视为约定真值,此时,二等标准活塞压力计的测量误差为 −0.3 N/cm²。

2.1.1.2 绝对误差

绝对误差是指测量值(单一测量值或多次测量平均值)与真值之差,测量结果大于真值时为正误差,反之为负误差。通常称为误差 Δx。

$$\Delta x = x - x_0 \quad (误差 = 测得值 - 真实值)$$

在实际工作中,经常使用修正值,即将测得值加修正值后可得近似的真实值。

$$真实值 = 测得值 + 修正值$$

修正值与误差值的大小相等而符号相反,测得值加修正值后可以消除该误差的影响,但必须注意修正值本身也有误差,因此,修正后只能得到比测定值较为准确的结果。

2.1.1.3 相对误差

相对误差是指绝对误差与真值之比值(常以百分数表示)。因测得值与真实值接近,故也可近似用绝对误差与测得值的比值作为相对误差,即

$$相对误差 = \frac{绝对误差}{真实值} \times 100\% \approx \frac{绝对误差}{测得值} \times 100\%$$

相对误差是无量纲数,通常以百分数(%)来表示。例如,用水银温度计测得某一温度为 20.3℃。该温度用更高一级精度的温度计测得值为 20.2℃,因后者精度高,故可认为 20.2℃ 接近真实温度,而水银温度计测量的绝对误差为 0.1℃,其相对误差为

$$\frac{0.1}{20.2} \times 100\% \approx \frac{0.1}{20.3} \times 100\% = 0.5\%$$

对于相同的被测量,可以用绝对误差评定测量精度的高低;但对于不同的被测量,用绝对误差就难以评定测量精度的高低,一般采用相对误差来评定较为确切。

例如,用 2 种方法来测量 $L_1 = 100$ mm 的尺寸,其测量误差分别为 $\delta_1 = \pm 10$ μm,$\delta_2 = \pm 8$ μm,根据绝对误差大小可知后者的测量精度高。但若用第三种方法测量 $L_2 = 80$ mm 的尺寸,其测量误差为 $\delta_3 = \pm 7$ μm,此时用绝对误差就难以评定后者精度的高低,须采用相对

误差来评定。

第一种方法的相对误差为

$$\frac{\delta_1}{L_1} = \pm \frac{10\ \mu m}{100\ mm} = \pm \frac{10}{100\ 000} = \pm 0.01\%$$

第二种方法的相对误差为

$$\frac{\delta_2}{L_2} = \pm \frac{8\ \mu m}{100\ mm} = \pm \frac{8}{100\ 000} = \pm 0.008\%$$

第三种方法的相对误差为

$$\frac{\delta_3}{L_3} = \pm \frac{7\ \mu m}{80\ mm} = \pm \frac{7}{80\ 000} = \pm 0.009\%$$

由此可知,第一种方法精度最低,第二种方法精度最高。

2.1.1.4　误差来源

在测量过程中引起测量误差的主要来源有测量仪器、环境因素、测量方法和操作人员的主观因素等。

（1）测量仪器误差

①标准器误差。标准器是提供标准量值的器具,如标准量块、标准刻线尺、标准电池、标准电阻、标准砝码等,而它们本身体现出来的量值,不可避免地都含有误差。

②仪器误差。凡是用来直接或间接将被测量和测量单位比较的设备,称为仪器或仪表,如阿贝比较仪、天平等比较仪器,压力表、温度计等指示仪表。仪器和仪表本身都具有误差。

仪器误差一般表现为以下 4 点。

a. 机构误差:正弦机构或正切机构的非线性、天平不等臂、螺旋副的空程、机械零件连接的间隙等引起的误差。

b. 调整误差:仪器仪表、量具在使用时没有调整到理想状态,如不垂直、不水平、偏心、零位偏移等而引起的误差。

c. 量值误差:标准量值本身的不准确性、量值随时间的不稳定性和随空间位置的不均匀性而引起的误差。如激光波长的长期稳定性、刻线尺长度的变化、标准电阻阻值的变化、硬度块上硬度值各处不等所引起的误差。

d. 变形误差:仪器仪表、量具在使用中的变形,如因零件材料性能的不稳定或仪器床身测量部件移动产生的变形、内径千分尺的弯曲变形和压陷变形等引起的误差。

③附件误差。仪器的附件及附属工具如调整环规、测量力等的误差,也会引起测量误差。

（2）环境误差　即由各种环境因素与要求的标准状态不一致而引起的测量装置和被测量本身的变化所造成的误差,如温度、湿度、气压(引起空气各部分的扰动)、振动(外界条件及测量人员引起的振动)、照明(引起视差)、重力加速度、电磁场等所引起的误差。通常仪器仪表在规定条件下使用产生的示值误差称为基本误差,而超出此条件使用引起的误差称为附加误差。

(3)方法误差　由采用近似的测量方法而造成的误差,如用钢卷尺测量大轴的圆周长 S,通过计算求出大轴的直径 $d = \dfrac{S}{\pi}$。由于 π 取值时,精确到小数点的位数不同,将会产生误差。

(4)操作人员误差　由测量者分辨能力的限制,工作疲劳引起的视觉器官的生理变化,固有习惯引起的读数误差,以及精神上的因素产生的一时疏忽等所引起的误差。

总之,在计算测量结果的精度时,对上述 4 个方面的误差来源,必须进行全面的分析。力求不遗漏、不重复,特别要注意对误差影响较大的那些因素。

2.1.2　误差分类

误差主要可分为 3 类:系统误差、随机误差和粗大误差。它们的性质不同,处理方法也有区别。其中,由于读数错误、操作失误等,造成明显超出规定条件下预期值的误差,属于粗大误差,这是测量中应尽量避免的。已被确定含有粗大误差的实验数据应当剔除。

2.1.2.1　系统误差

在同一条件下,多次测量同一量值时,绝对值和符号保持不变,或在条件改变时按一定规律变化的误差称为系统误差。系统误差在观测过程中服从一定的规律,通常是常数。如观测过程中观测仪器校订不准所引起的偏差,固定的观测人员的观测习惯所引起的偏差等。这一类误差不可能通过多次观测的平均来消除,但可以用一定的方法来识别和消除。减少此类误差的方法是定期校准测量仪器,并对测量结果进行修正,严格对照试验,消除方法误差。系统误差特点是误差大小与方向几乎相等。

测量操作中产生系统误差的常见因素见下列例子:

[例3]电流表使用前未调零位,在电表无电流通过时,示值已经是 0.03 mA,测量将产生 +0.03 mA 的系统误差。

[例4]用等臂天平称人参的质量,由于它的密度远小于钢质砝码的密度,如果不对空气浮力的影响进行修正,平衡时人参的实际质量将大于砝码示值;如果称纯铂金首饰的质量,空气浮力将会使测得值产生约 1/10 000 的误差。

电表分度不匀、螺旋测微计的螺距有误差、测量时温度等影响量偏离额定值、冲击电流计的磁场不均匀等,也会产生一定的系统误差。

系统误差包括已定系统误差和未定系统误差:

(1)已定系统误差　指符号和绝对值已经确定的误差分量。测试中应尽量消除已定系统误差,如对测量结果进行修正,修正公式为:测量结果 ＝ 测得值(或其平均值)－已定系统误差;或预先进行仪表零点调整等操作,能减小测得值的误差。

(2)未定系统误差　指符号或绝对值未经确定的系统误差分量。测试中一般只能估计出未定系统误差的限值或其分布范围。

2.1.2.2　随机误差

在同一条件下,多次测量同一量值时,绝对值和符号以不可预定方式变化着的误差称为随机误差。例如,仪器、仪表中传动部件的间隙和摩擦,连接件的变形等引起的示值不稳定。

随机误差多由测量过程中一些独立、微小和偶然因素所引起,在实验或观测过程中是很难避免的,其特点是时大、时小、时正、时负,但通过精心的试验设计或提高实验观测的精度和次数,随机误差是可以被逐步减少的。

随机误差是测量误差的一部分,其大小和符号虽然不知道,但在同一量的多次测量中,它们的分布常常满足一定的统计规律。

(1)取多次测量的算术平均值作被测量的估计值 在大多数情况下,随机误差的分布具有抵偿性,测量次数足够多时,符号为正的误差和符号为负的误差,分布基本对称,可以大致相消。均匀分布就是这样的例子。因此,用多次测得值的算术平均值,作为被测量的最佳估计值,可以减小随机误差的影响。设对同一量在相同条件下进行 n 次测量,各次测得值为 X_i,平均值 $\overline{X}$ 为

$$\overline{X} = \frac{\sum X_i}{n} \tag{2-3}$$

(2)用标准差 σ 表征测得值 Y_i 的分散性

$$\sigma = \sqrt{\sum_{i=1}^{n} (X_i - \overline{X})^2 / (n-1)} \tag{2-4}$$

这就是贝塞耳公式,σ 的值直接体现了随机误差的分布特征。σ 大表示测得值分散,随机误差分布范围宽,测量的精密度低;σ 小表示测得值密集,随机误差的分布范围窄,测量的精密度高。

(3)随机误差服从正态分布 随机误差的分布形式很多,正态分布是最典型的、经典误差理论中最常讨论的一种,如图 2-1(a)所示。图中的横坐标表示误差,纵坐标为误差的概率密度。应用概率论方法可导出

$$f(\Delta x) = \frac{1}{\sigma \sqrt{2\pi}} e^{-\frac{\Delta x^2}{2\sigma^2}} \tag{2-5}$$

式(2-5)中的特征量 σ 为

$$\sigma = \sqrt{\frac{\sum \Delta x_i^2}{n}} \quad (n \to \infty) \tag{2-6}$$

式(2-6)中 σ 称为标准偏差,其中 n 为测量次数,Δx_i 为第 i 次测量误差。

服从正态分布的随机误差具有以下特征:

①单峰性,绝对值小的误差出现的概率大于绝对值大的误差出现的概率。

②对称性,绝对值相等的正误差和负误差出现的概率相等。

③有界性,在一定的测量条件下,绝对值很大的误差出现的概率趋于零。

④抵偿性,随机误差的算术平均值随着测量次数的增加而越来越趋于零,即

$$\lim_{n \to \infty} \frac{1}{n} \sum_{i=1}^{n} \Delta x_i = 0$$

[例 5] 某传感器试验测试中,检验同一样本达 20 次以上时,发现这组数据(测定结果的

电阻值)分布在均值两侧,大部分集中在均值附近。如果以测定值为横坐标,以出现的频率为纵坐标作图,就可绘出一个呈钟形的曲线图。如图 2-1(b)所示,钟顶处为均值,其他值以均值为中心对称分布,这就是正态分布。

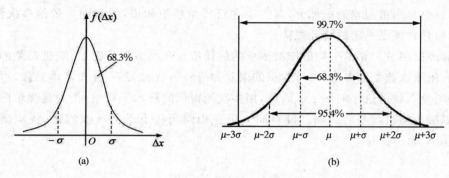

图 2-1　正态分布曲线图

正态曲线以下的面积称为概率,常用样本的均值 $\overline{X}$ 和标准差 $\hat{\sigma}$ 来表示,其计算方法如下:

$$\overline{X} = \frac{\sum\limits_{i=1}^{n} X_i}{n} \tag{2-7}$$

$$\hat{\sigma} = \sqrt{\sum\limits_{i=1}^{n} (x_i - \overline{x})^2 / (n-1)} \tag{2-8}$$

均值、标准差和概率的关系如下:

$\overline{x} \pm 1\hat{\sigma}$,概率为 0.6826;$\overline{x} \pm 2\hat{\sigma}$,概率为 0.9544;$\overline{x} \pm 3\hat{\sigma}$,概率为 0.9973。

换言之,当试验测试同一样本达一定次数后所得的一组数据,其中靠近均值($\overline{x}$)的 $\pm 1\hat{\sigma}$ 范围内的数据,占该组数据的 68%,在 $\overline{x} \pm 2\hat{\sigma}$ 范围内分布的数据占总体的 95%,在 $\overline{x} \pm 3\hat{\sigma}$ 范围内分布的数据占总体的 99%。当我们要求传感器检验结果在 $\pm 2\hat{\sigma}$ 范围内为合格时,将有 95% 的数据可能合格。

[**例 6**] 对某量等精度测量 5 次,得 29.18,29.24,29.27,29.25,29.26,求平均值 $\overline{X}$,及标准差 $\hat{\sigma}$。

$$\overline{X} = \frac{\sum\limits_{i=1}^{5} X_i}{n} = \frac{29.18 + 29.24 + 29.27 + 29.25 + 29.26}{5} = 29.24$$

$$\hat{\sigma} = \sqrt{\frac{\sum (X - \overline{X})^2}{n-1}} = \frac{1}{2} \sqrt{5 \times 10^{-3}} = 0.035$$

2.1.2.3　粗大误差

在一定的测量条件下,对某一参数进行测量时,由测量者的粗心大意(如测量时对错了标志、读错了数、记错了数,以及在测量时因操作不小心而引起的过失性误差等)或环境条件不正常的突变(如冲击、振动等干扰)所造成的明显歪曲测量结果的误差称为粗大误差。单独进行一次测量,一般说来是无法发现粗大误差的。在多次重复测量后进行数据处理时,应将含有粗大误差的测定值剔除出去。但是对测定值中的可疑数值不能根据主观判断随意剔除,应根据一定的客观标准进行剔除。首先应设法判断粗大误差是否存在,然后再剔除坏值或异常值。

最简单的近似标准是 3σ 标准。具有正态分布的随机误差常以 $\pm 3\sigma$ 作为实际分布范围,超出 $\pm 3\sigma$ 的误差出现的可能性是很小的(0.27%)。因此,当某个测定值与算术平均值之差的绝对值大于 3σ,即 $|x_i - \overline{X}| > 3\sigma$ 时,则该测定值 x_i 就应被认为含有粗大误差,故应将该测定值剔除。

当测量次数较少时,3σ 标准的可靠性就较差,须改用其他标准。

上面虽将误差分为三大类,但必须注意上述误差之间在一定条件下可以相互转化。对某一具体误差,在此条件下为系统误差,而在另一条件下可为随机误差,反之亦然。如按一定公称尺寸制造的量块,存在着制造误差,其中某一块量块的制造误差是固定数值,可认为是系统误差,但它对一批量块而言,又成为随机误差。在使用某一量块时,没有检定出该量块的尺寸偏差,而按公称尺寸使用,产生的误差属随机误差。若检定出量块的尺寸偏差,按实际尺寸使用,则产生的误差属系统误差。掌握误差转化的特点,可将系统误差转化为随机误差,用数据处理方法减小误差的影响;或将随机误差转化为系统误差,用修正方法减小其影响。

总之,系统误差和随机误差之间并不存在绝对的界限。随着对误差性质认识的深化和测试技术的发展,有可能把过去作为随机误差的某些误差分离出来作为系统误差来处理,或把某些系统误差当作随机误差来处理。同样,对粗大误差,有时也难以和随机误差相区别而作为随机误差来处理。

2.1.3 精度

2.1.3.1 精度的定义

反映测量结果与真实值接近程度的量,称为精度。可用误差大小来表示精度的高低,误差小则精度高。

2.1.3.2 精度的类型

(1)准确度 指被测量的测得值与其真值的接近程度。从测量误差的角度来说,准确度所反映的是测得值的系统误差。准确度高不一定精密度高。也就是说,测得值的系统误差小,不一定其随机误差也小。

准确度对应的英文为 accuracy(这个词既可用于说明测量结果,又可用于测量仪器的示值)。当用于测量结果时,准确度表示测量结果与被测量真值之间的一致程度;当用于测量仪器时,准确度表示测量仪器给出接近于真值的能力。所有这些场合,准确度均为一种定性的概念而非定量的。因此,准确度不像测量误差、测量不确定度,它不是物理量,也没有一个定量的度量。测量误差定义为测量结果减被测量的真值,是两量之差,可以定量地给出。准确度则不能。所谓定量,就是用量值表达。例如,我们说某测量仪器的示值误差为 $-7.8\,\mathrm{mA}$,这是定量的表达,给出了量值。但我们决不能说这一测量仪器的准确度为 $-7.8\,\mathrm{mA}$ 或是 $\pm 7.8\,\mathrm{mA}$,或是小于等于 $7.8\,\mathrm{mA}$。当某个测量仪器的引用误差不大于 0.01(1%)时,往往按照有关该仪器的标准或检定规程,说该仪器的准确度为 1 级。但只是准确度为 1 级而非准确度为 1%。注意:1% 是个量值。

（2）精密度　指在相同条件下,对被测量进行多次反复测量,测得值之间的一致(符合)程度,由随机误差决定,它反映偶然误差的影响程度,由测量过程中独立、微小、偶然因素引起。从测量误差的角度来说,精密度所反映的是测得值的随机误差。精密度高,不一定准确度也高。也就是说,测得值的随机误差小,不一定其系统误差也小。

（3）精确度　指被测量的测得值之间的一致程度以及与其真值的接近程度,即精密度和准确度的综合概念。指测量结果与被测量值的真值之间的一致性,由系统误差和随机误差两者综合决定,表示仪表在测量性能上的综合优良程度。精确度＝系统误差＋随机误差。误差越小,精确度越高,精确度是一个定性概念。

从测量误差的角度来说,精确度是测得值的随机误差和系统误差的综合反映。

图 2-2 是关于计量的准确度、精密度和精确度的示意图。设图中的圆心为被测量的真值,黑点为其测得值,则:图 2-2(a)准确度较高、精密度较差;图 2-2(b)精密度较高、准确度较差;图 2-2(c)精确度较高,即精密度和准确度都较高。

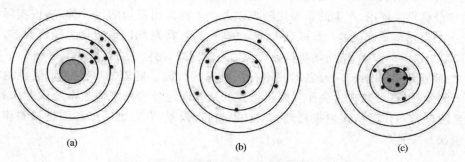

(a)　　　　　　　　(b)　　　　　　　　(c)

图 2-2　计量的准确度、精密度和精确度示意图

通常所说的测量精度或计量器具的精度即指精确度,而并非精密度。也就是说,实际上"精度"已成为"精确度"的习惯上的简称。至于精度是精密度的简称的主张,若仅针对精密度而言,是可以的;但若全面考虑,即针对精密度、准确度和精确度三者而言,则不如是精确度的简称或者本意即指精确度更为合适。

本书中所用的"精度",指"精确度",即精密度和准确度的综合概念。

▶ 2.2　测量误差的分析和处理

2.2.1　系统误差的分析处理

（1）检验系统误差是否存在　试验结果有无系统误差,必须进行检验,以便及时消除系统误差的影响,才能有效地提高测量精度。为了消除和减少系统误差,首先应发现系统误差。在测量过程中形成系统误差的因素是复杂的,通常难以查明所有的系统误差,也不可能全部消除系统误差的影响。

（2）系统误差的减小和消除　在测量过程中,发现有系统误差存在,必须找出可能产生系统误差的因素以及减小和消除系统误差的方法,但这和具体的测量对象、测量方法、测量人员的经验有关,下面介绍其中最基本的方法。

①测量前尽量消除系统误差的来源:从产生误差的根源上消除误差是最根本的方法,包

括定期标定和校准,例如,对氯化锂测湿仪器就须定期校准;注意位置(水准气泡)、电源电压、工作状态、接地、导线等符合测量要求;避免测量者主观过失,例如,读数时斜视造成的读数误差;零位、满度校验(针对热线风速仪等仪器);其他方法如代替法、交换法(左旋右旋两臂等)、相消法(标准已知替代被测量)。

②系统误差的修正:确定系统误差后利用修正曲线(如热线风速仪的修正曲线)或公式以修正值的方法加入测量结果中消除之。

2.2.1.1　恒值系统误差

恒值系统误差(恒值系差)的特点:在测量中误差的大小和符号固定不变;其存在只影响结果的准确度,而不影响结果的精密度;可用更准确的测量系统和测量方法相比较来发现恒值系统误差,并提供修正值。例如,用天平称重时,交换砝码和被测物的位置,取 2 次称重的平均值,可消除天平臂长不等引起的误差。

2.2.1.2　变值系统误差

根据变化的特点,变值系统误差(变值系差)可分为:

(1)线性系统误差　测量过程中误差值随时间增大或减小,其产生原因往往是元件老化或磨损、仪器电池电压下降等。

(2)周期性系统误差　测量过程中误差值的大小和符号按一定周期发生变化,如晶体管的 β 值随环境温度的周期性变化而变化就会产生这样的误差。

(3)未定系统误差　测量过程中变化规律仍未被认识的系统误差,其上下限值常常确定了测量值的系统不确定度。

2.2.1.3　判断系统误差的常见方法

采用适当的测量方法有助于消除或减少系统误差对测量结果的影响。

(1)实验对比法　改变测量条件、测量仪器或测量方法进行对比,可用于发现恒值系统误差。

(2)残差观察法　将所测数据及其残差(实际观察值与估计值/拟合值之间的差)按先后次序列表或作图,观察各数据的残差值的大小和符号的变化。适用于系统误差比随机误差大的情况。将测量值按测量的先后次序排列,若残差的代数值有规则地向一个方向变化,则测量列中可能有累进性系统误差;若残差的符号呈规律性地交替变化,则含有周期性系统误差(变值系差大于随机误差时此法有效)。累进性系统误差的特点:误差呈线性递增或递减,例如,蓄电池端电压下降引起的电流下降。

(3)马尔科夫判据　用于判断是否有与测量条件呈线性关系的累进性系统误差的方法。判别方法:将 n 个测量值所对应的残差($\nu_i = x_i - \overline{x}$)按先后顺序排列,然后把残差分为前后 2 个部分求和,再求其差值。

$$\Delta = \begin{cases} \sum_{i=1}^{n/2} \nu_i - \sum_{n/2+1}^{n} \nu_i & (n \text{ 为偶数}) \\ \sum_{i=1}^{(n-1)/2} \nu_i - \sum_{(n+3)/2}^{n} \nu_i & (n \text{ 为奇数}) \end{cases}$$

若 Δ 接近于零,则不存在线性系统误差;若 Δ 接近于 $(\nu_i)_{max}$ 则存在线性系统误差。若差

值 Δ 显著地异于零,则认为测量列中含有累计的系统误差。实际上,当测量次数 n 很大时,只要差值不等于零,一般可认为测量列含有累进性系统误差。但当 n 不太大时,通常差值 Δ 的绝对值不小于测量列中的最大残差绝对值时就可判定有线性系统误差。

(4)阿贝-赫梅特判据　将 n 个测量值所对应的残差按先后顺序排列,两两相乘,求出测量列标准差的估计值 $\hat{\sigma}$,如果满足

$$\left| \sum_{i=1}^{n-1} \nu_i \nu_{i+1} \right| > \sqrt{n-1} \hat{\sigma}^2$$

则可认为该测量列中含有周期性系统误差(周期性系统误差的特点:随测量值或时间的变化按某一周期性函数规律变化)。

2.2.2　随机误差的分析处理

随机误差由影响微小又互不相关的多种偶然因素造成,包括测量装置、环境、人员等方面的因素。其大小及符号事先无法知道,但当测得值增多时,将遵循一定的统计规律。

随机误差有以下 4 个特点。

①有界性:在一定的测量条件下,随机误差的绝对值不会超过一定的界限。

②对称性(正负误差概率对称):测量次数 n 很大时,绝对值相等、符号相反的随机误差出现的机会相等。

③单峰性($\delta \approx 0$ 处概率最大):小误差出现的机会比大误差出现的机会要多。

④抵偿性:当 n 趋于无穷大时,随机误差的算数平均值将趋于零,即 $n \rightarrow \infty$ 时,$\dfrac{1}{n} \sum_{i=1}^{n} \delta_i = 0$。

(1)测量数据的数学期望(最佳估计值)

随机变量的数学期望 $\equiv$ 随机变量的一阶原点距 $\equiv M(X)$

全体测量列 $M(X) = X_0 \leqslant \dfrac{1}{n} \sum_{i=1}^{n} X_i$ (随机变量中心位置)

有限测量值 $\overline{X} = \dfrac{1}{n} \sum_{i=1}^{n} X_i$ 为 X_0 的最佳估计值

(2)方差 $\sigma^2(X)$ 与标准差 $\sigma(X)$　方差表征随机变量相对于中心位置的离散程度,实际上就是随机变量 X 的函数 $g(X) = [X - M(X)]^2$ 的数学期望。

方差 $\equiv$ 随机变量的二阶中心距

$$\sigma^2(X) = \frac{1}{n} \sum_{i=1}^{n} [X_i - M(X)]^2 \text{(方差)}$$

$$\sigma(X) = \sqrt{\frac{1}{n} \sum_{i=1}^{n} [X_i - M(X)]^2} \text{(均方差或标准差)}$$

对于有限次的测量可应用贝塞尔公式

$$\hat{\sigma}(X) = \sqrt{\frac{1}{n-1} \sum_{i=1}^{n} (X_i - \overline{X})^2}$$

$\sigma(X)$ 小、正态分布图呈尖峰状,说明测量误差小,精密度高。

对于独立的无系统误差的等精度测量,求算术平均值时已失去一个自由度。

测量列由残差求均方差。

(3)测量结果的置信度 置信度(可信程度)用置信区间和置信概率描述。

①置信区间:随机变量取值范围 $X_0 \pm Z\sigma(X)$。

②置信概率:在置信区间内取值的概率 P。

$M(X)$ 测量值分布的均方差(均方差值估计值),由标准正态分布 3σ 准则可知:

$$P[|X - X_0| < 1\sigma(X)] = 68.26\%$$

$$P[|X - X_0| < 2\sigma(X)] = 95.44\%$$

$$P[|X - X_0| < 3\sigma(X)] = 99.73\%$$

一般测量结果有 95% 的可靠性就够了。要求很高时,取 $\pm 3\sigma$,置信概率为 99.73%,可以认为实际测量值均处于 $M(X)$ 附近 $\pm 3\sigma(X)$ 内。

(4)异常数据的处理 如果测得值中混有异常值,必然会歪曲试验的结果,这时若能将该值正确地剔除,其结果更符合客观情况。剔除的基本思想为:给定一个置信概率,并确定一个相应的置信区间,凡超过这个界限,就认为它不属于随机误差范畴,而是粗大误差,并予以剔除。具体步骤如下:

①尽量提高测量精度,使 σ 下降;

②给定置信概率(95% 或 99%);

③由正态分布对称区间的积分表查出 Z 值,如 $P = 95\%$ 时,$Z = 1.96$,$P = 99\%$ 时,$Z = 2.576$;

④以 X 代 X_0(真)、$\sigma(X)$ 代 $\sigma(X_0)$ 均方差估计值,当 $|X_i - X| > Z(X)$ 经分析予以剔除;

⑤重新计算 $\overline{X}$,$\sigma(X)$ 再进行分析处理。

2.2.3　粗大误差的分析处理

对于在同一条件下,多次测量同一被测量时所得的一组测量值,可用物理判别法或统计检验法来判断是否存在粗大误差。

①物理判别法:基于人们对客观事物的认知,判别由于外界干扰、人为误差等原因造成实测数据值偏离正常结果,在实验过程中随时判断、随时剔除。

②统计判别法:给定一个置信概率,并确定一个置信区间,凡超过此区间的误差,就认为它不属于随机误差范围,将其视为异常值剔除。当物理判别不当时,可以采用统计识别法。

2.2.3.1　拉依达准则

对于大量的重复测量值,如果其中某一测量值残差的绝对值大于该测量列的标准偏差的 3 倍,那么可以认为该测量值存在粗大误差,即

$$|\nu_i| = |x_i - \overline{x}| > 3\hat{\sigma}$$

数值分布在 $(\overline{X} - \hat{\sigma}, \overline{X} + \hat{\sigma})$ 中的概率为 0.6827;

数值分布在 $(\overline{X} - 2\hat{\sigma}, \overline{X} + 2\hat{\sigma})$ 中的概率为 0.9545;

数值分布在 $(\overline{X} - 3\hat{\sigma}, \overline{X} + 3\hat{\sigma})$ 中的概率为 0.9973。

上式又称为 $3\hat{\sigma}$ 准则,按上述准则剔除坏值后,应重新计算剔除坏值后测量列的算术平均值和标准残差估计值 $3\hat{\sigma}$,再行判断,直至余下测量值中无坏值存在。

用 $3\hat{\sigma}$ 准则判断粗大误差的存在,虽然方法简单,但它是依据正态分布得出的。当样本数容量不是很大时,所取界限太宽,坏值不能剔除的可能性较大。特别是当样本数容量 $n \leqslant 10$ 时,尤其严重,因此,目前都推荐使用以 t 分布为基础的格拉布斯准则。

2.2.3.2 格拉布斯准则

将重复测量值按大小顺序重新排列,$x_1 \leqslant x_2 \leqslant \cdots \leqslant x_n$,用下式计算首、尾测量值的格拉布斯准则数:

$$T_i = \frac{|v_i|}{\hat{\sigma}} = \frac{|x_i - \bar{x}|}{\hat{\sigma}} \quad (i \text{ 为 } 1 \text{ 或 } n)$$

然后,根据子样容量 n 和所选取的判断显著性水平 a,从表 2-1 中查得相应的格拉布斯准则临界值 $T(n,a)$。若 $T_i > T(n,a)$,则可认为 x_i 为坏值,应剔除,注意每次只能剔除一个测量值。若 T_1 和 T_n 都大于或等于 $T(n,a)$,则应先剔除两者中较大者,再重新计算算术平均值和标准差估计值 $\hat{\sigma}$,这时子样容量只有 $(n-1)$,再行判断,直至余下的测量值中再未发现坏值。显著性水平 a 一般可取 0.05 或 0.01,其含意是按临界值判定为坏值而其实非坏值的概率,即判断失误的可能性。

表 2-1　格拉布斯准则临界值 $T(n,a)$ 表

n	0.05	0.01	n	0.05	0.01
3	1.153	1.155	17	2.475	2.785
4	1.463	1.492	18	2.504	2.281
5	1.672	1.749	19	2.532	2.854
6	7.822	1.944	20	2.557	2.884
7	1.938	2.097	21	2.580	2.912
8	2.032	2.221	22	2.603	2.939
9	2.110	2.323	23	2.624	2.963
10	2.176	2.410	24	2.644	2.987
11	2.234	2.485	25	2.663	3.009
12	2.285	2.550	30	2.745	3.103
13	2.331	2.607	35	2.811	3.178
14	2.371	2.659	40	2.866	3.240
15	2.409	2.705	45	2.914	3.292
16	2.443	2.747	50	2.956	3.336

▶ 2.3 直接测量结果的不确定度估计

不必测量与被测量有函数关系的其他量,就能直接得到被测量值的测量方法叫直接测量方法。用等臂天平测物体质量、用游标卡尺测长度、用电流表测回路电流等都是直接测量。用式(2-1)形式表示的直接测量结果中,不考虑已定系统误差时,被测量值 y 一般取多次测量的平均值 $\bar{y}$;若实验中只能测一次,或只需测一次,被测量值 y 就取单次测得值 y_1。如有已定系统误差分量,还必须将测得值(或其平均值)减去已定系统误差值,得到 y 的值。

2.3.1　不确定度的概念

不确定度表征被测量的真值所处的量值范围的评定。它表示由于测量误差的存在而对被测量值不能确定的程度。不确定度 Δ 反映了可能存在的误差分布范围,即随机误差分量和未定系统误差分量的联合分布范围。它可近似理解为一定概率的误差限值,理解为误差分布基本宽度的一半。误差($y - Y_t$)一般在 ±Δ 之间,误差落在区间($-Δ$,$+Δ$)之外的可能性(概率)非常小。

测量不确定度的定义:表征合理地赋予被测量值的分散性,与测量结果相联系的参数。

> 注:1. 测量不确定度可以是诸如标准偏差或其倍数,或说明了置信区间的半宽度。
> 2. 测量不确定度由多个分量组成。其中一些分量可用测量列结果的统计分布估算,并用实验标准偏差表征。另一些分量则可用基于经验或其他信息的假定概率分布估算,也可用标准偏差表征。
> 3. 测量结果应理解为被测量之值的最佳估计,而所有的不确定度分量均贡献给了分散性,包括那些由系统效应引起的(例如与修正值和参考测量标准有关的)分量。

[**例 7**] 氢原子光谱实验中,测得 H_a 线 15℃时的波长为 $λ_{H_a} = (656.24 \pm 0.06)$ nm。测量不确定度为 0.06 nm,说明波长真值一般在 656.18~656.30 nm 之间,量值 656.24 的误差一般在 -0.06~0.06 之间。把文献中用的高准确度方法的测得值 656.2816 作为约定真值,实验值 656.24 的测量误差为 -0.04 nm。

不确定度总是不为零的正值,而误差可能为正值,可能为负值,也可能十分接近于零(有效位数末位确定时也可能写成零)。不确定度原则上总是可以具体评定的,而误差一般不能计算。不确定度表示和评定体系,是在现代误差理论的基础上建立和发展起来的。

2.3.2　不确定度的简化评定方法

在农业生物环境因素测试技术这门课中通常采用一种简化的不确定度估计方法,其要点如下:

①结果表示中一律采用总不确定度 Δ 用于测量结果的报告,也称报告不确定度。式(2-1)表示位于区间($y-Δ$,$y+Δ$)内的可能性(概率)约等于或大于 95%。实际测试中"总不确定度"一词有时简称为"不确定度"。

②从评定方法上总不确定度 Δ 分为 2 类分量:A 类分量 $Δ_A$ 为(多次重复测量时)用统计学方法计算的分量;B 类分量 $Δ_B$ 为用其他方法(非统计学方法)评定的分量。这 2 类分量用方和根法合成,如下:

$$Δ = \sqrt{Δ_A^2 + Δ_B^2} \qquad (2\text{-}9)$$

$Δ_A$ 由样本标准偏差 s 乘以因子($t/\sqrt{n}$)来求得:

$$Δ_A = (t/\sqrt{n})s \qquad (2\text{-}10)$$

式中 s 是用贝塞尔公式算出的标准偏差。测量次数 n 确定后,因子 $(t/\sqrt{n})$ 可由表2-2查出。

表 2-2 $(t/\sqrt{n})$ 与测量次数的关系

项目	测量次数 n										
	2	3	4	5	6	7	8	9	10	15	20	∞
$(t/\sqrt{n})$ 的值	8.98	2.48	1.59	1.24	1.05	0.93	0.84	0.77	0.72	0.55	0.47	$1.96/\sqrt{n}$
$(t/\sqrt{n})$ 的近似值	9.0	2.5	1.6	1.2		1.0①						$(t/\sqrt{n}) \approx 2/\sqrt{n}$

注:①$5 < n \leqslant 10$,概率 $P > 0.94$ 时可以认为 $t/\sqrt{n} \approx 1.0$。

式(2-10)的导出过程比较复杂,它本来还要求随机误差满足一定的分布规律。要求不高的环境测试中,一般都可以直接运用式(2-10)。量值 y 取 n 次测量的平均值 $\bar{y}$ 后,当系统误差为零时,真值位于区间 $(y-\Delta, y+\Delta)$ 之内的可能性约为 95%,概率约为 95%。换句话说,平均值与真值之差在 $-\Delta$ 到 Δ 之间的可能性约为 95%。

一般在环境测试中,测量次数 n 通常大于 5,且不大于 10,因子 $(t/\sqrt{n}) \approx 1$,A 类不确定度可取近似值:

$$\Delta_A = (t/\sqrt{n})s \approx s \qquad (5 < n \leqslant 10)$$

Δ_A 可近似取标准偏差 s 的值,这是一种在限定条件下的简化处理方法。

B 类分量 Δ_B 的大小有时由实验室近似给出,在许多直接测量中 Δ_B 近似取计量器具的误差限值 Δ_{ins},即认为 Δ_B 主要由计量器具的误差特性决定。因此,物理实验中一般用式(2-11)计算不确定度 Δ:

$$\Delta = \sqrt{(t/\sqrt{n})^2 s^2 + \Delta_{ins}^2} \qquad (2\text{-}11)$$

2.3.3 关于仪器误差限的讨论

(1)Δ_{ins} 一般取基本误差限或示值误差限 仪器误差限由准确度等级或允许误差范围得出,或者由工厂的产品说明书给出,有时也由实验室结合具体情况,给出 Δ_{ins} 近似的约定值。

(2)大多数情况下把 Δ_{ins} 简化地当作 Δ_B 对同一量多次测量的绝大多数实验中,随机误差限显著地小于器具的基本误差限(示值误差限)。另一些器具在实际使用时,很难保证在相同条件下操作或在规定的正常条件下测量,测量误差除基本误差(或示值误差)外,还包含一些附加误差分量。因此我们约定,在大多数情况下把 Δ_{ins} 直接当作总不确定度的 B 类分量 Δ_B。

(3)单次测量时进一步简化取 $\Delta \approx \Delta_{ins}$ 若因 $s \ll \Delta_{ins}/2$,或者因估计出的 Δ_A 对实验最后结果影响甚小,或因条件受限制而只进行了一次测量,可简单地取 $\Delta \approx \Delta_{ins}$(单次测量)。

这时式(2-9)中的 Δ_A 虽存在,但不能用式(2-10)算出,因为 $n=1$ 时贝塞耳公式发散。单次测量时取 $\Delta \approx \Delta_{ins}$,并不说明只测一次时 Δ 的值变小,因为这是比式(2-9)更为粗略的不确定度估计方法。

2.3.4 计算举例

[例 8] 用 1 级螺旋测微计测量某圆柱体直径(为求截面积),6 次测得值 X_i 分别为

8.345 mm,8.348 mm,8.344 mm,8.343 mm,8.347 mm,8.343 mm。测量前螺旋测微计零点(零位)读数值(即已定系统误差)为-0.003 mm。(1级螺旋测微计的示值误差限 $\Delta_{ins}=0.004$ mm。)

①先用式(2-3)求平均值

$$\overline{X}=(8.345+8.348+8.344+8.343+8.347+8.343)/6=8.345\,0\ \text{mm}$$

②对已定系统误差进行修正

$$\overline{X}'=\overline{X}-(-0.003)=8.348\ \text{mm}$$

③用式(2-4)贝塞耳公式,求出标准偏差

$$s=0.003\,9\ \text{mm}$$

④可用简化的式(2-10)求 Δ_A ,普遍情况下用式(2-9)

$$\Delta_A=1.05s=0.0041\ \text{mm}$$

⑤用式(2-9)合成 Δ ,因为 $\Delta_B=0.004$ mm,由式(2-9)得

$$\Delta=0.0057\ \text{mm}(或\ \Delta=0.006\ \text{mm})$$

⑥直径的测量结果最后表示成

$$D=8.3480\pm0.0057\ \text{mm}(或\ D=8.348\pm0.006\ \text{mm})$$

可用式(2-11)代替式(2-10)和式(2-9),直接算出 Δ。

[**例9**]用一台数字电压表测某一高稳定度恒压源输出电压 U,重复测量次数 $n=7$,电压表分辨率为 $1\ \mu$V,测量范围为 1 V。生产厂说明书给出表的准确度在量程 $U_m=1$ V 时为 $\Delta_{ins}=14\times10^{-6}U+2\times10^{-6}U_m$

7次的测得值为(单位:V)$U_1=0.928\,570$,$U_2=0.928\,534$,$U_3=0.928\,606$,$U_4=0.928\,599$,$U_5=0.928\,572$,$U_6=0.928\,591$,$U_7=0.928\,585$。设测量过程中的已定系统误差为0。

①由式(2-3)求得

$$\overline{U}=\frac{\sum U_i}{n}=0.928\,579\,6\ \text{V}$$

②再算出

$$\Delta_{ins}=15.0\times10^{-6}\ \text{V}$$

③由式(2-4)求得

$$s=\sqrt{\frac{\sum(U_i-\overline{U})^2}{n-1}}=24.0\times10^{-6}\ \text{V}$$

④查表2-2得

$$(t/\sqrt{n})=0.93$$

⑤由式(2-11)算出

$$\Delta = \sqrt{(24.0 \times 0.93)^2 + 15.0^2} = 27 (\mu V)$$

⑥最后完整地写出测量结果

$$U = \overline{U} \pm \Delta = (0.928\,580 \pm 0.000\,027)\ V$$

2.3.5 相对不确定度

为了更直观地评价测量结果的准确度,较常采用相对不确定度U_r的概念。

$$\text{相对不确定度}\ U_r = \text{总不确定度}\ \Delta / \text{量值}\ y \tag{2-12}$$

总不确定度Δ与相对不确定度U_r只取 1~2 位有效位数。

例 9 中,相对不确定度$\overline{U}_r = \Delta/\overline{U} = 29 \times 10^{-6}$。$U_r$越小,测量的准确度越高。相对误差$E_r$的概念,有时也用于误差分析和计算中,它被定义为:

$$\text{相对误差}\ E_r = \text{误差}\ \mathrm{d}y / \text{真值}\ Y_t \approx \mathrm{d}y/y$$

2.3.6 测量不确定度的计算机程序

在测量不确定度的评定中,以下一些计算是经常需要的。

设输入量X_i独立地进行了重复性条件下或复线性条件下的n_i次观测,其中第 j 次观测值为$x_{ij}(j = 1,\cdots,n_i;n_i > 1)$,则 X_i 的估计值x_i为这 n_i 个结果的算术平均值。

$$x_i = \overline{x}_{ij} = \frac{1}{n_i} \sum_{j=1}^{n_i} x_{ij} \tag{2-13}$$

估计值x_i的估计协方差为

$$u^2(x_i) = s^2(\overline{x}_{ij}) = \frac{1}{n} s_i^2(x_{ij});$$

$$s_i^2(x_{ij}) = \frac{1}{n-1} \sum_{j=1}^{n_i} (x_{ij} - \overline{x}_{ij})^2 \tag{2-14}$$

式中x_{ij}的实验标准差为$s_i(x_{ij})$,即输入量x_i的测量结果x_{ij}分散性的实验标准差。

如果有些输入量X_i在观测中同样进行了 n 次独立测量,则在式(2-13)和式(2-14)中n_i应以 n 代之,即$n_i = n$。从而,如果他们存在某种相关,则其不确定度分量、平均值的协方差或其相关系数应按式(2-15)计算$(i > k)$。

$$u(x_i, x_k) = s(\overline{x}_i, \overline{x}_k) = \frac{1}{n(n-1)} \sum_{j=1}^{n} (x_{ij} - \overline{x}_i)(x_{kj} - \overline{x}_k) \tag{2-15}$$

$$r(x_i, x_k) = \frac{u(x_i, x_k)}{u(x_i) u(x_k)} \tag{2-16}$$

无疑,式(2-15)、式(2-16)的计算是十分麻烦的,式(2-15)给出输入量 X_i 与 X_k 估计值x_i与 x_k 的估计协方差,$r(x_i, x_k)$ 为其估计相关系数。

不确定评定的第三步就是要给出被测量(或输出量)Y 的合成标准不确定度或合成方差。

$$u_c^2(y) = \sum_{i=1}^{m} c_i^2 u^2(x_i) + 2 \sum_{i=1}^{m-1} \sum_{k=i+1}^{m} c_i c_k u(x_i) u(x_k) r(x_i, x_k) \tag{2-17}$$

式(2-17)中 $u_c(y)$ 为 Y 的估计值（测量结果）y 的合成标准不确定度，c_i 为灵敏系数，从函数 $y = f(x_1, x_2, \cdots, x_m)$ 的偏导数 $c_i = \partial f / \partial x_i$ 得出。式(2-17)称为不确定度传播率。

下例采用 LabVIEW 语言编制对 m 个输入量 X_i 均进行 n 次独立测量，由 $m \cdot n$ 个观测值计算输出量电阻的测量结果及其合成标准不确定度的计算机程序。

[**例 10**] 通过 3 个输入量：两端正弦波交流电位差的幅度 V，交流电的幅度 I 以及电流相对于电位差的相位差 φ 测量被测量（输出量）交流电阻 R。

$$R = \frac{V}{I} \cos\varphi$$

式中：输出量 $Y = R$，输出量 X_i 共 3 个，$X_1 = V$，$X_2 = I$，$X_3 = \varphi$，对于电阻 R，有数学模型

$$R = f(V, I, \varphi) = \frac{V}{I} \cos\varphi ，$$

$$或 \quad Y = f(X_1, X_2, X_3) = \frac{X_1}{X_2} \cos X_3$$

表 2-3 给出测量次数 $n = 5$ 的观测值，以及它们的平均值、实验标准差、相差系数和测量结果[用合成标准不确定度 $u_0(R)$ 给出的一览表]。

LabVIEW 计算程序（图 2-3）包括 4 个通用可换部件。其中的第一个部件[图 2-3(a)]按式(2-13)计算输入量 X_i 的 5 次观测值 x_{ij} 的算术平均值 $\overline{x}_i$。测量结果 v_{ij} 以 $v[i,j]$ 元素存在于二维数组 v 之中，平均值 v_{ij} 作为所计算出的 x_i 存放于数组中作为元素 $x[i]$。

第二个部件[图 2-3(b)]按式(2-14)至式(2-16)计算平均值 $\overline{v}_i$ 或 x_i 的标准不确定度 $u(x_i)$ 或标准差 $s(\overline{v}_i)$，作为数组中的元素 $ux[i]$ 的输入量。同样，二维数组 rx 中的元素 $rx[i,k]$ 中得出相关系数 $r(x_i, x_k)$。

第三个部件[图 2-3(c)]用于偏导灵敏系数 $c_i = \partial f / \partial x_i$ 的计算，并存于数组 ∂f 中的 $\partial f[i]$。数学模型 f 必须以子程序 $f(x)$ 给出。

第四个部件[图 2-3(d)]给出式(2-17)，标准不确定度 $u_c(y)$ 以 uy 的形式给出，输出量 Y 的测量结果 y 以 $Y = f(x)$ 给出。

表 2-3　不确定度计算结果

项目	输入量值		
	V/V	I/mA	φ/md
$j = 1$	5.007	19.663	1.0456
$j = 2$	4.994	19.639	1.0438
$j = 3$	5.005	19.640	1.0468
$j = 4$	4.990	19.685	1.0428
$j = 5$	4.999	19.678	1.0433
$\overline{x}_i$	4.9990	19.6610	1.04446
$s(\overline{x}_i)$	0.0032	0.0095	0.00075
相关系数	$r(V, I) = -0.36$，$r(V, \varphi) = -0.86$，$r(I, \varphi) = -0.65$		
结果：电阻 $R = (127.732 \pm 0.071)\Omega$			

相关 LabVIEW 程序框如图 2-3 所示。

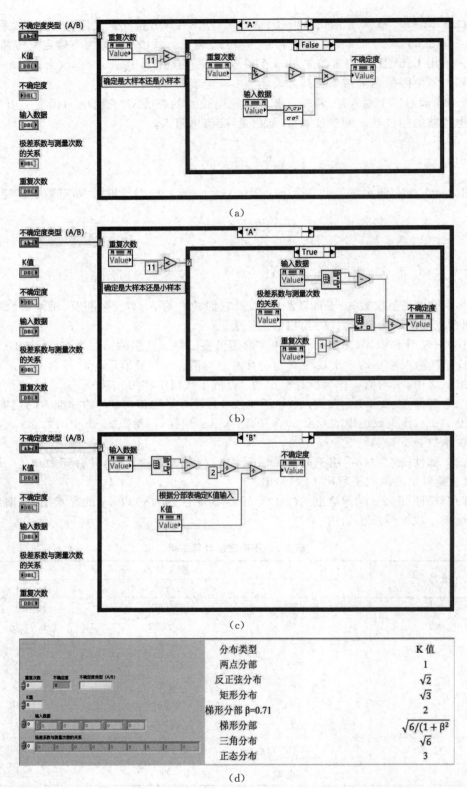

图 2-3　LabVIEW 不确定度计算程序框

2.4　间接测量结果的不确定度合成

间接测量是指通过测量与被测量有函数关系的其他量,才能得到被测量值的测量。例如,通过测长度确定矩形面积,通过测导线电阻、长度和截面积确定电阻率等,都是间接测量。设被测量 Y 可写成直接测量值 X_k 的函数:

$$y = f(x_k) \tag{2-18}$$

$$\mathrm{d}y = \sum \frac{\varphi}{\partial x_k} \mathrm{d}x_k \tag{2-19}$$

首先,从误差的全微分表达式出发,式中 $\mathrm{d}Y$, $\mathrm{d}X_k$ 分别表示 Y 及直接测量值 X_k 的误差。从误差传递的代数和式可以导出标准偏差的方和根合成式:

$$s_y = \sqrt{\sum \left(\frac{\varphi}{\partial x_k} \cdot s_{x_k} \right)^2} \tag{2-20}$$

在各变量 X_k 互相独立的前提下,标准偏差传递公式(2-20)在数学上是严密的。人们公认:Y 是一种以标准偏差形式表示的不确定度,其合成(传递)公式形同式(2-20),也是各分量与偏导数之积的方和根。对于本门课程而言,我们采用和式(2-20)同形的总不确定度传递的近似公式[式(2-21)中 ΔX_k 是各直接测量值的总不确定度]:

$$\Delta y = \sqrt{\sum \left(\frac{\varphi}{\partial x_k} \cdot \Delta x_k \right)^2} \tag{2-21}$$

间接测量中,当函数 $F(x_k)$ 中各量间是乘除关系时($f = x_1 x_2 \cdots x_n$,则 $\ln f = \ln x_1 + \ln x_2 + \cdots + \ln x_n$),用式(2-21)计算不太方便,宜改用相对不确定度的合成(传递)公式:

$$\frac{\Delta y}{y} = \sqrt{\sum \left(\frac{\partial \ln f}{\partial x_k} \right)^2 \Delta x_k^2} \tag{2-22}$$

间接测量结果不确定度的计算过程分为 3 步:

①先写出各直接测量值 x_k 的不确定度 Δx_k;

②根据 y 和 x_k 的函数关系式(2-18),写出 y 的全微分式[式(2-19)];

③用式(2-21)或式(2-22)计算 y 的不确定度 Δy 或 $\Delta y/y$。

本章所讲的部分内容,是对严格理论进行了一定简化和近似的结果。求 s 的贝塞尔公式、求 A 类不确定度的因子$(t/\sqrt{n})$、间接测量值不确定度的传递公式等,都没有给出推导或证明;A 类、B 类分量用方和根式合成,也因为有统一规定而没有进一步说明。

2.5　测量数据处理

2.5.1　测量数据的一般处理步骤

对某量进行等精度测量,经多次重复测量后得到一系列测量值 $x_1, x_2, \cdots, x_n$,其中可能

同时包含有系统误差、随机误差和粗大误差,或者其中之一,为了得到合理的测量结果,其处理步骤归纳如下:

①求算术平均值 $\bar{x}$、残余误差 v_i 及标准偏差 $\hat{\sigma}_x$。

②判断有无疏忽误差并将其剔除,如有粗大误差,剔除含疏忽误差的数据后,再重新计算 $\bar{x}$、v_i 及 σ_x,直至不包含粗大误差为止。

③检查有无系统误差并消除或减小其影响。

a.若有定值系统误差,则设法消除或确定总的误差修正值 Δ_0,对算术平均值进行修正,即取 $\bar{x}+\Delta_0$,该步骤也可以在一开始就做。

b.如有明显的变值系统误差,则一定要设法修正或消除,并再次计算 $\bar{x}$,v_i,$\hat{\sigma}_x$。

c.如有不定系统误差,应估定其大小范围,当作随机误差处理。

d.求算术平均值的标准误差。

e.计算算术平均值的极限测量误差 $\Delta_{\lim\bar{x}}(=\pm t\hat{\sigma}_{\bar{x}})$,并注明置信概率。$t$ 值按正态分布时一般取 3 或 2。

f.确定测量方法总的极限测量误差 $\delta_{\lim\bar{x}}$。

④写出最后测量结果 $\bar{x}+\Delta_0\pm\delta_{\lim\bar{x}}$,并注明置信概率。

除 $\Delta_{\lim\bar{x}}$ 外,还要考虑那些在多次重复测量中,不能充分反映出来的随机性误差因素和不定系统误差,下面用一实例来说明。

[**例 11**] 在卧式光学计上用 4 等量块检定 100 mm 的千分尺校对杆,共测 20 次,经以上处理步骤得

$$\bar{x}=100.003\ 5\ \text{mm}$$
$$\Delta_{\lim\bar{x}}=0.47\ \mu\text{m}(P=99.73\%)$$

但还有 2 项明显的误差因素在多次重复测量中不能充分反映出来。

①量块的检定误差 $\Delta_{\lim G}$:查规程可知,100 mm 的 4 等量块的中心长度测量极限误差为 $\pm0.6\ \mu\text{m}$。量块的这一误差,是以定值系统误差的性质影响测量结果,但其大小和正负符号都不知道,只是以一定置信概率估计在 $\pm0.6\ \mu\text{m}$ 范围之内,它实际上是属于不定系统误差,按习惯可当作随机误差处理。

②温度误差 $\Delta_{\lim T}$:作为随机量的温度波动误差(测量是在恒温室内进行),在有限次重复测量的很短时间里,是不能充分反映在测量结果里的,经计算,得到 $\Delta_{\lim T}=\pm0.6\ \mu\text{m}$。

故测量方法的总极限误差 $\delta_{\lim\bar{x}}$ 为

$$\delta_{\lim\bar{x}}=\sqrt{\Delta_{\lim\bar{x}}^2+\Delta_{\lim G}^2+\Delta_{\lim T}^2}=\sqrt{0.47^2+0.6^2+0.6^2}\approx\pm1(\mu m)$$

量块的修正值为 $\Delta_0=+0.0002\ \text{mm}$(无其他定值系统误差)。

故最后测量结果为:

$$\bar{x}+\Delta_0\pm\delta_{\lim\bar{x}}=100.0035+0.0002\pm0.001$$
$$=(100.004\pm0.001)\ \text{mm}(P=99.73\%)$$

2.5.2　非等精度测量与加权平均

2.5.2.1　等精度测量

在相同测量条件下进行的测量称为等精度测量,例如,在同样的条件下,用同一个游标卡尺测量圆球的直径若干次,这就是等精度测量。在相同条件下测量列无系统误差、无粗大误差。其处理步骤归纳如下:

(1)算术平均值　对一个真值为 Q 的物理量进行等精度的 n 次测量,得 n 个测量值 x_1,x_2,$\cdots$,x_n,它们都含有误差 δ_1,δ_2,$\cdots$,δ_n,统称真差。通常,我们是以算术平均值 $\overline{x}$ 作为 n 次测量的结果,即

$$\overline{x} = \frac{1}{n}(x_1 + x_2 + \cdots + x_n) = \frac{\sum x_i}{n}$$

因有

$$\delta_1 = x_1 - Q$$
$$\delta_2 = x_2 - Q$$
$$\vdots$$
$$\delta_n = x_n - Q$$

故真值 Q 可以写成

$$nQ = \sum x_i - \sum \delta_i$$
$$\overline{x} = Q + \frac{\sum \delta_i}{n} \tag{2-23}$$

式(2-23)中的真差 δ_i 即为随机误差,当测量次数 $n \to \infty$ 时,根据随机误差公理, $\sum \delta_i = 0$,则得 $\overline{x} = Q$。

这个结果说明,当测量次数 n 无限增大时,测量值的算术平均值 $\overline{x}$ 就等于真值 Q。但实际上,进行无穷多次的测量是不可能的,因此,真值 Q 实际上也不可能得到,然而可以认为,当测量次数 n 适当大时,算术平均值已是最接近于真值 Q 的。

(2)均方根偏差　上述算术平均值 $\overline{x}$ 虽能表示一组测量值的结果,但它不能表示这一组测量值的精度。例如,有下列 2 组测量值,即

第一组:20.0005,19.9996,20.0003,19.9994,20.0002

第二组:19.9990,20.0006,19.9995,20.0015,19.9994

这两组测量值的算数平均值都是 20.0000,但它们的测量精度明显不同。容易看出,第二组数据的分散性要比第一组的大,即第一组测量值的测量精度要高于第二组。

对于等精度测量来说,还有一种更好的表示误差的方法,就是标准误差。标准误差定义为各测量值误差平方和的平均值的平方根,故又称为均方误差。

设 n 个测量值的误差为 δ_1,δ_2,$\cdots$,δ_n,则这组测量值的标准误差 σ 为

$$\sigma = \sqrt{\frac{\delta_1^2 + \delta_2^2 + \cdots + \delta_n^2}{n}} = \sqrt{\frac{\sum \delta_i^2}{n}} \ (n \to \infty) \tag{2-24}$$

式中：δ_i 为真差（随机误差）；n 为测量次数。均方根偏差与测量值具有相同的量纲，且只取开方值的正根。

由于被测量的真值是未知数，各测量值的误差也都不知道，因此，不能按式(2-24)求得标准误差。测量时能够得到的是算术平均值($\bar{x}$)，它最接近真值(X)，而且也容易算出测量值和算术平均值之差，称为残差(记为 ν)。

理论分析表明，可以用残差 ν 表示有限次(n 次)观测中的某一次测量结果的标准误差 σ，其计算公式为

$$\hat{\sigma} = \sqrt{\frac{(x_1-x)^2 + (x_2-x)^2 + \cdots + (x_n-x)^2}{n-1}} = \sqrt{\frac{\sum \nu_i^2}{n-1}}$$

对于一组等精度测量(n 次测量)数据的算术平均值，其误差应该更小些。理论分析表明，它的算术平均值的标准误差与一次测量值的标准误差 σ 之间的关系是

$$\hat{\sigma}_{\bar{X}} = \frac{\sigma}{\sqrt{n}} = \sqrt{\frac{\sum \nu_i^2}{(n-1)n}}$$

注意，标准误差不是测量值的实际误差，也不是误差范围，它表示在相同条件下进行一组测量后，随机误差出现的概率分布情况，只具有统计意义，是一个统计特征量。标准误差小，测量的可靠性大一些；反之，测量就不大可靠。进一步的分析表明，根据随机误差的高斯理论，当一组测量值的标准误差为 $\hat{\sigma}$ 时，其中的任何一个测量值的误差 δ_i 有 68.3% 的概率是在($-\hat{\sigma}$，$+\hat{\sigma}$)区间内。区间($-\hat{\sigma}$，$+\hat{\sigma}$)称为置信区间，相应的概率称为置信概率。显然，置信区间扩大，则置信概率提高。置信区间取($-2\hat{\sigma}$，$+2\hat{\sigma}$)、($-3\hat{\sigma}$，$+3\hat{\sigma}$)时，相应的置信概率 $P(2\hat{\sigma})=95.4\%$、$P(3\hat{\sigma})=99.7\%$。

定义 $\delta=3\hat{\sigma}$ 为极限误差，其概率含义是在 1 000 次测量中只有 3 次测量的误差绝对值会超过 $3\hat{\sigma}$。在一般测量中次数最多几十次，因此，可以认为测量误差超出 $3\hat{\sigma}$ 范围的概率是很小的，故称为粗大误差，一般可作为可疑值取舍的判定标准。一般而言，规范的科学实验报告都是用标准误差来评价实验数据的。

2.5.2.2　非等精度测量

前面讨论的是等精度测量，即在相同的测量条件下进行多次重复测量(测量列)获得的所有测得值。因此，各测得值具有相同的精度，可用同一均方根偏差 $\hat{\sigma}$ 值来表征，或者说具有相同的可信赖程度。

当测量条件(人员、仪器、方法、环境条件、求平均值的测量次数等)部分或全部改变时，对同样的数据进行测量，则称为非等精度测量。非等精度测量会使得各测得值的精度或可信赖程度产生偏差，且由于其与等精度测量的性质不同，数据处理方法也不一样。

在重要的测量中，有时有意改变测量条件，例如，用不同精度的仪器进行测量并比对某一被测值，这就是不等精度测量，这样做有利于提高测量的可靠性和精度。有时，由于条件的限制，不能保证等精度测量的恒定条件，这样的测量，客观上就是非等精度测量。

严格说来，绝对的等精度测量是很难保证的，但对条件差别不大的测量，一般都当作等精度测量对待。某些条件的变化，如测量时温度的波动等，只作为误差来考虑。因此，在实际应用中，按非等精度测量来处理的情况是比较少的。

测量结果的可靠程度（可信赖程度），可用"权"来表示，可靠程度越高，则"权"越大。在其他测量条件相同的情况下，测量次数越多，则测量结果（算术平均值）越可信赖，其"权"也越大，故此时可用测量次数 n_i 来确定"权"。

"权"可理解为各组测量结果相对的可信赖程度。测量次数越多、测量方法越完善、测量所用的仪器精度越高、测量的环境条件越好、测量人员的水平越高则测量结果越可靠，其"权"也越大。"权"是相互比较而存在的。

现对某量进行 n 次不等精度测量，各测得值的标准偏差及"权"为 σ_s 及 p'，其算术平均值的标准偏差及"权"为 $\sigma_{\bar{x}}$ 及 p。由于

$$\hat{\sigma}_{\bar{x}} = \frac{\hat{\sigma}_s}{\sqrt{n}} \quad \text{或} \quad n = \frac{\hat{\sigma}_s^2}{\hat{\sigma}_{\bar{x}}^2}$$

又 $$p = np'$$

故 $$\frac{p}{p'} = \frac{\hat{\sigma}_s^2}{\hat{\sigma}_{\bar{x}}^2}$$

"权"为相对的比值，故可取 $P' = 1$，于是

$$p = \frac{\hat{\sigma}_s^2}{\hat{\sigma}_{\bar{x}}^2} \tag{2-25}$$

对 m 组测量次数不同的上述测量，有

$$p_1 = \frac{\hat{\sigma}_s^2}{\hat{\sigma}_{\bar{x}_1}^2} \ , \ p_2 = \frac{\hat{\sigma}_s^2}{\hat{\sigma}_{\bar{x}_2}^2} \ , \cdots , \ p_i = \frac{\hat{\sigma}_s^2}{\hat{\sigma}_{\bar{x}_i}^2}$$

故有 $$p_1 : p_2 : \cdots p_m = \frac{1}{\hat{\sigma}_{\bar{x}_1}^2} : \frac{1}{\hat{\sigma}_{\bar{x}_2}^2} : \cdots : \frac{1}{\hat{\sigma}_{\bar{x}_m}^2} \tag{2-26}$$

由式（2-26）可得出"权"的一般含义：各组测量的"权" P_i，与各组测量结果和的方差 σ_i^2 成反比。人们正是这样来定义"权"和确定"权"的。

如有 m 组测量列、相应各列的权为 p_j，则 m 组测量列全体的算术平均值为

$$\bar{x} = \frac{\sum_{j=1}^{m} \bar{x}_j p_j}{\sum_{j=1}^{m} p_j} \tag{2-27}$$

其标准偏差为

$$\hat{\sigma} = \sqrt{\frac{\sum_{j=1}^{m} p_j v_j^2}{(m-1) \sum_{j=1}^{m} p_j}} \ ; \ v_j = (x_i - Q) \tag{2-28}$$

2.5.3 最小二乘原理

最小二乘原理是一个数学原理，它在工程技术，特别是实验技术中有着广泛的应用。
例如，在组合测量中，为了解出 m 个未知量，我们拟定函数组合关系的个数——方程式

的个数 n 总是大于 m 。对某一个直接量的测量总是带有误差的，因此，在组合测量中，怎样从带有测量误差的(不完全一致的) n 个直接测量的方程中解出 m 个未知量，是需要优先解决的问题。利用最小二乘法能够比较圆满地解决这类问题，此时，所求得的未知量的值一般称为最可信赖值。

最小二乘法还被广泛地用于其他方面的数据处理中，如实验曲线的拟合、经验公式的确定等。

应用最小二乘法时，要注意误差数据必须是无偏的，即没有系统误差，相互独立，且服从正态分布，这是用最小二乘法确定最佳估计值的前提条件。

①设测量得一数列，其残差平方和(最小方差)为

$$
\begin{aligned}
\sum_{i=1}^{n} V_i^2 &= \sum_{i=1}^{n} (X_i - \overline{X})^2 \\
&= \sum_{i=1}^{n} X_i^2 - \sum_{i=1}^{n} 2X_i\overline{X} + \sum_{i=1}^{n} \overline{X}^2 \\
&= \sum_{i=1}^{n} X_i^2 - 2\overline{X} \cdot n\overline{X} + n\overline{X}^2 \\
&= \sum_{i=1}^{n} X_i^2 - n\overline{X}^2
\end{aligned}
\tag{2-29}
$$

②若不按 X 值而按 $X = \overline{X} \pm C$(偏离均值的值，或偏均值)计，则有

$$
\begin{aligned}
\sum_{i=1}^{n} D_i^2 &= \sum_{i=1}^{n} (X_i - X)^2 \\
&= \sum_{i=1}^{n} X_i^2 - \sum_{i=1}^{n} 2X_iX + \sum_{i=1}^{n} X^2 \\
&= \sum_{i=1}^{n} X_i^2 - 2\overline{X} \cdot nX + nX^2
\end{aligned}
\tag{2-30}
$$

③由式(2-29)和式(2-30)可得

$$
\begin{aligned}
\sum_{i=1}^{n} D_i^2 - \sum_{i=1}^{n} V_i^2 &= n(X^2 - 2X\overline{X} + \overline{X}^2) \\
&= n (X - \overline{X})^2 > 0
\end{aligned}
\tag{2-31}
$$

当偏方差和 $\sum_{i=1}^{n} V_i^2$ 最小时即得最佳估计值。根据最小二乘法，真值的最佳估计值为算术平均值时，其残差平方和最小。

2.5.4 曲线的拟合

前面所述误差理论中的试验数据处理，都是从单一的物理量或函数出发，处理的目的是为寻求被测量的最佳值及其精度。通常需要通过试验，获得一组数据，从中找出各变量之间的内在关系，这就要利用回归分析这个数学工具。

2.5.4.1 函数与相关关系

变量之间存在一定的关系，人们通过实践发现变量之间的关系可分为 2 种类型：

(1)函数关系　即确定性关系,表示为 $y=f(x)$。

(2)相关关系　绝大多数实际问题中的变量之间不存在确定性关系,只有通过试验才能了解它们之间的关系,这类变量之间的关系被称为相关关系。回归分析是应用数理统计的方法,可对大量的实测数据进行分析和处理,从而得出反映变量间相互关系的经验公式,即回归方程。通常,回归分析法包括以下 3 个步骤:

①确定经验公式的形式,即函数类型;

②求经验公式的系数,即回归参数;

③研究经验公式的可信赖程度。

在平面直角坐标上,由试验给定的 N 个点 (x_i, y_i) 利用最小二乘法求出一条最接近这一组数据点的曲线,来显示这些点的总趋向,称为曲线的拟合。该曲线的方程又称为回归方程。

2.5.4.2　直线拟合参数的标准偏差与结果表示

(1)斜率与截距的标准偏差　对 $y_i = A + B x_i + \varepsilon_i$ 用最小二乘法拟合得到斜率和截距的估计值 b 和 a,用计算器或其他工具拟合时,一般还可同时求得相关系数 r。设数组个数(点数)为 n,x_i 的平均值为 $\bar{x}$,则斜率 b 和截距 a 的标准偏差为

$$\frac{s_b}{b} = \sqrt{\frac{1/r^2 - 1}{n-2}} \tag{2-32}$$

$$s_a = s_b \sqrt{\frac{\sum x_i^2}{n}} = s_b \sqrt{\bar{x}^2 + \frac{\sum (x_i - \bar{x})^2}{n}} \tag{2-33}$$

(2)斜率与截距之比 b/a 的标准偏差　实验中运用直线拟合方法时,被测量往往是斜率与截距之比,如电阻温度系数 α_R 是方程 $R = R_0(1 + \alpha_R \cdot t)$ 中的斜率截距比,空气相对压力系数 α_R 是方程 $p = p_0(1 + \alpha_p \cdot t)$ 的斜率截距比。很容易看出,斜率与截距之比就是直线在 X 轴上截距的负倒数。于是,以 y_i 作自变量、x_i 作应变量进行最小二乘法拟合,设所得直线为 $x_i = \alpha + \beta y$,斜率为 β,从 X 轴上的截距 α 即可算出 B/A 的估值 b/a 来,其标准偏差也可由 s_a 算出:

$$s_{b/a} = (b/a) \frac{s_{a/b}}{a/b} = s_\alpha \cdot \frac{b^2}{a^2}$$

(3)拟合结果的表示　一般情况下不要求写成"被测量 $Z = z \pm \Delta_z$"的形式,可分别用 2 个等式写出结果及其标准差 s_z。如果一定要写出高概率的不确定度 Δ_z,则可以简化地将标准差 s_z 乘以因子 t_v 后得到 Δ_z:

$$\Delta_z = t_v \cdot s_z \tag{2-34}$$

式(2-34)中因子 t_v 是概率为 95%、自由度为 v 时的 t 分布因子,可由表 2-4 查得。自由度 v 等于拟合时"方程"数目 n 与未知量数目"2"之差,即 $v = n - 2$。

表 2-4　计算 A 类不确定度的因子表

自由度 v	1	2	3	4	5	6	7	8	9	10	15	20	∞
因子 t_v 的值	12.7	4.30	3.18	2.78	2.57	2.45	2.36	2.31	2.26	2.23	2.13	2.09	1.96

(4)过原点的直线拟合　当直线过原点时,公式(2-34)不再适用,方程应是 $y=bx$。直线斜率最佳估计值及其标准差分别为斜率 b 不确定度 Δ_b,仍简化地由 $\Delta_b=t_v \cdot s_b$ 式求得,拟合时因未知量仅 1 个,自由度 $v=n-1$。

$$b = \frac{\sum x_i y_i}{\sum x_i^2} \tag{2-35}$$

$$s_b = \sqrt{\frac{\sum (y_i - bx_i)^2}{(n-1) \sum x_i^2}} \tag{2-36}$$

注:求 $s_{a/b}$ 不能用方和根合成式 $\dfrac{s_{a/b}}{a/b} = \sqrt{\left(\dfrac{s_a}{a}\right)^2 + \left(\dfrac{s_b}{b}\right)^2}$,因 a 和 b 的相关系数

$$r_{ab} = -\frac{\overline{x}}{\sqrt{\dfrac{\sum x_i^2}{n}}} = -\overline{x}\,\frac{s_b}{s_a}$$

a 和 b 不互相独立。$s_{a/b}$ 应该用广义方和根法合成,可得

$$s_{a/b} = \left(\frac{a}{b}\right)\sqrt{\left(\frac{s_a}{a}\right)^2 + \left(\frac{s_b}{b}\right)^2 + 2r_{ab} \cdot \left(\frac{s_a}{a}\right)\left(\frac{s_b}{b}\right)} = \frac{s_b}{b^2}\sqrt{\frac{\sum (a+bx_i)^2}{n}}$$

(5)最小二乘法直线拟合的一般前提　一般情况下推导最小二乘直线拟合公式时,会用到使残差平方和为极小值的表达式,如下:

$$Q = \sum (\delta y_i)^2 = \sum [y_i - (a+bx_i)]^2 \tag{2-37}$$

这里运用最小二乘法原理直线拟合的前提是各观测值 y_i 的误差互相独立且服从同一正态分布。而在实际运用中对这一前提条件常常加以放宽:①各 y_i 的误差互相独立;②各 y_i 的误差服从标准差 s 大致相同(即精密度基本相等)的分布;③对于 y_i 的误差是否服从正态分布常可不加要求。例如,测弹簧刚度系数时,位置 x_i 的测量误差分布一般可以认为满足独立、等精(密)度前提,因而可以直接用一般公式进行拟合。等精密度有时也叫作"等权"。

(6)加权平均与加权最小二乘法直线拟合

①最小二乘法原理。其要点可以等效表述为:使测量结果的方差(标准差的平方),或不确定度的平方,或残差平方和为极小值。

②等权平均和加权平均。在相同条件下测得的 $y_1, \cdots, y_n$ 可看作从同一总体分布中的 n 个抽样,y_i 和总体平均值 m 的差即误差,其分布具有抵偿性,各个值对应同一标准差,是等精(密)度的值,其算术平均值 $\overline{y}$ 是 m 的最佳估值。

$$\overline{y} = \frac{\sum y_i}{n} \tag{2-38}$$

用式(2-31)求平均值时各测得值贡献相同,即"等权"。若 y_i 因测得条件不同而不确定度 Δ_i 不同,就不能用该式求平均值,因为不确定度小的值应具有较大的可信赖程度,对求平均值的贡献应大些,即权重大,这时要用加权平均的方法。

③2 组数的加权平均。已知 2 组独立数据的测量结果分别为 $x_1 + \Delta_1$ 和 $x_2 + \Delta_2$,用最小二乘法确定 $\bar{x}_{12}$ 使 Δ_{12} 为最小的过程如下。

假设 $\bar{x}_{12} = ax_1 + (1-a)x_2$,式中 a 和 $(1-a)$ 分别是 x_1 和 x_2 的归一化权重因子 W_1 和 W_2。由不确定度的方和根合成公式可得

$$\Delta_{12}^2 = a^2 \Delta_1^2 + (1-a)^2 \Delta_2^2 \tag{2-39}$$

由式(2-39)对归一化权重因子 a 求导,并令导数为零可得 Δ_{12} 为最小时的解,如下:

$$W_1 \equiv a = \frac{\dfrac{1}{\Delta_1^2}}{\dfrac{1}{\Delta_1^2} + \dfrac{1}{\Delta_2^2}};$$

$$W_2 \equiv 1 - a = \frac{\dfrac{1}{\Delta_2^2}}{\dfrac{1}{\Delta_1^2} + \dfrac{1}{\Delta_2^2}};$$

$$\bar{x}_{12} = W_1 x_2 + W_2 x_2;$$

$$\Delta_{12}^2 = \frac{1}{\dfrac{1}{\Delta_1^2} + \dfrac{1}{\Delta_2^2}} \tag{2-40}$$

式(2-40)的结论也可用其他数学方法推导出来。一般在 y_i 不等精密度的情况下可以定义 y_i 的权 w_i、总和 $\sum W_i = 1$ 的归一化权 W_i、加权平均值 $\bar{y}$ 分别为

$$w_i = 1/\Delta_{y_i}^2 ; W_i = w_i / \sum w_i ; \bar{y} = \sum W_i y_i ; \Delta_总 = \left(\sum 1/\Delta_i^2 \right)^{-0.5} = \left(\sum w_i \right)^{-0.5} \tag{2-41}$$

④不等权情形下的最小二乘法直线拟合。$y_i = A + Bx_i + \varepsilon_i$ 等权时求 A, B 的最佳估值 a, b,只要使残差平方和 $Q = \sum [y_i - (a + bx_i)]^2$ 为极小值。

在不等权情形下,设 $y_i = A + Bx_i + \varepsilon_i$ 且 ε_i 互相独立,设权重因子分别为 $w_i = 1/\Delta_{y_i}^2$,w_i 均已知,则可将新变量 $y_i^* \equiv \sqrt{w_i y_i}$ 看作具有相同权重,且遵从方差相同的同一分布。在运用最小二乘法求解时可以近似把 $\sqrt{w_i}$ 和 $\sqrt{w_i x_i}$ 都看作是已知的很准确的参量,最后要使 $\sqrt{w_i y_i}$ 的残差平方和极小,即

$$Q = \sum \left(\sqrt{w_i y_i} - a\sqrt{w_i} - b\sqrt{w_i x_i} \right)^2 = \sum w_i (y_i - a - bx_i)^2 \text{ 为最小} \tag{2-42}$$

对式(2-42)求偏导,令 $\dfrac{\partial Q}{\partial a} = 0$,$\dfrac{\partial Q}{\partial b} = 0$ 可得

$$\begin{cases} \sum w_i (y_i - a - bx_i) = 0 \\ \sum w_i (y_i - a - bx_i) x_i = 0 \end{cases} \tag{2-43}$$

设相对于 y_i 的权 w_i 的加权平均值分别为

$$\bar{y}_w = \sum w_i y_i / \sum w_i \; ; \; \bar{x}_w = \sum w_i x_i / \sum w_i \qquad (2\text{-}44)$$

将式(2-44)代入方程组(2-43),可以解得

$$b = \frac{\sum w_i x_i (y_i - \bar{y}_w)}{\sum w_i x_i (x_i - \bar{x}_w)} \text{ 或 } b = \frac{\sum w_i y_i (x_i - \bar{x}_w)}{\sum w_i (x_i - \bar{x}_w)^2} \qquad (2\text{-}45)$$

显然有这样的关系式

$$a = y_w - b \cdot x_w \qquad (2\text{-}46)$$

斜率 b 的标准差 s_b 和不确定度 Δ_b 为

$$s_b = \sqrt{\frac{1}{n-2}\left[\frac{\sum w_i (y_i - \bar{y}_w)^2}{\sum w_i (x_i - \bar{x}_w)^2} - b^2\right]} \qquad (2\text{-}47)$$

$$\Delta_b = t(n-2) \cdot s_b \qquad (2\text{-}48)$$

⑤过原点直线参量的加权拟合。过原点的直线方程中 $a=0$,加权拟合时,由 $Q = \sum w_i (y_i - bx_i)^2$ 为最小 和 $\frac{\partial Q}{\partial b} = 0$ 可以解得

$$b = \frac{\sum w_i y_i x_i}{\sum w_i x_i^2} \qquad (2\text{-}49)$$

$$s_b = \sqrt{\frac{1}{(n-1)}\left(\frac{\sum w_i y_i^2}{\sum w_i x_i^2} - b^2\right)} \qquad (2\text{-}50)$$

$$\Delta_b = t(v = n-1) \cdot s_b \qquad (2\text{-}51)$$

2.5.4.3　非线性函数的线性化

对变量间具有非线性关系的测量数据进行回归分析时,一般先要选择经验公式的类型,如双曲线、抛物线等,其次是要确定经验公式的系数,最后还要估计回归的精度。在实验中,经验公式类型的选择多数可由专业知识、实践经验与参考资料来决定。另一种办法是将测量数据的散点,先在直角坐标上绘制出大致的曲线,然后与各类典型曲线相比较,从而可初步选定经验公式的形式。至于初步选定的经验公式的形式是否能较好地反映测量数据变化的规律,还可用直线法来检验。

检验时,先将非线性函数线性化,即

$$Y = A + BX$$

式中:Y,X 为只含一个变量 y 或 x 的函数;A 和 B 是与变换前经验公式参数 a,b 有关的常数和系数。

算出若干对与测量数据 x_i,y_i 相应的 Y_i 与 X_i 值(x_i,y_i 取值的间隔大一些为宜),而后以 Y 和 X 为坐标作图,若所获得的图形为一直线,则表明预选的经验公式是正确的。以下是几

种函数表达式及其线性化：

①双曲线 $\quad \dfrac{1}{y} = a + b\,\dfrac{1}{x}$

②幂函数 $\quad y = ax^b$

$\qquad\qquad \log y = \log a + b \log x$

③指数函数 $\quad y = ae^{bx}$

$\qquad\qquad \ln y = \ln a + bx$

④对称函数 $\quad y = a + b \log x$

⑤S形曲线 $\quad y = \dfrac{1}{a + be^{-x}}$

$\qquad\qquad \dfrac{1}{y} = a + be^{-x}$

2.5.5 实验数据的有效位数与数字舍入规则

2.5.5.1 有效位数的概念说明

确定实验数据的有效位数,是数据处理中的一个重要问题。以前常用一个含义相近的名词"有效数字",由于有效数字的定义在不同的书中各不相同,依据国家标准,本书仅采用"有效位数"这个名词。①数字中无零的情况,全部给出的均为有效数字。例如:56.1474 mm 这个量值,其有效位数为 6 位。②数字间有零的情况,与上述①相同。例如:50.0074 mm,其有效位数亦为 6 位。③有小数点时,末尾为零的情况,与①相同,全部为有效数。例如:50.1400 mm,其有效位数也是 6 位。④整数部分是零,小数点后紧接的零为非有效数字(称为无效零)。例如:0.0504700 mm,其有效数为 6 位;0.000018 mm 只有 2 位有效位数,即 18。⑤数值最后的零或连续零不一定都是有效零,只能根据情况判断。例如:50000 m,若有 3 个无效零,则其有效位为 50,在计量学中,给出的值不应包含这样的无效零而应改写成 50×10^3 m 或 50 km 而为 2 位有效数字。⑥计量学中,通过计量单位的选择可改变数值,但决不应改变数值的有效位数。例如:12300 mm 只能改成 12.300 m;12.3×10^3 m 只能改成 12.3 km;0.00123 μA 只能改成 1.23 nA。以上 3 例中,分别保持了 5,3,3 位有效位数。

例如,当估读流过 0.5 级、量程为 5 mA 的电流表中的电流值时,表的基本误差限为 0.025 mA,表盘上每格(分度)代表 0.05 mA,表针指示在 $86\dfrac{3}{10}$ 格处,读数值应当为 4.315 mA,读数的最后 2 位 0.015 mA 对应 $\dfrac{3}{10}$ 格,是估计的值,测量读数值 4.315 mA 的有效位数是 4 位。

再如用钢直尺测量光杠杆的臂长,尺子的最小分度值为 1 mm,能估计到 0.1 分度,测得值为 31.3 mm,这里最末 1 位是估计的值,长度读数共有 3 位有效位数。

对没有小数位且以若干个 0 结尾的数值,例如,地球与月球的平均距离是 380000 km,这里后面 4 个 0 仅仅用来定位,准确到个位的距离 384401 km。从非零数字最左一位向右数得到的位数,减去仅仅用来定位的无效零的个数,就是有效位数;6 位减去 4 位,有效位数是 2 位。

对其他 10 进制数,从非 0 数字的最左 1 位向右数而得到的位数,就是有效位数。

在物理实验中,记录读数值、表示测量结果或写出不确定度,都只取有限的位数。例如,在单摆实验中,测得某地的重力加速度值是(9.82 ± 0.08) m/s^2,进行单位变换后,量值可写成 9.82×10^3 mm/s^2 的形式,但不可以写成 9 820 mm/s^2,10 进制单位变换以后有效位数并不改变。

实验中有时也遇到另一类数据,只给出数值而不同时给出相应的不确定度或误差(限),有效位数的含义往往与前面所说的不一致,数值的末位已经是准确位,不确定度往往小于末位数字 1 的一半。例如,对于氦氖激光器(Ne20)红光,实验室给出的真空波长为 633.0 nm,准确到 10^{-6} 量级的波长值约为 $632.9915(1\pm1.6\times10^{-6})$ nm,结合具体实验条件和需要,我们只要写出四位有效位数 633.0 nm,这个值的误差是 0.0085 nm,远小于末尾数字 0.1 nm 的一半。再如光栅衍射实验中汞灯某条绿线的波长值为 576.9598 nm,教材中标出值为 577.0 nm,它的误差也小于末位数字 1 的一半。

2.5.5.2　数字舍入间隔和数字舍入规则

数字舍入就是去掉数据中多余的位,数字舍入过程有的书中也叫作"化整"。所谓数字舍入间隔,是指数字舍入后所保留数据的末位数字的最小间隔。预先选定数字舍入间隔,从它完整的整数倍数列中,挑选出一个数,来代替原来的数值,这个过程就叫作数字舍入。

大多数情况下,数字舍入间隔取 10 的整数次幂,如 $0.1,1,1\times10^3,1\times10^{-8}$ 等,叫作单位数字舍入间隔。必要时也可用这些数值的 0.5 倍或 0.2 倍作数字舍入间隔,(如 0.5 级 5 mA 量程电表,读数的数字舍入间隔就是 0.005 mA)。数字舍入间隔的数值一旦确定,数字舍入值就应当是这个间隔的整数倍。一个数的数字舍入间隔确定了,它的有效位数也就确定了。

数字舍入规则与数字舍入间隔有关。我国和大多数国家的标准规定了基本一致数据的数字舍入规则:

①要舍弃的数字的最左一位小于 5 时,舍去;

②要舍弃的数字的最左一位大于 5(包括等于 5 且其后尚有非零的数)时,进 1;

③要舍弃数字最左一位是 5,同时 5 后面没有数字或者数字全是 0,若所保留的末位为奇数则进 1,为偶数或 0 则舍弃。

这套规则,可以简单地叫作四舍六入五凑偶的规则,也称为数规则。

例如,对重力加速度的间接测量的计算值,假如已经确定的数字舍入间隔为 0.01 m/s^2,要求保留 3 位有效位数,如计算值是 9.8249,将要舍弃的部分小于 0.005,则数字舍入结果要写成 9.82;如果计算值是 9.82571,将舍弃的部分大于 0.005,数字舍入结果要写成 9.83;如计算值是 9.8250,将舍弃的最左一位是 5,5 后面的数字全是 0,5 前面的数字 2 是偶数,则数字舍入结果要写成 9.82。

④负数数字舍入时,先把绝对值按上述规定数字舍入,然后在数字舍入值前加负号。四舍六入五凑偶规则,从数学本质上看,是为了避免当数据分散性较大时,四舍五入过程中入的机会多,舍的机会少,可能产生一定的系统性误差。因为我们在环境因素测试中测量次数一般较少,数据分散性也不太大,所以在测试中可以约定:只用四舍五入的简单规则。

负数数字舍入时,先把绝对值按上述规定数字舍入,然后在数字舍入值前加负号。

数字舍入过程应该一次完成,不能多次连续数字舍入,例如,要使 0.546 保留到 1 位有效位数,不能先将数字舍入成 0.55,再将数字舍入成 0.6,而应当直接将数字舍入成 0.5。

2.5.5.3 实验数据的有效位数确定

知道有效位数以后进行数字舍入并不困难,因为规则比较简单,不难记住。困难之处在于如何确定数据的有效位数(或数字舍入间隔)。数据读取和结果表示时,有效位数的确定和数据舍入间隔的选择,是为了保证测量结果的准确度基本不会因位数取舍而受影响,同时避免因多读取或保留一些无意义的多余位数而做无用功。有效位数能在一定程度上反映量值的不确定度(或误差限值),数据舍入应使最后测量结果的不确定度不增大,不确定度决定有效位数。严格地说,要使读数、运算和数字舍入等过程产生的附加误差限显著地小于测量结果的总不确定度,例如,对精密电表作检定时,对实际值进行数字舍入,要求数字舍入间隔不大于基本误差限的 1/4;再如,一般测量中进行数字舍入时,常常要使数字舍入间隔的一半,小于总不确定度 Δ 的 1/3 或 1/4。

下面分读数、运算和结果表示 3 个环节,来讨论有效位数的确定问题。

(1)原始数据有效位数的确定　通过仪表、量具等读原始数据时,一般要充分反映计量器具的准确度,常常要把计量器具所能读出或估出的位数全读出来。

①游标类量具,如游标卡尺、分光计方位角的游标度盘、水银大气压力计读数标尺等,一般读到游标分度值的整数倍。

②对数显仪表及有步进式标度盘的仪表,如电阻箱、电桥、电位差计等,一般应直接读取仪表的示值。

③对指针式仪表,读数时一般要估读到最小分度值的 1/4～1/10,或使估读间隔不大于基本误差限的 1/5～1/3,同时要符合数字舍入间隔的规定(由于人眼分辨能力有限,不可估读到 1/10 分度以下)。数字舍入应使结果的不确定度不会增大,不确定度决定有效位数。

④对一般可估读到最小分度值以下的计量器具,最小分度的长度不小于 1 mm 时,通常要估读到 0.1 分度,如螺旋测微计的读数要估计到 1/10 分度。

(2)运算过程中的数和中间运算结果的有效位数　为了使运算和中间过程的数据数字舍入也基本不改变结果的总不确定度,有效位数确定的一般规则是:加减运算以参与运算的末位最高的数为准,其余各数及和、差都比该数末位多取 1 位;乘除运算以参与运算的有效位数最少的数为准,其余各数及积、商都比该数多取 1 位。在非四则运算时,情况可能还要复杂些。定规则主要是为了减少计算工作量,提高工作效率。这在缺乏计算工具的时代非常必要。但在计算器普及的今天,运算过程中的数和中间运算结果都可不作数字舍入,或适当多取几位,只在最后结果表示前再作数字舍入,这样做更有利于实验效率的提高。

(3)测量结果最终表达式中的有效位数　我们已经知道,实验数据测量结果的最终表达式中,应当包括被测量值 y、测量的总不确定度 Δ 和物理量的单位。

对于直接测量和间接测量的总不确定度,规定只取 1～2 位有效位数。我们要求:数字舍入前首位数字较小时(如 1,2 等)一般取 2 位,首位不小于 5 时常取 1 位。用百分数表示的相对不确定度(或相对误差限)也只取 1～2 位。不确定度 Δ 的数字舍入间隔只要求取 10 的整数次幂,不要求选用 0.2 倍或 0.5 倍这类数字舍入间隔。实验的间接测量结果中,如果不确定度全取 2 位也不算错误。在我们采用的数据处理体系中,由于标准偏差 s 大多是用来求其他量的中间变量,适合取 2 位;如果只要求写出标准偏差来表征测量的分散性时,标准差仍按上述约定取 1～2 位。

测量结果的最终表达式中,被测量值的数字舍入间隔与总不确定度的数字舍入间隔相同,也就是说,最终测量结果表达式 $Y = y + \Delta$ 中,量值 y 和总不确定度 Δ 的末位数字一般要对齐。

例如,某精密电阻的测量结果为

$$R = (100.0042 \pm 0.0013)\Omega \text{ 或 } R = (100.0042 \pm 1.3 \times 10^{-3})\Omega$$

表示成相对不确定度的形式为

$$R = 100.0042(1 \pm 1.3 \times 10^{-5})\Omega \text{ 或 } R = 1.000042 \times 10^{2}(1 \pm 1.3 \times 10^{-5})\Omega$$

表示时,括号中的 1 是整数,它后面不要写小数点和 6 个"0"。根据计量技术规范的要求,单位不能出现 2 次,不能写成 $R = 100.0042\Omega \pm 0.0013\Omega$ 。

有效位数的确定是一项较难掌握的内容,在实际测试过程中要求抓两头,放中间。所谓抓两头,就是重视原始数据读取和最后结果表示这前后 2 个环节;所谓放中间,是指中间运算过程中只要不无根据地减少运算前后的数据位数,多取几位都可以。

2.5.5.4 作图时坐标分度值的选取原则

作图时的坐标分度值如何选取,这是一个和有效位数相关的问题。实际测试中用作图法处理数据,一般分 2 个目的:

(1)曲线表示变量之间的关系 为了形象直观地反映被研究参数之间的全面关系,常用曲线来表示变量之间的关系。对于这类曲线,坐标分度值选取随意性较大,一般能定性反映规律就可以了,图不宜过大。

(2)由实验曲线求其他物理量 例如,求直线的截距、斜率,进而求电阻温度系数、相对压力系数、弹性模量、等效电源内阻等参数,或由色散曲线求其他波长的折射率。对于这类曲线,选取坐标分度值时,应注意图幅不要过小,以能基本反映测量值或所求物理量的不确定度为原则。下面的讨论中假设作图时线条宽度不大于 0.3 mm,相当于把小于 0.3 mm 的线宽对应的量值作为图中数据的数字舍入间隔。下面分 2 种情形来讨论。

①在表示测量数据的坐标轴上,为了基本反映测量值的准确度,一般用 1 mm 或 2 mm 表示与不确定度相近的量值,这样 0.3 mm 的线宽就已经显著地小于不确定度了(图幅过大时表示与不确定度相近的值可用 0.5 mm,图幅过小或长宽不协调时也可用大于 2 mm 的长度)。此外,还应使 1 mm 所代表的量值是 10 的整数次幂,或是其 2 倍或 5 倍(有时也用 2.5 倍或 4 倍)。例如,折射率测量时若 Δn 约为 0.0003,适合用 1 mm 表示 0.0002 或 0.00025(如 Δn 约为 0.0006,适合用 1 mm 表示 0.0004 或 0.0005);1 mm 表示 0.0005 或 0.004 也可以,但这样色散曲线上下偏窄,用内插法得到的数据准确度稍差些。作图时不宜用 1 mm 表示 0.003 或 0.006 等值。当作图法最后要得到的物理量的准确度要求很低时,图幅可相应变小。

②对于已给出准确值的变量,如氦光谱某谱线波长,教材中一般给出 4 位有效位数,如447.1 nm,它的不确定度虽然没有注明,但实际上小于 0.05。作色散曲线时,波长轴上不必要求以 1 mm 反映 1 nm 或 0.5 nm,而只要求波长轴能反映的准确度和折射率测量的准确度相适应。例如,当色散小于 0.00015/nm 时,和不确定度 0.0003 相对应的波长间隔约 2 nm,这样波长轴上用 1 mm 表示 2 nm 波长间隔就可以了,图纸较大时能用 1 mm 表示 1 nm 波长间隔当然更好,这个例子说明,坐标分度值选取不要求能反映所有量值的准确度。

作图时曲线要画得尽量细些。从上面的分析可以看出,如果曲线很宽,同样大小的图所反映的量值准确度也将变差,线条宽度加大,相当于图中数据的数字舍入间隔变大了,有效位数可能变小了。

2.5.5.5　最小二乘法直线拟合结果的有效位数

对被测量 (x_i, y_i) 用最小二乘法作直线拟合时,计算器能同时给出截距 a、斜率 b 和相关系数 r,可以简单地把变量 y_i 的有效位数末位当作截距 a 的末位。使斜率 b 的有效位数和最大测量点间隔($y_{max} - y_{min}$)位数大致相同。

相关系数是间接反映两变量之间线性程度的量,它的绝对值小于1。例如,用8组温度和电阻值计算电阻温度系数,两位同学从计算器上看到的相关系数值 r 分别为 0.9999995432 和 0.9996347226,相关系数应当取几位呢?同学们只要使($1-r$)保留两位有效数字就可以了。其道理是:斜率的相对标准差(s_b/b)和相关系数之间有着明确的函数关系。

$$\frac{s_b}{b} = \sqrt{\frac{1/r^2 - 1}{n-2}} = \sqrt{\frac{(1+r)(1-r)}{r^2(n-2)}} \approx \sqrt{\frac{2(1-r)}{n-2}} \qquad (2\text{-}52)$$

从这一关系式可以看出:因为标准差要求 1~2 位,所以($1-r$)也只要求取 1~2 位。

▶ 2.6　数据采集设备中的测量误差问题

现代测量很多都采用数字方式,数字本身的离散特性决定了在数据采集过程中存在一种模拟测量所没有的量化误差,除了量化误差外,还有多种其他因素导致测量不准确,在设计或应用这类系统时必须对此有清楚的认识。下面介绍几种误差产生的原因与纠正方法,可供测试工程师们在实际工作中参考。

日常工作中,人们经常要从显示屏上读取测量数据,如汽车仪表盘上用数字表示的速度、实验室温度或者是示波器上所显示的读数。尽管我们很相信这些测量数据,但它们绝对不是百分之百准确的,汽车仪表盘上所显示的速度很容易出现几千米每小时的误差,温度测试也可能会相差好几摄氏度。仪表盘上的小小误差还不是什么大问题,但当我们建立一个专业的测量和数据采集系统时,认识可能存在的最大误差是非常重要的。任何数字测量系统都存在一个局限,即代表实际测量值的数字是有限的,其最大数量由所使用的位数决定。例如,一个8位二进制数有 $2^8 = 256$ 个可能值,如果某个速度计使用8位来表示0到255 km/h范围的速度,则速度值将以1 km/h的间隔进行显示,因此,司机总会有约0.5 km/h的误差,这类误差称为量化误差。如果速度范围是0到127 km/h,那么这256个可能值就被挤入一个更小的空间,误差也相应减小了一半。

认为量化误差是仅有的测量误差是一个危险的错误,也是一个常见错误。各类测量设备包括数据采集产品的产品资料和目录中一般关注几个指标:分辨率、测量范围、采样率和带宽。其中,分辨率代表信号实际值的二进制数字的长度,一般从8位到24位,它只会影响量化误差。

多功能数据采集板分辨率一般为12位和16位,量化误差仅占整个测量误差的很小一部分,其他还包括非线性误差、系统噪声和温度漂移误差,这些都可能对结果造成很大影响,具体影响要依照采集板的设计和应用条件而定。

非线性误差和量化有关。如上所述，量化误差与数据采集板有效范围除以代表测量值的二进制数可能状态数的结果成正比，等于相邻测量值间隔的一半。在实际设备中，离散的各值之间距离并不总是相同的，这种现象造成了非线性误差。非线性误差非常难于校正，因为它要求对高精度信号源进行多次测量才能完成。线性误差的校正则比较容易，线性误差包括增益和偏移误差，两个都可以很简单地凭借 $y=mx+b$ 等式纠正，对一个高精度信号或已知信号源进行一次测量足以修正线性误差。大多插入式数据采集板都能提供这种信号以修正线性误差，信号源的质量和纠正难易程度因不同供应商而有所不同。

系统噪声造成信号实际值出现随机偏差，噪声类型和大小导致不同的测量误差。开关电源、发热以及其他板上信号源引起的噪声等一般都可以归入系统噪声，有些信号源在技术上还会产生非随机测量误差。根据线路板的设计和具体情况，系统噪声有时候可以改善测量的精度。

数据采集板实际上可以凭借一种称为抖动的技术提高分辨率，使其超出规定的指标。抖动有时由软件命令控制，该技术将一个均方根振幅差不多等同于量化误差的高斯噪声叠加到信号上，由于噪声是随机的，软件可以在对测量结果取平均值时用取平均的方法将采集板规定指标放大，从而使测试结果更加准确。一个 12 位采集板在使用抖动技术时可以达到 14 位分辨率。高速应用中可关闭抖动功能，减少取平均值这一步骤。16 位数据采集板在设计正确时，实际可以执行 18 位分辨率而无须抖动，通常 16 位采集板上的自然系统噪声情况比较好，可返回多个测量值取平均。

另一个经常被忽略的误差是温度漂移误差，计算机或台式测量仪器的温度都会发生变动，计算机系统中的数据采集板一般工作范围在 0～55℃ 之间，定制的电阻网络和高精度元件可以把温度漂移维持在 6 ppm/℃ 以内 *。另外，数据采集板通常会调用一个自校正函数，将温度漂移维持在更低的水平（约 0.6 ppm/℃）。有些采集板上有温度传感器测量环境温度，可用编程的方法用一个简单的函数调用从该传感器获取信息，确保元件在规定的范围内工作。

完全精确的计算是非常乏味和令人头疼的，但对整体精确性进行深入了解后，就用不着这样费劲了。遗憾的是，数据采集板还没有表明整体精确性的一个通用标准，实践中供应商各用不同的方法来说明精度，在极端的情况下，使用同一术语的 2 个供应商描述的可能是不同的精度度量标准，例如，他们的"绝对精度"可能就是从不同的等式中得到。

通常将几个主要误差源产生的误差简单相加足以反映系统总体测量误差。大部分数据采集板的手册都会给出这些参数，但其中所用的术语和单位可能不尽相同。开发测试系统的最好方法是首先写下误差的最大值，即测量可允许误差，然后选择一些具有软件和技术支持以便能很快开发出测量系统的数据采集板，最后仔细阅读手册确保这些板达到精度要求，一个简单的通用原则是 16 位板大约比 12 位板精确 10 倍。数据采集板具有多种不同的总线，包括 PXI，USB 和 PCI，它们各有不同的特点，一旦精度指标确定以后，剩下的选择最佳数据采集板的工作就变得相对容易了。

---

* ppm 为废弃单位，但目前大部分气体检测仪器测得的气体浓度都是体积浓度（ppm）。具体换算方法见本书第 160 页。

2.7 测量单位的标准化和归一化

2.7.1 国际单位制

国际单位制 SI 是全球统一的计量单位制,是构成国际计量体系的基石。其历史渊源来自法国大革命时代的米制。米制系统存在一个统一的度量起点,"米"定义为通过巴黎的地球子午线从北极到赤道距离的 1000 万分之一,并以此定义体积和质量的单位,"升"定义为 1 dm³,"千克"是 1 升蒸馏水在 4℃时的质量。其后,在 1799 年 6 月 22 日,根据这些定义,2 个铂铱合金制造的长度米和质量千克标准原器放置在巴黎的法国档案馆。这是现代国际单位体系的开始。

1948 年召开的第九届国际计量大会作出决定,要求国际计量委员会创立一种简单而科学的、供所有米制公约成员国均能使用的实用单位制。1954 年第十届国际计量大会决定采用米、千克、秒、安培、开尔文和坎德拉作为基本单位。1960 年第十一届国际计量大会决定将以这 6 个单位为基本单位的实用计量单位制命名为"国际单位制",并规定其符号为"SI"。1974 年的第十四届国际计量大会又决定增加物质的量的单位摩尔作为基本单位(表 2-5)。目前,国际单位制共有 7 个基本单位,分别是:米、千克、秒、安培、开尔文、摩尔和坎德拉。另外,还有 2 个辅助单位(表 2-6),即弧度和球面度。

SI 导出单位是由 SI 基本单位按定义方程式导出的,它的数量很大,在这里列出其中三大类:用 SI 基本单位表示的一部分 SI 导出单位;具有专门名称的 SI 导出单位;用 SI 辅助单位表示的一部分 SI 导出单位。

其中,具有专门名称的 SI 导出单位总共有 19 个(表 2-7)。有 17 个是以杰出科学家的名字命名的,如牛顿、帕斯卡、焦耳等,以纪念他们在本学科领域里作出的贡献。同时,为了表示方便,这些导出单位还可以与其他单位组合表示另一些更为复杂的导出单位。此外,我国还使用部分非国际单位制单位(表 2-8)。

国际单位制是计量学研究的基础和核心。特别是 7 个基本单位的复现、保存和量值传递是计量学最根本的研究课题。

表 2-5　国际单位制的基本单位

量的名称	单位名称	单位符号
质量	千克(公斤)	kg
长度	米	m
时间	秒	s
电流	安〈培〉	A
热力学温度	开〈尔文〉	K
物质的量	摩〈尔〉	mol
发光强度	坎〈德拉〉	cd

表 2-6　国际单位制的辅助单位

量的名称	单位名称	单位符号
平面角	弧度	rad
立体角	球面度	sr

表 2-7　国际单位制中具有专门名称的导出单位

量的名称	单位名称	单位符号	其他表示示例
频率	赫〈兹〉	Hz	s^{-1}
方力,重力	牛〈顿〉	N	$kg \cdot m/s^2$
压力,压强,应力	帕〈斯卡〉	Pa	N/m^2
能量,功,热	焦〈耳〉	J	$N \cdot m$
功率,辐射通量	瓦〈特〉	W	J/s
电荷量	库〈仑〉	C	$A \cdot s$
电位,电压,电动势	伏〈特〉	V	W/A
电容	法〈拉〉	F	C/V
电阻	欧〈姆〉	Ω	V/A
电导	西〈门子〉	S	A/V
磁通量	韦〈伯〉	Wb	$V \cdot s$
磁通量密度,磁感应强度	特〈斯拉〉	T	Wb/m^2
电感	亨〈利〉	H	Wb/A
摄氏温度	摄氏度	℃	
光通量	流〈明〉	lm	$cd \cdot sr$
光照度	勒〈克斯〉	lx	lm/m^2
放射性活度	贝可〈勒尔〉	Bq	s^{-1}
吸收剂量	戈〈瑞〉	Gy	J/kg
剂量当量	希〈沃特〉	Sv	J/kg

表 2-8　国家选定的非国际单位制单位

量的名称	单位名称	单位符号	换算关系和说明
时间	分	min	1 min＝60 s
	(小)时	h	1 h＝60 min＝3600 s
	天(日)	d	1 d＝24 h＝86400 s
平面角	(角)秒	(″)	$1''＝(\pi/648000)rad$(π 为圆周率)
	(角)分	(′)	$1'＝60''＝(\pi/10800)rad$
	度	(°)	$1°＝60'＝(\pi/180)rad$
旋转速度	转每分	r/min	$1\ r/min＝(1/60)s^{-1}$
长度	海里	nmil	1 nmil/h＝1852 m(只用于航程)
速度	节	kn	1 kn＝1 nmil/h＝(1852/3600)m/s(只用于航行)
质量	吨	t	$1\ t＝10^3\ kg$
	原子质量单位	u	$1u≈1.6605655×10^{-27} \cdot kg$

量的名称	单位名称	单位符号	换算关系和说明
体积	升	L	$1 \, L = 1 \, dm^3 = 10^{-3} \, m^3$
能	电子伏	eV	$1 \, eV \approx 1.6021892 \times 10^{-10} \, J$
级差	分贝	dB	
线密度	特(克斯)	tex	$1 \, tex = 1 \, g/km$

注:1.周、月、年(年的符号为 a)为一般常用时间单位。

2.〈 〉内的字是在不致混淆的情况下可以省略的字。

3.( )内的字为前者的同义语。

4.角度单位度、分、秒的符号不处于数字后时,用括弧。

5.升的符号中,小写字母 l 为备用符号。

6.r 为"转"的符号。

7.人民生活和贸易中,质量习惯称为重量。

8.公里为千米的俗称,符号为 km。

2.7.2　基本物理量的定义

在国际单位制的 7 个基本单位中,只有质量单位"千克"用实物定义,多年以来一直是使用铱合金铸造的国际千克原器定义,但即便铂铱合金有膨胀率低、不易氧化等特点,它的质量仍然会随着时间而发生变化。人们发现,迄今为止它很可能已经损失了大约 $50 \, \mu g$ 的质量。为了解决这个问题,世界各地的科学家花了数十年的时间来讨论如何根据自然、普适的常数来定义"千克"。

2018 年 11 月 16 日,在巴黎举行的第 26 届国际计量大会上,53 个成员国集体表决,全票通过了关于"修订国际单位制"的 1 号决议。根据决议,质量单位"千克"、电流单位"安培"、温度单位"开尔文"、物质的量单位"摩尔"4 个国际单位制基本单位将改由自然界的常数定义。该重新定义影响 7 个基本单位中的 4 个:"千克"将由普朗克常数(h)定义,"安培"将由基本电荷定义(e),"开尔文"将由玻尔兹曼常数(k)定义,"摩尔"将由阿伏伽德罗常数(N_A)定义。加之此前对时间单位"秒"、长度单位"米"和发光强度单位"坎德拉"的重新定义,至此,国际单位制规定了 7 个具有严格定义的基本单位:时间单位"秒"、长度单位"米"、质量单位"千克"、电流单位"安培"、温度单位"开尔文"、物质的量单位"摩尔"和发光强度单位"坎德拉"。7 个基本单位全部实现由基本物理常数定义(表 2-9),从此结束了用物理实体定义测量单位的历史。从理论上说,基本物理常数是具有最佳恒定性的物理量,它不因时间、地点而异,也不受环境和实验条件及材料性能的影响,上述规定于 2019 年 5 月 20 日"世界计量日"当天正式生效。

表 2-9　基本物理常数定义值

定义常数	符号	数值	单位
^{133}铯基态超精细能阶跃迁	$\Delta v_{133_{Cs}}$	9192631770	$Hz = s^{-1}$
真空中的光速	c	299792458	m/s
普朗克常数	h	$6.62607015 \times 10^{-34}$	$J \cdot s = kg \cdot m^2/s$
基本电荷量	e	$1.6021766208 \times 10^{-19}$	$C = A \cdot s$

定义常数	符号	数值	单位
玻尔兹曼常数	k	1.380649×10^{-23}	$J/K = kg \cdot m^2 / (s \cdot K)$
阿伏伽德罗常数	N_A	$6.022140857 \times 10^{23}$	mol^{-1}
光视效能 (540×10^{12} Hz 单色光辐射)	K_{cd}	683	$lm/W = cd \cdot sr \cdot s^3 / (kg \cdot m^2)$

2.7.2.1　时间单位"秒(s)"

1967年,科研人员用原子的特性修订了时间单位"秒(s)"的定义:秒是[133]铯原子在基态的两个超精细能级间跃迁 9 192 631 770 个周期所持续的时间。这个定义提到的[133]铯原子必须在绝对零度时是静止的,而且所在的环境是零磁场。在这样的情况下被定义的秒,与天文学上的历书时所定义的秒是等效的。

1956年,秒被以特定历元下的地球公转周期来定义:自历书时 1900 年 1 月 1 日 12 时起算的回归年的 1/31556925.9747 为 1 秒,该定义于 1960 年由第 11 届国际计量大会通过。随着原子钟的发展,秒的定义决定改为采用原子时作为新的定义基准,而不再采用地球公转太阳定义的历书秒。在 1967 年的第 13 届国际计量大会上决定以原子时定义的秒作为时间的国际标准单位:[133]铯原子基态的两个超精细能阶之间跃迁对应辐射的 9 192 631 770 个周期的持续时间。

2.7.2.2　长度单位"米(m)"

1983年第 17 届国际计量大会制定米的定义:米是光在真空中在 1/299792458s 时间内所经路径的长度。换句话说,1 m 等于光在真空中于 1/299792458 s 内行进的距离。

"米(m)"的定义起源于法国。1 m 的长度最初定义为通过巴黎的子午线上从地球赤道到北极点的距离的 1000 万分之一(即地球子午线的 4000 万分之一),1799 年 12 月 10 日法国通过公制系统,开始正式使用米制。随着人们对计量学认识的加深,米的长度的定义几经修改。1875 年 5 月 20 日由法国政府出面,召开了 17 国政府代表会议,正式签署了米制公约,公认米制为国际通用的计量单位。同时成立了 3 个国际组织:国际计量大会(CGPM)、国际计量委员会(CIPM)和国际计量局(BIPM)。它们的官方职能是维护 SI 单位制。

1799 年根据测量结果制成 1 根 3.5 mm×25 mm 短形截面的铂质原器——铂杆,以此杆两端之间的距离定为 1 m,并交法国档案局保管,所以也称为"档案米"。这就是最早的米定义,而这支米原器一直保存在巴黎档案局里。

1889 年,在第一次国际计量大会上,把经国际计量局鉴定的第 6 号米原器[31 杆长度相近的铂铱合金(90%的铂和 10%的铱)米原器中在 0℃时最接近档案米的长度的一只]选作国际米原器,并作为世界上最有权威的长度基准器,保存在巴黎国际计量局的地下室中,其余的原器作为副尺分发给与会各国家和地区,成为各国家和地区的基准。规定在周围空气温度为 0℃时,米原器两端中间刻线之间的距离为 1 m。1927 年第 7 届国际计量大会又对米定义作了严格的规定,除温度要求外,还提出了米原器须保存在 1 标准大气压(101.325 kPa)下,并对其放置方法作出了具体规定。

2.7.2.3　质量单位"千克(kg)"

"千克(kg)"新定义:kg,质量的国际单位制(SI)单位,采用普朗克常数 h 的固定值 $6.62607015 \times 10^{-34}$ 定义,其单位为 J·s,等效于 $kg \cdot m^2/s$,其中 m(米)和 s(秒)分别用真空中

光速 c 和 ^{133}铯（^{133}Cs）原子基态振动频率 $\Delta v_{^{133}Cs}$ 定义，即 1 kg 对应于 h 为 $6.62607015 \times 10^{-34}$ kg·m²/s 时的质量。其原理是将移动质量 1 kg 物体所需机械力换算成可用普朗克常数 h 表达的电磁力，再通过质能转换公式算出质量。

1799 年，法国科学家提出了千克最初的定义：即 1 dm³ 纯水在最大密度（温度约为 4℃）时的质量定为 1 kg。1878 年，国际计量局制造了 3 个千克原器的复制品，复制品是含 90% 铂 10% 铱的铂铱圆柱体（高 39 mm、底面直径 39 mm）。1889 年第 1 届国际计量大会批准英国 Johnson-Matthey 公司制作的铂铱合金圆柱体砝码 KⅢ 为国际千克原器（其质量界定为正好 1 kg），用于定义和复现质量单位"kg"。因此，多年来质量单位的 SI 定义是：kg 是质量单位，等于国际千克原器的质量。

2.7.2.4　电流单位"安培（A）"

2018 年 11 月 16 日，第 26 届国际计量大会通过"修订国际单位制"决议，采用电子电荷量（e）来定义"安培（A）"，将 1 A 定义为"1 s 内通过导体某一横截面的 $(1/1.6021766208) \times 10^{19}$ 个电荷移动所产生的电流强度"。此定义于 2019 年 5 月 20 日世界计量日起正式生效。

1908 年在伦敦举行的国际电学大会上，定义 1 s 时间间隔内从硝酸银溶液中能电解出 1.1180002 mg 银的恒定电流为 1 A，又称为国际安培。1946 年，国际计量委员会（CIPM）提出定义：在真空中，截面积可忽略的 2 根相距 1 m 的平行而无限长的圆直导线内，通以等量恒定电流，导线间相互作用力在 1 m 长度上为 2×10^{-7} N 时，则每根导线中的电流为 1 A，又称为绝对安培。该定义经 1948 年第 9 届国际计量大会通过，实际上，定义中的 2 根"无限长"导线是无法实现的，根据电动力学原理，可以用作用力相似等效的 2 个线圈替代。1960 年第 11 届国际计量大会上安培被正式采用为国际单位制的基本单位之一。1 国际安培＝0.99985 绝对安培。

2.7.2.5　温度单位"开尔文（K）"

第 26 届国际计量大会正式批准 7 个基本单位定义在基本物理常数上的建议。新的"开尔文"将由波尔兹曼常数 $k=1.380649 \times 10^{-23}$ J/K 的固定数值定义。其物理含义：固定玻尔兹曼常数 k 值，通过测量处于热平衡态系统（或其子系统）的平均能量确定 k_T，即可确定其对应的热力学温度值。采用热力学温度计测量得到任意温度下系统的平均能量，即可根据玻尔兹曼常数值确定其对应的热力学温度值，不需要考虑固定点的不确定度，从而在理论上，可以实现从极低温到极高温范围内温度的准确测量。此外，新的测温方式建立在玻尔兹曼常数的定义以及量子物理现象之上，因而可以实现自校准，测温不再依赖于感温元件自身的电学或机械性质。这将从根本上解决现有国际温标自身缺陷及实际温度测量问题，必然带来测温方式的重大改变。

此前国际单位制中基本物理量热力学温度，单位为 K（开尔文，开），其工作原理系建立在卡诺循环上，与测温性质无关，其定义可追溯至 1848 年，威廉·汤姆生（开尔文爵士，Lord Kelvin）根据一个理想可逆循环热机效率为常数的物理规律，提出了热力学温度标尺概念，以及在某个热状态恒定的固定点（如纯物质相变点）上定义该标尺单位。1954 年，第 10 届国际计量大会上正式定义热力学温度单位为开氏度（°K）。1967 年，第 13 届国际计量大会决定将其改为开尔文（K）。开尔文以绝对零度（0 K）为最低温度，并将水的三相点的温度规定为 273.16 K，开尔文为水的三相点热力学温度（即冰、液态水和水蒸气共存时的温度）的 1/273.16。三相点是一种物质三相（气相、液相、固相）共存的温度和压强的数值。除了开氏温标，目前，我们生活中常用的还有华氏温标、摄氏温标。

2.7.2.6 物质的量单位"摩尔(mol)"

物质的量单位"摩尔"最新定义:摩尔(mol)是国际单位制中的某种单元实体的物质的量单位,实体可以是原子、分子、离子、电子,或任何其他粒子,或这类粒子的群体;其量值是固定的阿伏伽德罗常数,精确值为 6.022140857×10^{23},并以 mol^{-1} 表示。"摩尔"简称"摩",旧称克分子、克原子,符号为 mol,是物质的量的单位,其概念是国际纯粹与应用化学协会等提出的,由克分子演变而来。早在 1900 年之前,Oswald 提出将质量以克计,等于分子量或原子量的物质的量,称为"mol"。自 1971 年以来,物质的量单位摩尔(mol)确定为国际单位制(SI)的 7 个基本单位之一,由 0.012 kg ^{12}碳的原子数目定义为 1 mol。每 1 mol 任何物质(微观物质,如分子、原子等)含有阿伏伽德罗常数($N_A=6.02214076\times10^{23}$)个微粒。

2.7.2.7 发光强度单位"坎德拉(cd)"

发光强度的基本单位"坎德拉"是国际单位制(SI)7 个基本单位之一,用符号"cd"表示。2018 年第 26 届世界计量大会将"坎德拉"定义的表述改为:"坎德拉,符号 cd,在规定方向上发光强度的 SI 单位,是频率为 540×10^{12} Hz 的单色辐射光光视效能 K_{cd},取其固定值 683,单位为 lm/W 或 cd $\cdot$ sr $\cdot$ s^3/(kg $\cdot$ m^2),其中 kg(千克)、m(米)、s(秒)分别用普朗克常数 h、真空中光速 c 和 ^{133}铯(^{133}Cs)原子基态振动频率 $\Delta\nu_{133_{Cs}}$ 定义:1 cd $=\left(\dfrac{K_{cd}}{683}\right)$ kg $\cdot$ m^2/(s^3 $\cdot$ sr)

或者 1 cd $=\dfrac{(\Delta\nu_{133_{Cs}})^2hK_{cd}}{(6.62607015\times10^{-34})\times(9192631770)^2\times683}\approx2.614830\times10^{10}(\Delta\nu_{133_{Cs}})^2hK_{cd}$

这个定义的结果是 1 cd 指在一个指定方向来源于频率为 540×10^{12} Hz,辐射强度为 1/683 W,每球面度的单色辐射光的发光强度。

1881 年,国际电工技术委员会根据科技发展趋势和要求,把"烛光"规定为国际性单位,并定义为将 1 磅鲸鱼油脂制成 6 支蜡烛,以每小时 120 格令(1 格令=64.8 mg)的速度燃烧时,在水平方向的发光强度为 1 烛光。从这个定义可以看出,发光强度与燃料、灯芯、火焰高度等因素有关,因此,它的复现性和稳定性都不理想。1948 年,第 9 届国际计量大会通过用拉丁文——candela(坎德拉)取代"new candle"(新烛光),符号为 cd,并规定:"坎德拉为发光强度的单位,它的大小是这样确定的,处在铂凝固温度的全辐射体的亮度是 60 cd/cm^2"。1967 年,第 13 届国际计量大会考虑到上述定义不够严谨,决定将坎德拉定义为:坎德拉是在 101325 N/m^2 压力下,处于铂凝固温度的黑体的 1/600000 m^2 表面在垂直方向上的光强度。1971 年,由于压力单位专门命名为"帕斯卡",第 14 届国际计量大会将坎德拉的定义改为:"坎德拉是在 101325 Pa 下,处于铂凝固温度的黑体的 1/600000 m^2 表面在垂直方向上的发光强度。"1979 年 10 月 8 日,第 16 届国际计量大会重新定义:坎德拉是发出频率为 540×10^{12} Hz 单色辐射的光源在给定方向的发光强度,该光源在此方向上的辐射强度为 (1/683)W/sr。定义中的 540×10^{12} Hz 辐射波长约为 555 nm,它是人眼感觉最灵敏的波长。这个定义的优点是容易复现,并能较好地控制实验的准确度。

SI 重新定义使计量基准可随时随地复现,可取得更高的测量准确度,可以测量极高、极低温度的微小变化,更准确监测核反应堆内、航天器表面的温度变化;通过嵌入芯片级量子计量基准,将能把最高测量精度直接赋予制造设备并保持长期稳定,从而实现对产品制造全过程的更准确稳定地感知和最佳控制,助推新一轮以信息技术、大数据和人工智能为特征的科技革命。

2.7.3 测量单位的归一化或标准化

数据标准化(或归一化)处理是测量数据处理的一项基础工作,在多指标评价体系中,由于各评价指标的性质不同,不同评价指标往往具有不同的量纲和数量级,当各指标间的数值水平相差较大时,如果直接用原始指标值进行分析,就会突出数值水平较高的指标在综合分析中的作用,相对削弱数值水平较低指标的作用。这样的情况会影响到数据分析的结果,因此,为了保证结果的可靠性,消除此类量纲影响,需要对原始指标数据进行标准化处理,使得多数据指标之间具备可比性。原始指标数据经过数据标准化处理后,各指标处于同一数量级,适合进行综合对比评价分析。

1. Min-max 标准化(Min-max normalization)

Min-max 标准化也称为归一化,是对原始数据的线性变换,使结果值映射到 $[0, -1]$ 之间。转换函数如下。

$$x^* = \frac{x - x_{\min}}{x_{\max} - x_{\min}} \qquad (2\text{-}53)$$

式中:$x_{\max}$ 为样本数据的最大值;$x_{\min}$ 为样本数据的最小值。这种方法的缺陷是当有新数据加入时,可能导致 $x_{\max}$ 和 $x_{\min}$ 的变化,需要重新定义。将数据归一化到 $[a, b]$ 区间范围的方法:

①首先找到原本样本数据 x 的最小值 $x_{\min}$ 及最大值 $x_{\max}$;

②计算系数:$k = (b-a)/(x_{\max} - x_{\min})$;

③得到归一化到 $[a, b]$ 区间的数据:$y = a + k(x - x_{\min})$ 或 $y = b + k(x - x_{\max})$。

2. Z-score 标准化

Z-score 标准化对原始数据的均值(mean)和标准差(standard deviation)进行数据的标准化。经过处理的数据符合标准正态分布,即均值为0,标准差为1,转换函数为

$$x^* = \frac{x - \mu}{\sigma}$$

式中:x 为原始数据;x^* 为标准化后数据;μ 为所有样本数据的均值;σ 为所有样本数据的标准差。该标准化方式适用于原始数据的分布近似为正态分布的测量数据的处理。注意,一般来说 Z-score 不是归一化,而是标准化。

标准化步骤如下:

①求出各变量(指标)的算术平均值(数学期望)μ 和标准差 σ;

②进行标准化处理:$x^* = (x - \mu)/\sigma$

式中,x^* 为标准化后的变量值;x 为实际变量值。标准化后的变量值围绕0上下波动,大于0说明高于平均水平,小于0说明低于平均水平。

上述2种方法(归一化和标准化),其本质都属于一类线性变换。区别在于:"归一化"缩放仅仅与最大、最小值的差别有关(输出范围在0～1);"标准化"缩放和每个点都有关系[输出范围是 $(-\infty, +\infty)$]。与归一化对比,标准化中所有数据点都有贡献(通过均值和标准差造成影响)。

在处理测量数据时,什么时候用归一化? 什么时候用标准化?

①如果对输出结果范围有要求,数据较为稳定,不存在极端的最大、最小值,用归一化;

②如果数据存在异常值和较多噪声,用标准化,可以间接通过中心化避免异常值和极端值的影响。

1.现有 2 块电压表:一块表的最大量程为 150 V,其精度等级为 0.5 级;另一块表的最大量程为 15 V,精度等级为 2.5 级。欲测量 10 V 左右的电压,选用哪块电压表测量更准确?为什么?(通过分析计算回答)

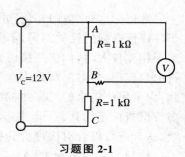

习题图 2-1

2.如习题图 2-1 所示,该电路为一电阻分压电路。根据电阻分压原理 $V_{AB} = V_0/2 = 6$ V,用一内阻 $R_I = 20$ kΩ 的直流电压表测量,结果并不等于 6 V,为什么?求电压表的测量值 V_x 及测量的相对误差 g_x。

3.对某信号源的输出功率 f 进行 8 次测量,数据如下:

序号	1	2	3	4	5	6	7	8
频率/Hz	1000.82	1000.79	1000.85	1000.84	1000.78	1000.91	1000.76	1000.82

求有限次测量的数学期望的估计值 $M(X)$ 均方差的估计值。设置信概率 $P = 95\%$,试估计被测频率的真值所处的范围。

4.用温度计重复测量某个不变的温度,得 11 个测量值的序列如下。求测量值的平均值及其标准偏差。

序号	1	2	3	4	5	6	7	8	9	10	11
电压/V	528	531	529	527	531	533	529	530	532	530	531

5.用数字电压表测量某直流电压 V_0,测量数据如下:

序号	1	2	3	4	5	6	7	8	9	10
电压/V	10.12	10.17	10.13	10.10	10.15	10.13	10.12	10.14	10.13	10.14

试问,测量中有无可疑数据?有无变值系差?设置信概率 $P = 90\%$,求被测电压的真值所处的范围(用计算机解题)。

6.有一组重复测量值(X),$x_i (i = 1, 2, \cdots, 16)$,数据如下:

39.44　39.27　39.94　39.44　38.91　39.69　39.48　40.56
39.78　39.35　39.68　39.71　39.46　40.12　39.39　39.76

试分别用依拉达准则和格拉布斯准则检验粗大误差和剔除坏值。

7.对某恒温箱温度进行 10 次测量,依测量的先后顺序获得如下测量值:

20.06　20.07　20.06　20.08　20.10　20.12　20.14　20.18　20.18　20.21

试检验该测量列中是否含有变值系统误差。

8.电流流过电阻产生的热量 $Q = 0.24I^2Rt$,若已知测量电流、电阻、时间的相对误差分别是 γ_I、γ_R、γ_t,求热量的相对误差 γ_Q。

9.将下面的数字保留 3 位有效数字:

45.77　36.251　43.035　38050　47.15　10.3500　0.266647　25.6500　20.6512

第3章

温度检测

温度是国际单位制(SI)中 7 个基本物理量之一,也是工业生产中重要的工艺参数,自然界中的一切过程无不与温度密切相关。人们往往以为温度测量很简单,其实要准确地测量温度是很困难的。这与长度和质量的测定不同,只要有了标准量块和天平,长度和质量的测定都能得到某种准确度的测量结果。但是,温度测量并非如此轻而易举,无论采用准确度多高的温度计,如果温度计的类别选择不当,或者测量方法不合适,均不能得到准确的测量结果。由此可以看出实用测温技术的重要性和复杂性。

本章主要内容是常用的温度测量技术,并介绍了改进测量精度使用的程序。本章将重点介绍 4 种最常用的温度传感器:热电偶、电阻温度检测器、热敏电阻器和红外测温传感器。尽管热电偶非常流行,但它经常会被滥用。基于这一原因,本章将主要集中介绍热电偶测量技术,并将重点介绍在实践中传感器放置、信号调节和仪器选择等。

▶ 3.1 温度检测概述

3.1.1 温度与温标

3.1.1.1 温度

温度是表示物体冷热程度的物理量。温度的高低,通常可由人的感觉器官感觉出来,但这很不可靠,更谈不上准确了。例如,我们在环境温度为 5℃ 的室内坐久了会觉得冷。可是,对一个长时间待在冰天雪地里的人,突然进入 5℃ 的室内,则会感到很暖和。因此,用人的感觉来判断温度的高低是不科学的,必须寻求一种客观的、科学的测温方法。

为了能客观地反映物体的冷热程度,人们引入了温度的概念。从分子运动论的观点来看,温度是物体内部大量分子无规则热运动剧烈程度的体现。它是物体冷热的内在根据,热运动越剧烈,物体的温度就越高。某一物体温度升高或降低,标志着物体内部分子热运动平均动能的增加或减少。气体温度的微观实质是分子平均动能的量度。由此看来,温度是含有统计意义的,它是大量气体分子热运动的集体表现。对于个别分子而言,它的动能可能大于平均动能,也可能小于平均动能,但在温度一定时,它是一个确定的值。

然而,温度测量又不能像长度计量那样直接地用长度单位来表示。温度只能借助于某种物质随温度按一定规律改变的物理性质来测量。到目前为止,尚未能找出完全满足上述要求的物质。

基本上符合要求的物质及其相应的物理性质有：液体、气体的体积或压力,热电偶的热电势,金属的电阻以及物体的热辐射等都随温度的不同而变化。这些都可以作为温度测量的依据,但要分析和解决实际中提出的各种热学问题,还必须对温度的概念建立起严格的、科学的定义。

3.1.1.2 温标的定义

温度只能通过物体随温度变化的某些特性来间接测量,而用来量度物体温度数值的标尺叫温标,它规定了温度的读数起点(零点)和测量温度的基本单位。为了定量地确定温度,对物体或系统温度给定具体的数量标志,各种各样温度计的数值都是由温标决定的。

伽利略约在 1592 年发明了温度计,其在业内享有盛誉。在之后的几十年中,人们设想出许多温度计标度,所有这些构想都基于 2 个或多个固定点。但是,到了 18 世纪早期,才出现普遍公认的一个标度。当时,德国仪器制造商 Gabriel Fahrenheit 生产出准确的、可重复的水银温度计。对温标低端的固定点,Fahrenheit 使用冰水与盐的混合物(或氯化铵)。这是他可以复现的最低温度,然后他把这里标为"0℉"。对标度的高端,他选择了人体血液的温度,称为 96℉。

为什么使用 96℉而不是 100℉呢? 早期的标度被分成 12 等分,Fahrenheit 为了实现更高的分辨率,把标度分成 24 等分,然后分成 48 等分,最后分成 96 等分。

Fahrenheit 标度得以流行的主要原因是 Fahrenheit 设计的温度计具有可重复性和较高的质量。

大约在 1742 年,Anders Celsus 建议使用冰的融化温度和水的沸腾温度作为低点和高点。Celsius 选择 0℃作为冰的融化温度,选择 100℃作为水的沸腾温度。之后,这两点得以保留,摄氏度诞生了。1948 年,温标的名称正式改变为℃。

上述这些温标统称为经验温标。它们的缺陷是温度读数与测温物质及测温属性有关,测同一热力学系统的温度,若使用摄氏温标标定的不同测温属性的温度计,其读数除固定点外,并不严格一致。

在 19 世纪初,William Thomson(Lord Kelvin)提出了一种通用的热力标度,其基于理想气体的膨胀系数。Kelvin 确立了绝对零度的概念,他的标度一直是现代温度测定法的标准。规定温度与测温属性成正比关系,选择水的三相点为固定点。国际单位制中采用的温标,是热力学温标。它的单位是开尔文,中文代号是开,国际代号是 K。开尔文是国际单位制中热力学温度的国际单位制(SI)单位名称,它等于水三相点热力学温度的 1/273.16。水的三相点是指水的固态、液态和气态三相间平衡时所具有的温度。水的三相点温度为 0.01℃。其特点是,在这个温度下,水具有的压力($P = 611\ Pa$)、温度和体积几乎是固定不变的。

3 种现代温标的转换公式如下：

$$℃ = 5/9(℉ - 32), ℉ = 9/5℃ + 32, °K = ℃ + 273.15$$

温标是温度量值的表示方法,它由固定点和内插仪器(包括内插函数)两部分组成,即温标规定了若干特定物质在某一状态下的温度值和利用某些物理参数与温度精确地呈现一一对应关系构成的内插仪器。

3.1.2　国际实用温标及其传递

从准确与实用出发,在 1927 年第 7 届国际计量大会上决定采用国际实用温标。要求的国际实用温标需具备以下条件:

①尽可能接近热力学温度;

②复现精度高,各国均能以很高的准确度复现同样的温标,确保温度量值的统一;

③用于复现温标的标准温度计使用方便,性能稳定,同时还要使用方便。

由于科学技术不断地发展,应工业生产上的需要,国际温标不断修改,此前所采用的国际实用温标(IPTS-68),是 1968 年国际计量委员会对 1948 年国际实用温标(1960 年修正版)做了重要修改后建立的。1968 年国际实用温标选取的方法,是根据它所测定的温度可紧密接近热力学温度,而其差值应在目前测定准确度的极限之内。1968 年国际实用温标在国际实用开尔文温度和国际实用摄氏温度之间是用符号 T 和 t 来加以区分的。T_{68} 和 t_{68} 之间的关系如下:

$$t_{68} = T_{68} - 273.15$$

T_{68} 和 t_{68} 之间的单位如同在热力学温度 T 和摄氏温度 t 中一样仍为开尔文(K)和摄氏度(℃)。常用的换算公式是 $T = t + 273.15$。

由于 IPTS-68 温标存在一定的不足,第 18 届国际计量大会决定采用 1990 年国际温标 ITS-90,并用其替代 IPTS-68 和 EPT-76。温标的下限为 0.65K,大部分固定点的温度指定值和固定点之间的温度值均发生了变化,对于准确度要求较高的温度测量有一定的影响。修改后的温度值更接近于热力学温度。新规定取消了水沸点等 3 个固定点,增加了氖三相点等 6 个固定点;规定标准铂铑/铂热电偶不再是温标的内插仪器。$0.65\sim5.0$ K 温区采用氦蒸气压温度方程,$3.0\sim24.5561$ K 温区采用 ^{3}He,^{4}He 定容气体温度计定义,13.8033 K $\sim$ 961.78℃温区采用标准铂电阻温度计作内插仪器,此温区用铂电阻温度计,14 个固定点,参考函数及偏差函数定义。银凝固点(961.78℃)以上温区由普朗克辐射定律定义。我国自 1994 年 1 月 1 日起全面实施 ITS-90 国际温标。

3.1.2.1　温度单位

热力学温度(T)是基本物理量,它的单位为开尔文(K),1 开尔文为水三相点的热力学温度的 1/273.16。以前的温标定义中,使用了与 273.15 K(冰点)的差值来表示温度,现在仍保留这个方法。用这种方法表示的热力学温度称为摄氏温度,符号为 t,即

$$t = T - 273.15$$

式中:t 为摄氏温度,℃;T 为热力学温度,K。

温差可以用摄氏度或开尔文来表示。

国际温标 ITS-90 同时定义国际开尔文温度(T_{90})和国际摄氏温度(t_{90})。T_{90} 和 t_{90} 之间的关系与 T 和 t 一样,即

$$t_{90} = T_{90} - 273.15$$

它们的单位及符号也与热力学温度 T 和摄氏温度 t 一样。摄氏温度的单位是摄氏度,

符号为℃。例如,今天气温 20℃,应读作 20 摄氏度,不能读作摄氏 20 度。以上可以看出,摄氏温度的数值是以 273.15K 为起点($t=0$),而热力学温度是以 0 K 为起点($T=0$),这两种温度仅是起点不同,无本质差别。在表示温度差及温度间隔时:

$$1℃=1K$$

通常在 0℃以上用摄氏温度表示,在 0℃以下或理论研究中,多采用热力学温度。

国际温标 ITS-90 同时定义了国际开尔文温度(T_{90})和国际摄氏温度(t_{90})。

3.1.2.2　国际温标 ITS-90 的通则

ITS-90 由 0.65K 向上到普朗克辐射定律使用单色辐射实际可测量的最高温度。ITS-90 是这样制订的,即在全量程中,任何温度的 T_{90} 值非常接近于温标 T 的最佳估计值,与直接测量热力学温度相比,T_{90} 的测量要方便得多,且更为精密,并具有很高的复现性。

3.1.2.3　ITS-90 中的 4 种定义方法

第一温区为 0.65~5.00K 之间,T_{90} 由 ^{3}He 和 ^{4}He 的蒸气压与温度的关系式来定义。第二温区为 3.0K 到氖三相点(24.5661K)之间,T_{90} 是用氦气体温度计来定义的。第三温区为平衡氢三相点(13.8033K)到银的凝固点(961.78℃)之间,T_{90} 是由铂电阻温度计来定义的。它使用一组规定的定义固定点及利用规定的内插法来分度。第四温区,即银凝固点(961.78℃)以上的温区,T_{90} 是按普朗克辐射定律来定义的,复现仪器为光学高温计。

ITS-90 是在 1990 年修订的,它确定了 17 个固定点和相应的温度。表 3-1 是 ITS-90 中的部分实例。

表 3-1　ITS-90 定义固定点

元素	状态	温度	
		K	℃
氢(H_2)	三态点	13.8033	−259.3467
氖(Ne)	三态点	24.5561	−248.5939
氧(O_2)	三态点	54.3584	−218.7916
氩(Ar)	三态点	83.8058	−189.3442
汞(Hg)	三态点	234.315	−38.8344
水(H_2O)	三态点	273.16	+0.01
镓(Ga)	熔点	302.9146	29.7646
铟(In)	凝固点	429.7485	156.5985
锡(Sn)	凝固点	505.078	231.928
锌(Zn)	凝固点	692.677	419.527
铝(Al)	凝固点	933.473	660.323
银(Ag)	凝固点	1234.93	961.78
金(Au)	凝固点	1337.33	1064.18

3.1.3　温度检测原理及分类

利用物质的某一物理属性随温度的变化来标志温度。其工作原理有如下几种：利用固体、液体、气体受温度的影响而热胀冷缩的现象；在定容条件下，气体或蒸气压强因不同温度而变化；热电效应的作用，电阻随温度的变化而变化以及热辐射的影响等。一般来说，任何物质的任一物理属性，只要它随温度的改变而发生单调的、显著的变化，都可用作标志温度的温度计。

温度传感器是最早开发、应用最广的一类传感器。从 1592 年伽利略发明温度计开始，人们开始利用温度进行测量。真正把温度变成电信号的传感器是 1821 年由德国物理学家赛贝发明的，这就是后来的热电偶传感器。50 年以后，另一位德国人西门子发明了铂电阻温度计。在半导体技术的支持下，半导体热电偶传感器、PN 结温度传感器和集成温度传感器相继被开发。与之相对应，根据波与物质的相互作用规律，声学温度传感器、红外传感器和微波传感器相继被开发。

我们只能使用表 3-1 所示的固定温度作为参考温度，因此，我们必须使用仪器在这些固定温度之间插补。但是，在这些温度之间准确地插补可能要求某些相当特殊的传感器，许多传感器过于复杂或过于昂贵，不适合用于实际环境中。我们将把我们的讨论限定在 4 种最常用的温度传感器上：热电偶、热电阻（RTD）、热敏电阻器和集成电路（IC）温度传感器。

表 3-2　最常用的 4 种传感器机器特点

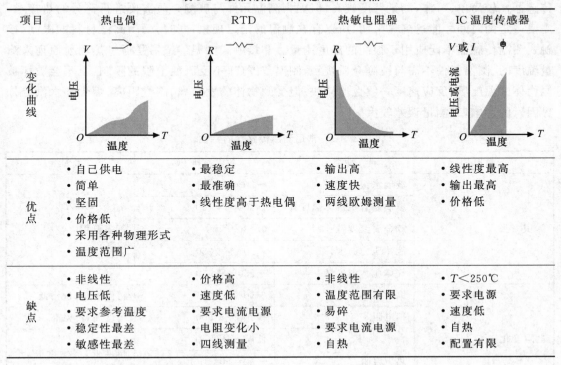

项目	热电偶	RTD	热敏电阻器	IC 温度传感器
变化曲线				
优点	• 自己供电 • 简单 • 坚固 • 价格低 • 采用各种物理形式 • 温度范围广	• 最稳定 • 最准确 • 线性度高于热电偶	• 输出高 • 速度快 • 两线欧姆测量	• 线性度最高 • 输出最高 • 价格低
缺点	• 非线性 • 电压低 • 要求参考温度 • 稳定性最差 • 敏感性最差	• 价格高 • 速度低 • 要求电流电源 • 电阻变化小 • 四线测量	• 非线性 • 温度范围有限 • 易碎 • 要求电流电源 • 自热	• $T < 250℃$ • 要求电源 • 速度低 • 自热 • 配置有限

3.1.3.1　温度测量的基本原理

假定有 2 个热力学系统，各处在一定的平衡态，这两个系统互相接触时，它们之间将发生热交换（这种接触叫作热接触）。实验证明，热接触后的 2 个系统一般都发生变化，但经过一段时间后,2个系统的状态便不再变化了,说明2个系统又达到新的平衡态。这种平衡态是2个系统在有热交换的条件下达到的,称为热平衡。

现在取3个热力学系统A,B,C进一步做实验。将B和C相互隔绝开,但使它们同时与A接触,经过一段时间后,A与B以及A与C都达到了热平衡。这时如果再将B与C接触,则发现B和C的状态都不再发生变化,说明B与C也达到了热平衡。由此可以得出结论:如果2个热力学系统分别与第三个热力学系统处于热平衡,则它们彼此间必定处于热平衡。该结论通常称为热力学第零定律。

由热力学第零定律得知,处于同一热平衡状态的所有物体都具有某一共同的宏观性质,表征这个宏观性质的物理量就是温度。温度这个物理量仅取决于热平衡时物体内部的热运动状态。换句话说,温度反映了物体内部的热运动状态,即温度高的物体,分子平均动能大;温度低的物体,分子平均动能小。因此,温度可表征构成物体的大量分子的无规则运动的程度。

一切互为热平衡的物体都具有相同温度,这是用温度计测量温度的基本原理。选择适当的温度计,在测量时使温度计与待测物体接触,经过一段时间达到热平衡后,温度计就可以显示出被测物体的温度。

3.1.3.2 温度测量传感器

温度测量传感器按测温方式可分为接触式和非接触式两大类。一般来说,接触式测温传感器比较简单、可靠,测量精度较高,但因为测温元件与被测介质需要进行充分的热接触,需要一定的时间才能达到热平衡,所以存在测温的延迟现象;同时,受耐高温材料的限制,接触式测温传感器不能应用于很高的温度测量。非接触式测温传感器是通过热辐射原理来测量温度的,测温元件不需与被测介质接触,测量范围广,不受测温上限的限制,也不会破坏被测物体的温度场,反应速度一般也比较快;但受到物体的发射率、测量距离、烟尘和水汽等外界因素的影响,其测量误差较大。

表3-3 常用测温传感器的特性

测量原理	种类	测温范围/℃	特征
体积膨胀	玻璃水银温度计	-20～+350	不需要用电
	玻璃制有机液体温度计	-100～+100	
	双金属温度计	0～300	
	液体压力温度计	-200～+350	
	气体压力温度计	-250～+550	
电阻变化	铜电阻	-50～+150	精度中等,价格低
	铂电阻	-200～+600	精度高,价格高
	热敏电阻	低温 -200～0	精度低,灵敏度高,价格最低
		一般 -50～+30	
		中温 0～+700	

测量原理	种类	测温范围/℃	特征
热电效应(热电偶)	镍铬-镍铜	0~500(−200~800)	测温范围宽,测量精度高,需要温度补偿
	镍铬-镍硅	0~800(−200~1250)	
	铂铑$_{10}$-铂	200~1400(0~1700)	
	铂铑$_{30}$-铂铑	200~1500(100~1700)	
PN 结电压变化	半导体二极管	−150~+150(Si)	灵敏度高,线性度好,二极管类价格低
晶体管特性变化	晶体管	−150~+150	
	半导体集成电路传感器	−40~+150	
压电效应	石英晶体振荡器	−100~+200	可作标准用
频率变化	压电声表面波传感器	0~200	可作标准用
光学变化	光学高温计	900~2000	不接触测量
热辐射	热辐射温度传感器	100~2000	不接触测量
电容变化	$BaSrTi_2O_2$ 陶瓷	−270~+150	温度和电容是导数关系

注:括号的数值是可使用的最大温度范围。

3.2 接触测温

3.2.1 热膨胀测温

利用固体、液体、气体受温度的影响而热胀冷缩的现象,选择那些随温度的改变而发生单调的、显著的变化的物质,作为测量温度的测量设备。

3.2.1.1 玻璃液体温度计

(1)水银温度计 利用水银热胀、冷缩的性质而制造的一种测温计,高温可以测到300℃。但由于熔点关系,测量−30℃以下的低温时则不能使用。

制造水银温度计,首先应选取壁厚、孔细而内径均匀的玻璃管,经酸洗等过程使管内洁净,一端加热并吹成一个壁薄的球形或圆柱形的容器。水银是在某种特定温度下注入球形容器与玻璃管之中的,此时,水银的温度应比之后所测的最高温度还要高些,然后用火焰将灌满水银玻璃管的顶端封闭。当温度降低时,水银开始收缩,于是在水银柱的上部管内出现一段真空。温度计的定标分度,首先要确定 2 个固定标点,作为永不改变的标记。将温度计液泡部分,插入一个标准大气压下(101.325 kPa)正在融化的冰块中,当水银柱下降至某一处稳定时,刻一记号作为下固定点。然后再将温度计的整体,置于处在一标准大气压下的水蒸气中,当水银柱上升停在某一位置不动时作一记号为上固定点。这两个固定点间的距离,称为基本标距。此标距的长短与温度计的管径以及液泡的容积有关。将这段标距分成 100等分,每一等分即为 1℃。在下固定点处标 0℃记号,在上固定点标 100℃记号。温度计的基本标度被均分为 100 等分,故称为百分温度计,又称为摄氏温度计。除摄氏温标外,还有采用华氏温标的,此温标以 32℉为冰点,以 212℉为沸点,其中等分 180 个刻度。

水银温度计存在一定的缺点。例如,玻璃管的内径不可能完全相同,尽管每个刻度与每个刻度之间的距离相等,但由于管的内径不同,每刻度之间水银液柱的体积并不相等,因而造成误差。当玻璃管内水银受热体积膨胀的同时,温度计的玻璃管及液泡部分的玻璃也受热膨胀。结果所读出的只不过是水银膨胀数值与玻璃膨胀数值之间的差数而已。由于水银的凝固点($-38.87℃$)与沸点($356.7℃$)的关系,水银温度计的计量只能在这个范围之内,若用于测低温,则必受限制。

(2)酒精温度计 构造与水银温度计相同,管内装有含红色染料的酒精,便于观察,此种温度计是用酒精为工作物质。酒精的沸点($78℃$)较低,凝固点在$-117℃$,因此,多用酒精温度计测低温物质。

3.2.1.2 液体压力式温度计

液体压力式温度计是利用液体的热膨胀冷缩来进行温度测量的。温包、毛细管和弹簧管组成的密闭系统充满了测温介质——液体。当温包感受到温度变化时,密闭系统内的压力因液体体积发生变化而变化,引起弹簧管曲率变化,使其自由端产生位移,再通过连杆和传动机构带动指针转动,在表度盘上指示出被测温度。这种仪表具有线性刻度、温包体积小、反应速度快、灵敏度高、读数直观等特点,几乎集合了玻璃棒温度计、双金属温度计、蒸汽和气体压力式温度计的所有优点,是目前适用范围最广、性能最全面的一种机械式测温仪表。

3.2.1.3 双金属温度计

由2种不同金属(铜片和铁片)组成长度相同的物体,将它们铆在一起,在室温下,这两种金属片保持竖直,当温度变化后,它们将发生弯曲。在这种情况下,虽然这两种金属的温度变化是相同的,但它们的线膨胀系数不同,因此,这两种金属伸长的量不相等而发生弯曲。利用双金属片的特性,可制成双金属温度计。当温度发生变化时,双金属片带动指针偏转,用以指示或自动记录温度的变化。

3.2.2 热电偶测温

人们在生产实践中发现:由不同金属制成的2条线的两端连接在一起,对其中一端加热时,将产生连续的电流,电流在热电路中流动。Thomas Seebeck 在 1821 年最早发现了这种现象(图 3-1)。如果这条电路在中心断开,那么温差电动势 e_{AB}(Seebeck 效应)与温度和 2 种金属材质具有函数关系(图 3-2)。

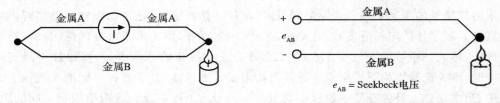

图 3-1 Seebeck 效应   图 3-2 热电偶工作示意图

所有不同的金属都具有这种效应。这个电位差的数值与不加热部位测量点的温度有关,也与这两种金属的材质有关。这种现象可以在很宽的温度范围内出现,如果精确测量这个电位差,再测出不加热部位的环境温度,就可以准确地知道加热点的温度。因为它必须有

2 种不同材质的金属,所以称之为"热电偶"。

对小的温度变化,温差电动势与温度呈线性比例关系:$e_{AB}=\alpha T$。其中 α 是 Seebeck 系数,它是比例常数,代表加热点温度变化 1℃时,输出温差电动势的变化量。对于大多数金属材料支撑的热电偶而言,这个数值一般在 5~40 mV/℃之间。对实际环境中的热电偶来说,α 并不是恒定的,而是随温度变化的。

3.2.2.1 测量热电偶电压

由于无法直接测量温差电动势 e_{AB},必须先把电压表连接到热电偶上,电压表引线本身创建了一条新的热电路。

在铜-铜镍合金(T 类)热电偶上连接一个电压表,然后查看其电压输出(图 3-3)。

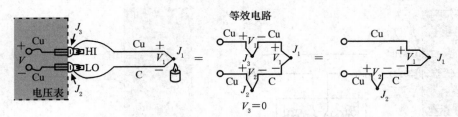

图 3-3　使用电压表测量连接电压

理论上希望通过电压表读出 V_1,但通过连接电压表,以测量连接 J_1 的输出,事实上创建了 2 条额外的金属连接:J_2 和 J_3。J_3 是铜-铜连接,因此,它不创建热偏置电压($V_3=0$)。但 J_2 是一种铜-铜镍合金连接,它将与 V_1 相反地增加一个偏置电压(V_2)。得到的电压表读数 V 将与 J_1 和 J_2 之间的温度差成比例。这说明,除非先得到 J_2 的温度,否则得不到 J_1 的温度。

确定 J_2 的方式之一是将其放在一个冰盆中,强迫其温度降到 0℃,把 J_2 作为参考连接。2 个电压表终端连接现在都是铜-铜连接的,因此,它们没有创建热偏置电压,电压表上读出的电压与 J_1 和 J_2 之间的温差成比例。现在,电压表的读数是 V(图 3-4)。

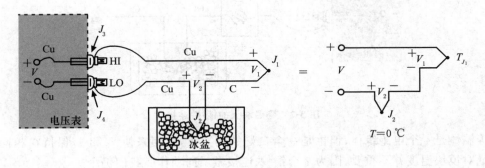

图 3-4　外部参考连接

$$V=(V_1-V_2)\cong\alpha(t_{J_1}-t_{J_2})$$

如果指定 T_J 的摄氏度:$T_{J_1}(℃)+273.15=t_{J_1}(K)$

那么　　　　　　$V=V_1-V_2=\alpha[(T_{J_1}+273.15)-(T_{J_2}+273.15)]$

$$=\alpha(T_{J_1}-T_{J_2})=\alpha(T_{J_1}-0)V=\alpha T_{J_1}$$

之所以介绍温度计的发展历史,是为了强调冰盆连接输出 V_2 不是 0 V。它是绝对温度的函数。

通过增加冰点参考连接的电压,现在可以参考 0℃ 的读数 V。这种方法非常准确,因为可以精密地控制冰点温度。使用冰点作为热电偶的基本参考点,可以通过查阅预先制好的表,直接从电压 V 转换成温度 T_{J_1}。

图 3-4 中所示的铜-铜镍合金热电偶是一个独特的例子,因为铜线使用的金属与电压表端子相同。如果用铁-铜镍合金(J 类)热电偶(图 3-5),则铁线增加了电路中不同金属连接的数量,2 个电压表端子都变成铜-铁热电偶连接。

只要电压表高低端子(J_3 和 J_4)相反工作(图 3-6),这条电路仍将提供精度适当的测量结果。

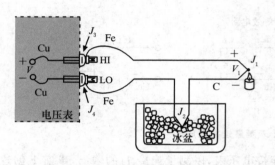

图 3-5 铁-铜镍合金耦合

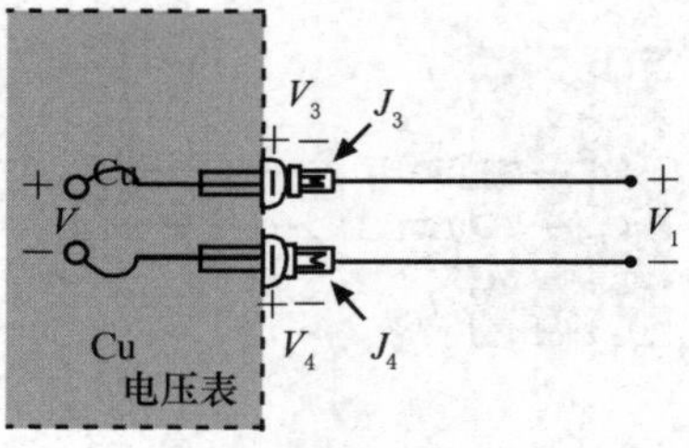

$V_3 = V_4$(即 $T_{J_3} = T_{J_4}$)时, $V = V_1$

图 3-6 连接电压抵消

如果 2 个前面板端子的温度不同,那么将产生误差。为实现更加精确的测量结果,应延长电压表的引线,这样可以在等温(温度相同)模块上进行铜-铁连接(图 3-7)。

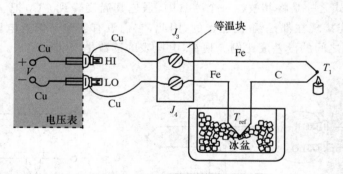

图 3-7 等温块上的铜-铁连接

等温体是一个电绝缘体,但也是一个良好的热导体,它用来使 J_3 和 J_4 保持在相同的温度。绝对模块温度并不重要,因为 2 个铜-铁连接做反向动作。我们仍令

$$V = \alpha(T_{J_1} - T_{\mathrm{ref}})$$

3.2.2.2 软件补偿

图 3-7 中的电路将为测温提供准确的读数,但如果在可能时去掉冰将会更好。例如,把冰盆换成另一个等温块,如图 3-8 所示。

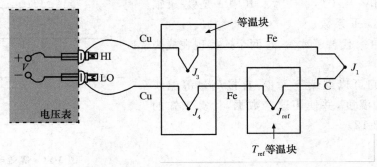

图 3-8　去掉冰盆

新等温块在参考温度 T_{ref} 上,由于 J_3 和 J_4 仍处在相同的温度,因此再次得到:

$$V = \alpha(T_{J_1} - T_{\mathrm{ref}})$$

这仍是一条相当不便的电路,因为必须连接 2 个热电偶。如图 3-9 所示,可通过先连接 2 个等温块来实现把铜-铁连接(J_4)和铁-康铜连接(J_{ref})组合在一起,即可去掉 LO 引线中额外的铁线。

输出电压 V 仍保持不变,即

$$V = \alpha(T_{J_1} - T_{\mathrm{ref}})$$

现在,我们运用中间金属定律,去掉额外的连接。这一经验定律规定,在热电偶连接的 2 个不同金属中插入第三种金属(此处为铁),只要由第三种金属形成的 2 个连接的温

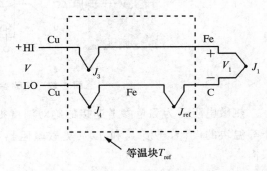

图 3-9　连接等温块

度相同(图 3-10),将不会影响输出电压。中间金属定律一个有用的结论,因为它完全不需要 LO 引线中的铁线(图 3-11)。

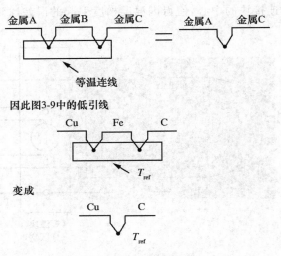

图 3-10　中间金属定律

再次得到 $V = \alpha(T_{J_1} - T_{ref})$，其中 α 是铁-康铜热电偶的 Seebeck 系数。

连接 J_3 和 J_4 代替了冰盆，这两个连接现在成为参考连接。

现在，我们可以继续下一步：直接测量等温块（参考连接）的温度，并使用这些数据，计算未知的温度 T_{J_1}（图 3-12）。

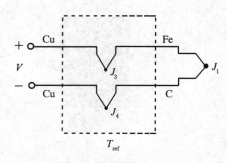

图 3-11　等效电路

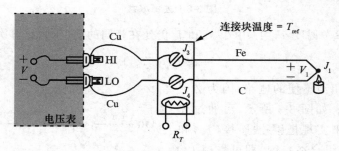

图 3-12　外部参考连接（无冰盆）

热敏电阻器为测量参考连接的绝对温度提供了一种方式，其电阻 R_T 是温度的函数。由于等温块的设计，连接 J_3 和 J_4 及热敏电阻器都被假设成温度相同。通过使用数字万用表只需：

①测量 R_T，得到 T_{ref}，把 T_{ref} 转换成等效参考连接电压 V_{ref}。

②测量 V，与 V_{ref} 相加，得到 V_1，把 V_1 转换成温度 T_{J_1}。

当监测大量的数据点时，热电偶测量变得尤其方便，可通过对 1 个以上的热电偶单元使用等温参考连接完成（图 3-13）。事实上，只要我们知道每个热电偶是什么，我们就可以在相同的等温连接块（通常称为分区盒）上组合热电偶类型，并在软件中进行相应的修改。连接块温度传感器 R_T 位于连接块的中心，使得因温度梯度引起的误差达到最小。

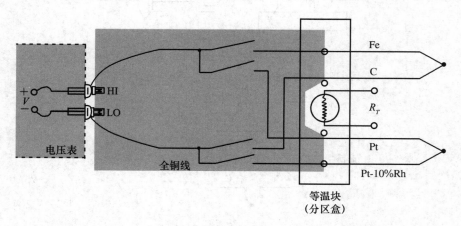

图 3-13　多个热电偶类型之间的切换

软件补偿是测量热电偶使用的最通用的技术。许多热电偶连接在一个连接块上,在整个数据采集器中使用铜线,其技术与选择的热电偶类型无关,所有转换操作都由仪器的软件执行。其缺点是需要少量时间计算参考连接温度。为实现最大速度,可以使用硬件补偿技术。

3.2.2.3 硬件补偿

在软件补偿中,需要测量参考连接的温度,计算等效功率,而在硬件补偿中,可以通过插入1块电池,抵消参考连接的偏置电压。这种硬件补偿与参考连接电压的组合,等于0℃连接的电压(图3-14)。

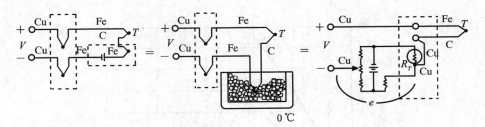

图 3-14 硬件补偿电路

补偿电压 e 是温度传感电阻器 R_T 的函数。电压 V 现在参考0℃,可以查表直接读出及转换成温度。

图3-14所示的电路也叫作电子冰点参考电路,电路已经商用化,用于任何电压表和各种热电偶。其主要缺点是通常对每个单独的热电偶类型,都需要一条唯一的冰点参考电路。

图3-15所示的是一个实用的冰点参考电路图,它可以与数据采集仪一起使用,补偿整块热电偶输入。模块中的所有热电偶必须类型相同,但每个输入块可以简单地改变增益电阻器,容纳一种不同的热电偶。

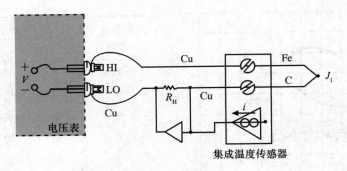

图 3-15 实用硬件补偿

硬件补偿电路或电子冰点参考电路的优点是不需要计算参考温度的。可以减少2个计算步骤,使得硬件补偿温度测量在一定程度上快于软件补偿测量。但是,当前速度更快的微处理器和先进的数据采集设计方案,使得这两种方法之间的界限越来越模糊,在实际应用中,软件补偿的速度正在挑战硬件补偿的速度(表3-4)。

表 3-4　硬件补偿与软件补偿特点的比较

硬件补偿	软件补偿
速度快	要求更多的软件处理时间
受到每个参考连接一种热电偶类型的限制	通用:接受任何热电偶
重新配置困难,对新的热电偶类型,要求改动硬件	重新配置简便

3.2.2.4　电压到温度转换

热电偶的温度与电压关系不是线性关系。某些流行的热电偶的输出电压是温度的函数,如图 3-16 所示。

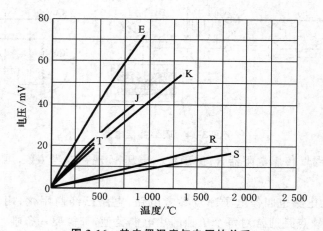

图 3-16　热电偶温度与电压的关系

如果画出曲线相对于温度的斜率(Seebeck 系数),如图 3-17 所示,可以非常明显地看出,热电偶是一种非线性设备。

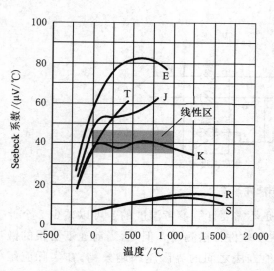

热电偶类型	金属	
	＋	－
E	铬	铜镍合金
J	铁	铜镍合金
K	铬	氧化铝
R	铂	铂＋13％铑
S	铂	铂＋10％铑
T	铜	铜镍合金

图 3-17　Seebeck 系数与温度关系图

图 3-17 中的横线表明这是一台线性设备。K 型热电偶的斜率在 $0\sim100℃$ 的温度范围内接近常数,可以与万用电压表和外部冰点参考一起使用,获得精度适中的温度的直接读数。此温度显示只涉及一个温标。

通过考察 Seebeck 系数的变化量,我们可以明显地看到,使用一个恒定标度将限制系统的温度范围和准确性。通过读取电压表,并参阅表 3-5,可以获得更好的转换精度。

表 3-5　E 型热电偶电压与温度的关系　　　　　　℃

mV	0.00	0.01	0.02	0.03	0.04	0.05	0.06	0.07	0.08	0.09	0.10
0.00	0.00	0.17	0.34	0.51	0.68	0.85	1.02	1.19	1.36	1.53	1.70
0.10	1.70	1.87	2.04	2.21	2.38	2.55	2.72	2.89	3.06	3.23	3.40
0.20	3.40	3.57	3.74	3.91	4.08	4.25	4.42	4.59	4.76	4.92	5.09
0.30	5.09	5.26	5.43	5.60	5.77	5.94	6.11	6.28	6.45	6.61	6.78
0.40	6.78	6.95	7.12	7.29	7.46	7.63	7.79	7.96	8.13	8.30	8.47
0.50	8.47	8.64	8.80	8.97	9.14	9.31	9.48	9.64	9.81	9.98	10.15
0.60	10.15	10.32	10.48	10.65	10.82	10.99	11.15	11.32	11.49	11.66	11.82
0.70	11.82	11.99	12.16	12.33	12.49	12.66	12.83	12.99	13.16	13.33	13.50
0.80	13.50	13.66	13.83	14.00	14.16	14.33	14.50	14.66	14.83	14.99	15.16
0.90	15.16	15.33	15.50	15.66	15.83	16.00	16.16	16.33	16.49	16.66	16.83
1.00	16.83	16.99	17.16	17.32	17.49	17.66	17.82	17.99	18.15	18.32	18.49
1.10	18.49	18.65	18.82	18.98	19.15	19.31	19.48	19.64	19.81	19.98	20.14
1.20	20.14	20.31	20.47	20.64	20.80	20.97	21.13	21.30	21.46	21.63	21.79
1.30	21.79	21.96	22.12	22.29	22.45	22.61	22.78	22.94	23.11	23.27	23.44
1.40	23.44	23.60	23.77	23.93	24.10	24.26	24.42	24.59	24.75	24.92	25.08

可以把这些查表得到的值存储在计算机中,也可以使用多阶方程式获得近似值。

$$t_{90} = c_0 + c_1 x + c_2 x^2 + c_3 x^3 + \cdots + c_n x^n$$

式中:t_{90} 为温度,℃;x 为热电偶电压,mV;c 为每个热电偶唯一的多项式系数,查阅表 3-6 即可获得;n 为多项式的最高次幂。

表 3-6　E 型热电偶多项式系数

项目	指标	
温度范围	$-200\sim0℃$	$0\sim1\,000℃$
电压范围	$-8\,825\sim0\ \mu V$	$0\sim76\,373\ \mu V$
C_0	0	0
C_1	$1.697\,728\,8\times10^{-2}$	$1.705\,703\,5\times10^{-2}$
C_2	$-4.351\,497\,0\times10^{-7}$	$-2.330\,175\,9\times10^{-7}$
C_3	$-1.585\,969\,7\times10^{-10}$	$6.543\,558\,5\times10^{-12}$
C_4	$-9.250\,287\,1\times10^{-14}$	$-7.356\,274\,9\times10^{-17}$

续表 3-6

项目	指标	
C_5	$-2.608\ 431\ 4\times10^{-17}$	$-1.789\ 600\ 1\times10^{-21}$
C_6	$-4.136\ 019\ 9\times10^{-21}$	$8.403\ 616\ 5\times10^{-26}$
C_7	$-3.403\ 403\ 0\times10^{-25}$	$-1.373\ 587\ 9\times10^{-30}$
C_8	$-1.156\ 489\ 0\times10^{-29}$	$1.062\ 982\ 3\times10^{-35}$
C_9		$-3.244\ 708\ 7\times10^{-41}$
误差范围	$0.03\sim-0.01℃$	$0.02\sim-0.02℃$

在 n 增大时,多项式的准确性得到改善,可以在较窄的温度范围内使用较低次幂的多项式,获得更高的系统速度。表 3-7 是在数据采集系统中与软件补偿技术一起使用的多项式的实例。该软件并不是直接计算指数的,而是编程为使用嵌套多项式形式,其可节约执行时间。在温度范围之外,多项式拟合迅速降级,如表 3-7 所示,在这些极限范围之外不应进行推断。

表 3-7 NIST ITS-90 多项式系数

项目	热电偶类型			
	J		K	
温度范围	$-210\sim0℃$	$0\sim760℃$	$-200\sim0℃$	$0\sim500℃$
误差范围	$\pm0.05℃$	$\pm0.04℃$	$\pm0.04℃$	$\pm0.05℃$
多项式阶数	8 阶	7 阶	8 阶	9 阶
c_0	0	0	0	0
c_1	$1.952\ 826\ 8\times10^{-2}$	$1.978\ 425\times10^{-2}$	$2.517\ 346\ 2\times10^{-2}$	$2.508\ 355\times10^{-2}$
c_2	$-1.228\ 618\ 5\times10^{-6}$	$-2.001\ 204\times10^{-7}$	$-1.166\ 287\ 8\times10^{-6}$	$7.860\ 106\times10^{-8}$
c_3	$-1.075\ 217\ 8\times10^{-9}$	$1.036\ 969\times10^{-11}$	$-1.083\ 363\ 8\times10^{-9}$	$-2.503\ 131\times10^{-10}$
c_4	$-5.908\ 693\ 3\times10^{-13}$	$-2.549\ 687\times10^{-16}$	$-8.977\ 354\ 0\times10^{-13}$	$8.315\ 270\times10^{-14}$
c_5	$-1.725\ 671\ 3\times10^{-16}$	$3.585\ 153\times10^{-21}$	$-3.734\ 237\ 7\times10^{-16}$	$-1.228\ 034\times10^{-17}$
c_6	$-2.813\ 151\ 3\times10^{-20}$	$-5.344\ 285\times10^{-20}$	$-8.663\ 264\ 3\times10^{-20}$	$9.804\ 036\times10^{-22}$
c_7	$-2.396\ 337\ 0\times10^{-24}$	$5.099\ 890\times10^{-31}$	$-1.045\ 059\ 8\times10^{-23}$	$-4.413\ 030\times10^{-26}$
c_8	$-8.382\ 332\times10^{-28}$		$-5.192\ 057\ 7\times10^{-28}$	$1.057\ 734\times10^{-20}$
c_9				$-1.052\ 755\times10^{-35}$

注:温度转换公式:$t_{90}=c_0+c_1x+c_2x^2+\cdots+c_9x^9$。

嵌套多项式构成(4 次幂实例):$t_{90}=c_0+x\{c_1+x[c_2+x(c_3+c_4x)]\}$。

即使对当前处理能力很高的微处理器来说,高次幂多项式的计算也是一项耗时的工作,为提高效率,可以对较小的温度范围使用较低次幂的多项式。在一个数据采集系统使用的软件中,热电偶特点曲线分成 8 个段,每段接近 3 次幂多项式(图 3-18)。

数据采集系统测量输出电压,把输出电压划到图 3-18 所示的 8 个段中的一段,然后为该段选择相应的系数。这种技术的速度和精度都要超过高次幂多项式。

农业生物环境因素测试技术

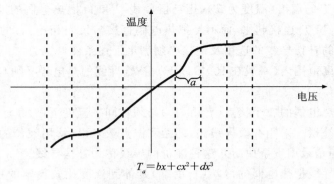

$$T_a = bx + cx^2 + dx^3$$

图 3-18 分成几段的曲线

许多新型数据采集系统使用了速度更快的算法。通过使用得多的段和一系列 1 次幂等式,可以每秒进行几百次甚至几千次内部计算。

所有上述程序都假设可以准确简便地测量热电偶电压,查表 3-8 可以看到,热电偶输出电压事实上非常小。

表 3-8 要求的系统电压表(DVM)灵敏性

热电偶类型	25℃时的 Seebeck 系数/(μV/℃)	0.1℃时的 DVM 灵敏度/μV
E	61	6.1
J	52	5.2
K	40	4.0
R	6	0.6
S	6	0.6
T	41	4.1

即使对常见的 K 型热电偶,电压表也必须能够提供 4 μV 的分辨率,以检测 0.1℃的变化。这需要数字万用表提供完美的分辨率(位数越多越好)及测量精度。这个信号的幅度特别容易导致噪声进入系统。基于这一原因,仪器设计人员采用了多种基本噪声抑制技术,包括树形开关、正常模式滤波、集成和隔离。

3.2.2.5 热电偶补偿导线

热电偶测温范围宽,一般为 −50～1 600℃,最高的可达 2 800℃,并且有较好的测量精度。另外,热电偶已标准化,产品系列化,易于选用,因此应用很广泛。

图 3-19 所示的是热电偶及其与指示仪表连接的电路。导体 A 和 B 在 T 点处焊接在一起便构成热电偶元件,热电偶元件的两导体 A 和 B 是不同的材料。热电偶元件外再加绝缘、保护管和接线盒就构成热电偶。导体 A 和 B 的电子的逸出电位不同,因而在它们的接触面处便形成接触电位差。

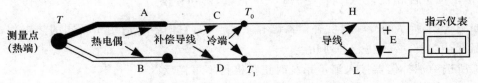

图 3-19 热电阻与仪表连接

为了测量热端 T 的温度(温度为 T),用补偿导线 C 和 D 把热电偶的 T_0 点和 T_1 点与指示仪表的接线柱 T_2 和 T_3 连接起来,而不是把热电偶直接与仪表相连,目的是节省昂贵的热电偶材料。热电偶的补偿导线的选用及连接必须满足下述条件:

①在一定的温度范围内(一般在 100℃ 以下),补偿导线的热电势必须与所延长的热电偶的热电势相同。

②补偿导线与热电偶的 2 个接点(T_0 和 T_1)必须在同一温度下。

③必须有冷端补偿。采用补偿导线法,即距测温点数米以后,用廉价的导线来替代部分贵重热电偶丝(特别是采用贵金属时),这种廉价的导线称为补偿导线。

通常采用补偿导线把热电偶的冷端(自由端)延伸到温度比较稳定的控制室内,再连接到仪表端子上。必须指出,热电偶补偿导线的作用只起延伸热电极,使热电偶的冷端移动到控制室的仪表端子上,它本身并不能消除冷端温度变化对测温的影响,不起补偿作用。因此,还需要采用其他修正方法来补偿冷端温度 $t_0 \neq 0℃$ 时对测温的影响。

补偿导线的热电性质应与所取代的热电偶导线相同或接近。在使用热电偶补偿导线时必须注意型号相配,极性不能接错,补偿导线与热电偶连接端的温度不能超过 100℃。常用热电偶的补偿导线列于表 3-9 中。

表 3-9　常用热电偶的补偿导线

配用热电偶分度号	补偿导线型号	补偿导线正极		补偿导线负极		补偿导线在 100℃ 的热电势允许误差/mV	
		材料	颜色	材料	颜色	A(精密级)	B(精密级)
S	SC	铜	红	铜镍	绿	0.645 ± 0.023	0.645 ± 0.037
K	KC	铜	红	铜镍	蓝	4.095 ± 0.063	4.095 ± 0.105
K	KX	镍铬	红	镍硅	黑	4.095 ± 0.063	4.095 ± 0.105
E	EX	镍铬	红	铜镍	棕	6.317 ± 0.102	6.317 ± 0.170
J	JX	铁	红	铜镍	紫	5.268 ± 0.081	5.268 ± 0.135
T	TX	铜	红	铜镍	白	4.277 ± 0.023	4.277 ± 0.047

注:补偿导线型号第一个字母与热电偶分度号相对应;第二个字母 X 表示延伸型补偿导线,C 表示补偿型补偿导线。

当热电偶冷端处温度波动较大时,一般采用补偿电桥法,其测量线路如图 3-20 所示。补偿电桥法是利用不平衡电桥(又称为冷端补偿器)产生不平衡电压来自动补偿热电偶因冷端温度变化而引起的热电势变化。

图 3-20 中虚线框内为用于温度补偿的电桥,称为温度补偿器。R_1,R_2,R_3 和 R_C 与热电偶冷端处于相同环境温度下。其中 $R_1 = R_2 = R_3 = 1\ \Omega$,且都是锰铜电阻,而 R_C 是铜线绕制的补偿电阻;V_C(直流 4 V)是电桥电源;R_4 是限流电阻,不同的热电偶 R_4 的值不同。在 20℃ 时电桥平衡。当冷端温度 t_0 升高时,R_C 增大,使 U_{AB}(补偿电压)也增大。同时,$\dfrac{Kt_0}{e} \ln \dfrac{n_A}{n_B}$ 也

增大,但两项极性相反,使 $U_{AB} - \dfrac{Kt_0}{e} \ln \dfrac{n_A}{n_B} = $ 常数,得到补偿。

如图 3-21 所示的冷端温度补偿器已有系列产品,它们各自适用于不同的热电偶。采用冷端温度补偿器,必须注意下列几点:

①所选冷端补偿器接入测量系统时正负极性不可接反。

②显示仪表的机械零位应调整到冷端温度补偿器设计时的平衡温度,如补偿器是按

$t_0 = 20℃$ 时电桥平衡设计的,则仪表机械零位应调整到 20℃ 处;

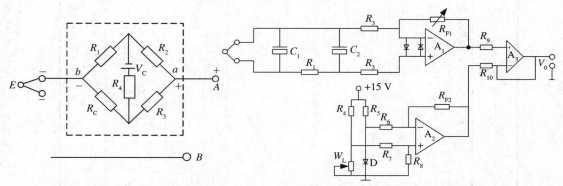

图 3-20 热电偶冷端补偿电路　　　**图 3-21 PN 结温度传感器作热电偶冷端补偿原理**

③热电偶的热电势和补偿电桥的输出电压,两者随温度变化的特性不完全一致,故冷端补偿器在补偿温度范围内得不到完全补偿,但误差很小,能满足工业生产的需要。

也可以用 PN 结温度传感器(由普通硅二极管 D 充当)或用集成温度传感器进行热电偶冷端补偿。图 3-21 所示的是用 PN 结温度传感器进行冷端补偿的线路。图中 PN 结 D 处在冷端温度环境中。PN 结的压降随温度 t_0 上升而下降,呈线性关系。

$\dfrac{Kt_0}{e}\ln\dfrac{n_A}{n_B}$ 也随 t_0 成正比增大。这两项在运放 A_3 相减,只要 R_6,R_{F2},R_4,W_L,R_7 和 R_8 所取数值适当,可使这两项互相抵消,实现对冷端补偿。

④必须调整仪表机械零点。对于具有零位调整的显示仪表而言,如果热电偶冷端温度 t_0 较为恒定时,可采用测温系统未工作前,预先将显示仪表的机械零点调整为 t_0。这相当于把热电势修正值 $E(t_0, 0)$ 预先加到了显示仪表上,当此测量系统投入工作后,显示仪表的示值就是实际的被测温度值。

以上几种补偿法常用于热电偶和动圈显示仪表配套的测温系统中。在自动电子电位差计和温度变送器等温度测量仪表的测量线路中已设置了冷端补偿电路,因此,热电偶与它们配套使用时,不用再考虑补偿方法,但仍旧需要补偿导线。

3.2.2.6 热电偶的种类

热电偶的测量范围宽广,一般范围为 $-200 \sim 1\,300℃$,最大范围可达到 $-270 \sim 2\,800℃$,装配简单、更换方便、抗震性能好、机械强度高、耐压性能好等优点。

常用热电偶可分为标准系列热电偶和非标准系列热电偶两大类。所谓标准系列热电偶是指国家标准规定了其热电势与温度的关系、最大允许误差,并有统一的标准分度表的热电偶,它有与其配套的显示仪表可供选用。非标准化热电偶在使用范围或数量级上均不及标准化热电偶,一般也没有统一的分度表,主要用于某些特殊场合的测量。

(1)标准化热电偶　从 1988 年 1 月 1 日起,我国热电偶和热电阻全部按 IEC 国际标准生产,并指定 S,B,E,K,R,J,T 7 种标准化热电偶为我国统一设计型热电偶。标准化热电偶的使用特性见表 3-10。

(2)非标准化热电偶　非标准化热电偶使用概况见表 3-11。

表 3-10　标准化热电偶使用特性

分度号	热电偶名称	热电偶丝直径/mm	等级及允许偏差 I 温度范围/℃	I 允许偏差	II 温度范围/℃	II 允许偏差	III 温度范围/℃	III 允许偏差
S	铂铑10-铂	$0.5^{-0.020}$	0~1100 1100~1600	±1℃ ±[1+(t−1100)×0.003]℃	0~600 600~1600	±1.5℃ ±0.25%t	0~1600 ≤600 >600	±0.5℃ ±3℃ ±0.5%t
B	铂铑30-铂铑6	$0.5^{-0.015}$	—	—	600~1700	±0.25%t	600~800 900~1700	±4℃ ±0.5%t
K	镍铬-镍硅	0.3、0.5、0.8、 1.0、1.2、1.6、 2.0、2.5、3.2	≤400 >400	±1.6℃ ±0.4%t	≤400 >400	±3℃ ±0.75%t	−200~0	±1.5%t
J	铁-康铜	0.3、0.5、0.8、 1.2、1.6、2.0、 3.2	−40~750	±1.5℃ （或±0.4%t）	−40~750	±2.5℃ （或±0.75%t）	—	—
R	铂铑13-铂	$0.5^{-0.020}$	0~1100 1100~1600	±1℃ ±[1+(t−1100)×0.003]℃	0~600 600~1600	±1.5℃ ±0.25%t	—	—
E	镍铬-康铜	0.3、0.5、0.8、 1.2、1.6、2.0、 3.2	−40~800	±1.5℃ （或±0.4%t）	−40~900	±2.5℃ （或±0.75%t）	−200~+40	±2.5℃ （或±1.5%t）
T	铜-康铜	0.2、0.3、 0.5、1.0、 1.6	−40~350	±0.5℃ （或±0.4%t）	−40~350	±1.0℃ （或±0.75）	−200~+40	±1℃ （或±1.5%t）

注：① t 为被测温度；

② 允许偏差以℃或实际温度的百分数表示，采用两者中计算数值的较大值。

表 3-11　非标准化热电偶使用概况

名称	材料 正极	材料 负极	测温范围/℃	允许误差	特点	用途
	铂铑3	铂	0~1 600		热电势较铂铑10大,其他一样	测量钴合金熔液温度(1 501℃)
	铂铑13	铂铑1	0~1 700		在高温下抗污化性能和机械性能好	各种高温测量
高温热电偶	铂铑20	铂铑5	0~1 700	≤600为±10℃;>600为±0.5%t①	在高温下氧化性能好,机械性能好,化学稳定性好,50℃以下热电势小,参比端可以不用温度补偿	
	铱铑40	铂铑20	0~1 850			
	铱铑40	铱	300~2 200	≤1 000为±10℃;>1 000为±1.0%t	热电势与温度线性好,适用于真空、氧化性和惰性气体,热电势小,价贵,寿命短	航空和空间技术及其他高温测量
	铱铑60	铱				
	钨铼3	钨铼25	300~2 800	≤1 000为±10℃;>1 000为±1.0%t	上限温度较好,适用于真空,还原性和惰性气体	钢水温度测量及其他高温测量
	钨铼5	钨铼20				
低温热电偶	镍铬	金铁0.07%	-270~0	±1.0	在极低温下灵敏度较高,稳定性好,热电极材料易复制,是较理想的低温热电偶	用于超导,宇航,受控热核反应等低温工程
	铜	金铁0.07%	-270~-196			
非金属热电偶	碳	石墨	测温上限2 400		热电势大,熔点高,价格低廉,机械性能差	用于耐火材料的高温测量
	硼化锆	碳化锆	测温上限2 000			
	二硅化钨	二硅化钼	测温上限1 700			

注:t为被测温度的绝对值。

3.2.2.7 基于热电偶传感器的测温实验

两种实现冷端补偿的技术——硬件补偿和软件补偿,都需要使用可直接读取传感器得到基准端温度。可直接读取传感器有一个只由测量点温度决定的输入端。热敏电阻和热电阻都是常用的测量基准端温度的传感器。使用硬件补偿,可以将一个可变电压源插入电路中,撤销寄生温差电压。可变电压源根据环境温度产生一个补偿电压,这样附加到修正电压上用来撤销不需要的温差信号。当这些寄生信号都被去除了,数据采集系统测量的唯一信号就是从热电偶测量端测得的电压。在使用硬件补偿的情况下,数据采集系统终端的温度是不相关的,因为其中的寄生性热电偶电压已经被取消了。硬件补偿的主要不足之处在于,每种热电偶必须拥有一个分开的能够附加修正补偿电压的补偿电路,这样就会大大增加电路的成本。在通常情况下,硬件补偿在精度上也不及软件补偿。当选择使用软件来进行冷端补偿时,在使用可直接读取传感器测量得到基准端温度后,软件能够在被测电压上附加一个适合的电压值来消除冷端电压的影响。

如何将热电偶连接到仪器上?此部分内容以使用 NI cDAQ-9172 底板和 NI 9211 C 系列热电偶模块(NI 9211)为例来说明(图 3-22)。

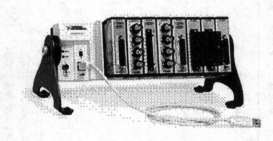

图 3-22　NI CompactDAQ 系统

所需设备:

①用于 NI CompactDAQ 系统的 DAQ-9172 八插槽高速 USB 底板;

②NI 9211 四通道,14 Sa/s,24-位,±80 mV 热电偶输入模块;

③J 型热电偶。

NI 9211 拥有一个 10 接线点、可分离螺旋式接线柱连接器,提供能支持 4 个热电偶输入通道的连接。每个通道都分别有连接热电偶正极的接线点(TC+),以及连接到负极的接线点(TC−)。NI 9211 也有一个通用接线点(COM),通常此端口内部连接到模块的参考地。图 3-23 所示的为每个通道的接线分配,图 3-24 所示的为连线示意

模块	连接点	标识
	0	TC0+
	1	TC0−
	2	TC1+
	3	TC1−
	4	TC2+
	5	TC2−
	6	TC3+
	7	TC3−
	8	No connection
	9	Common(COM)

图 3-23　终端分配

图。图 3-25 所示的为在 LabVIEW 编程环境下显示被测温度数据的一个例子。

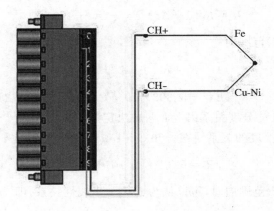

图 3-24　连接示意图

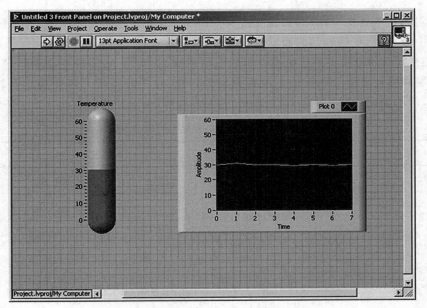

图 3-25　显示温度数据的 LabVIEW 前面板

3.2.3　热电阻测温

热电阻是中低温区最常用的一种温度检测器,其主要特点是测量精度高,性能稳定。其中铂热电阻的测量精确度是最高的,它不仅广泛应用于工业测温,而且被制成标准的基准测温仪器。

3.2.3.1　热电阻测温原理及材料

热电阻测温是基于金属导体的电阻值随温度的增加而增加这一特性来进行温度测量的。热电阻大都由纯金属材料制成,目前应用最多的是铂和铜金属,此外,现在已开始采用镍、锰和铑等材料制造热电阻。

(1)铂电阻阻值与温度的关系 在−200～0℃范围,温度为 t 时的阻值 R_t 的表达式为

$$R_t = R_0[1 + At + Bt^2 + C(t+100)t^3]$$

在温度为 0～850℃ 范围内

$$R_t = R_0[1 + At + Bt^2]$$

式中:$A = 3.90802 \times 10^{-3}℃^{-1}$;$B = -5.802 \times 10^{-7}℃^{-2}$;$C = -4.27350 \times 10^{-12}℃^{-4}$。

铂电阻阻值与温度的分度关系由上面两式决定。

(2)铜电阻阻值与温度的关系 在−50℃～150℃ 范围内,温度 t 与阻值 R_t 的关系式为

$$R_t = R_0(1 + At + Bt^2 + Ct^3)$$

在温度为 0～100℃ 范围内时,可以认为 R_t 与 t 呈线性关系,即

$$R_t = R_0(1 + \alpha t)$$

式中:$A = 4.28899 \times 10^{-3}℃^{-1}$;$B = -2.133 \times 10^{-7}℃^{-2}$;$C = 1.233 \times 10^{-9}℃^{-3}$。

热电阻的基本材料有铂、铜和镍等金属,其阻值随温度的升高而增大,这是热电阻的主要功能。一般来讲,在热电阻的额定值很大时,可以使系统误差达到最小。

表 3-12 所示的为常见的热电阻材料的电阻系数(20℃)。金属的电阻系数越低,使用时所需的材料越多。由于金和银的电阻系数较低,很少作为热电阻元素使用。钨的电阻系数相对较高,但主要用于温度非常高的情况,因为钨易碎,难以处理。

表 3-12　常见的热电阻材料的电阻系数　　　　　　　　　　　μΩ·cm

金属	电阻系数
金(Au)	2.4
银(Ag)	1.64
铜(Cu)	1.724
铂(Pt)	9.85
钨(W)	4.37
镍(Ni)	108

铜偶尔作为热电阻材料使用。铜的电阻系数低,但其线性度好,成本低,其温度上限仅在 120℃。

最常用的热电阻是由铂、镍或镍合金制成的,在有限的温度范围内使用,其线性度非常低,一般会随着时间变化。

铂电阻有很好的稳定性和测量精度,测量范围宽,但价格高。铜电阻测量范围窄。铂和铜电阻已经标准化。在 0℃ 时,铂电阻 $R_0 = 100\ \Omega$,铜电阻 $R_0 = 50\ \Omega$。

热电阻的阻值 R_t 与温度之间的关系可以列表表示,可以用图表示,也可以用公式表示,常用热电阻的技术性能见表 3-13。

表 3-13 常用热电阻的技术性能

名称		分度号	温度范围 /℃	0℃时的电阻值 R_0/Ω	电阻比 (R_{100}/R_0)	主要特点
标准热电阻	铂电阻 (WZP)	Pt100	−200~850	10±0.01	1.385±0.001	测量精度高,稳定性好,可作为基准仪器
		Pt50		50±0.05	1.385±0.001	
		Pt100		100±0.1	1.385±0.001	
	铜电阻 (WZC)	Cu50	−50~150	50±0.05	1.428±0.002	稳定性好,便宜;但体积大,机械强度较低
		Cu100		100±0.1	1.428±0.002	
特种热电阻	镍电阻 (WZN)	Ni100	−60~180	100±0.1	1.617±0.003	灵敏度高,体积小;但稳定性和复制性较差
		Ni300		300±0.3	1.617±0.003	
		Ni500		500±0.5	1.617±0.003	

3.2.3.2 热电阻的结构

从热电阻的测温原理可知,被测温度的变化是直接通过热电阻阻值的变化来测量的,因此,热电阻体的引出线等各种导线电阻的变化会给温度测量带来影响。铂电阻的常用电阻值在 10 到数千欧之间,一个最常用的电阻值是 0℃时 100 Ω。铂线的标准温度系数是 $\alpha=0.00385℃^{-1}$。

标准温度系数 α 是铂热电阻在水的冰点和沸点之间每单位温度的平均电阻值变化。中国 GB/T 30121—2013 采用的温度系数为 0.003851℃$^{-1}$。温度系数的计算过程如下:

$$\alpha=\frac{R_{100}-R_0}{R_0\times100}$$

沸点 100℃时的阻值 $R_{100}=138.51$ Ω,冰点 0℃时的阻值 $R_0=100$ Ω,将二者差值 38.51 除以标称电阻 R_0,再除以 100℃,结果就是平均温度系数 α。

α 值实际上是 0~100℃的平均斜率。在铂电阻标准中使用的是化学纯度更高的铂线,$\alpha=+0.00392℃^{-1}$,斜率和绝对值都是很小的数值,特别是在引到传感器的测量线可能是几欧,甚至是几十欧时,很小的引线阻抗也可能会给温度测量导致明显的误差。

引线的温度系数也有可能导致测量误差。为消除引线电阻的影响,典型的方法是使用电桥(图 3-26)。

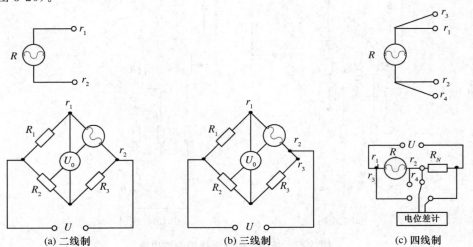

(a) 二线制　　　　　　　(b) 三线制　　　　　　　(c) 四线制

图 3-26 热电阻引出线的接线方法

3.2.3.3 热电阻测温系统的组成

热电阻测温系统一般由热电阻、连接导线和显示仪表等组成。必须注意以下两点：

①热电阻和显示仪表的分度号必须一致；

②为了消除连接导线电阻变化的影响，必须采用三线制接法。

（1）二线制　在铂热电阻的两端各连接 1 根导线来引出电阻信号的方式叫二线制。这种引线方法简单，但在实际测量过程中，无法消除引线电阻的影响，因此，这种引线方式只适用于测量准确度较低的场合。二线制接法如图 3-27(a) 所示，导线的分布电阻为 R_w。

由于 2 个 R_w 都加在电桥的 bc 桥臂上，因此，当环境温度变化引起 R_w 的变化会给测量带来较大的误差。例如，用 Cu 50 型铜电阻元件测量温度，在规定条件下铜导线的电阻为 5 Ω，仪表指示被测温度为 40℃。此时若环境温度变化 10℃，则二线制连接的导线会给测量值带来约 2℃ 的误差。

（2）三线制　在铂热电阻根部的一端连接 1 根引线，根部的另一端连接 2 根引线的方式称为三线制，这种方式通常与电桥配套使用，可以部分消除引线电阻的影响，是工业过程控制中最常用的接线方式。三线制接法如图 3-27(b) 所示。热电阻元件与动圈式温度指示仪之间的连接采用 3 根铜导线，即将电桥的 b 点移至 R_t 的一端。此时即将 2 个 R_w 分别分配到电桥的 bc 与 bd 两个桥臂上。因为制作时已保证 3 根导线的材料、直径与长度完全相同，两臂上的 R_w 相等。当环境温度变化时将使 bc 与 bd 两个桥臂上的电阻发生大小和方向相同的变化，因此，由此而产生的测量误差比二线制接法明显减小。比如同样采用 Cu 50 型铜电阻元件测量温度为 40℃，环境温度变化 10℃ 时，其接线引起的误差会下降到 0.1℃ 以下。

平衡电桥法测量电阻是最常用的方法。设电桥的对臂电阻各为 R_t，R_1 和 R_2，R_3，则在电桥平衡时，电阻间的关系为 $R_t = R_2 R_3 / R_1 = k R_3$。$k$ 为 R_2 和 R_1 的比值，为比例系数；R_t 的值可由读数臂 R_3 读得。为了消除连接导线的电阻所引起的误差，可使用带有补偿连线的二线或三线制电桥。

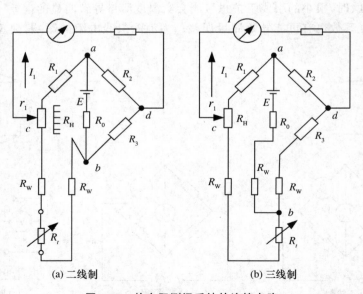

(a) 二线制　　　　　　(b) 三线制

图 3-27　热电阻测温系统的连接电路

（3）四线制　在铂热电阻的根部两端各连接2根导线的方式称为四线制，其中2根引线为铂热电阻提供恒定电流，再通过另2根引线测量热电阻的端电压。这种方式可完全消除引线的电阻影响，主要用于高精度的温度测量。标准铂电阻温度计全都采用四线制。

热电偶使用中的注意事项同样适用于热电阻，即使用屏蔽和双绞线，使用适当的铠装，避免压力和急剧梯度，使用大的延长线等等。此外，还应注意下述事项。

①结构：热电阻有时要比热电偶更容易破碎，必须采取措施进行保护。

②自热：与热电偶不同的是，热电阻不是自己供电的，电流必须流经器件，提供可以测量的电压。电流使热电阻内部发热，导致测量误差。因此，必须注意电阻表提供的测量电流的幅度。在自由空气中，典型的自热误差值是每毫瓦 $1/2℃$，而浸入热传导介质中的热电阻将把热量分布给介质，因此，自热导致的误差将比较小。

3.2.3.4　基于热电阻传感器的测温实验

所有的热电阻传感器（RTD）通常采用红与黑或红与白的导线色彩组合，红色导线是激励导线，而黑色导线或白色导线是接地导线。绝大多数仪器为 RTD 测量提供相似的针脚配置。下例展示如何利用 NI 6009 RTD 模块（图 3-28）进行此类测量。

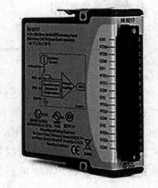

图 3-28　NI 6009 RTD 模块

RTD 是一个无源测量设备，必须为其提供激励电流，然后读出跨越其端子的电压，即可以利用简单的算法方便地将所读出的电压值转换为温度值。为了避免由流过 RTD 的电流导致的自热产生的测量误差，应尽可能地最小化该激励电流。常用的有 3 种不同的利用 RTD 测量温度的方法。

（1）2-线 RTD 信号连接　将 RTD 的红色导联与激励源的正极相连，利用跳线将激励源的正极针脚与数据采集设备的正通道相连。将 RTD 的黑色（或白色）导联与激励源的负极相连，利用跳线将激励源的负极针脚与数据采集设备的负通道相连。

在 2-线 RTD 测量方法中，给 RTD 施加激励电流的 2 根导线与测量 RTD 电压所使用的 2 根导线相同。利用 RTD 获取温度读数的最便捷的方式是使用二线制测量方法；然而，该方法的不足在于导线的导联阻抗较高，因此所测得的电压将会显著高于 RTD 本身所承载的电压（图 3-29）。

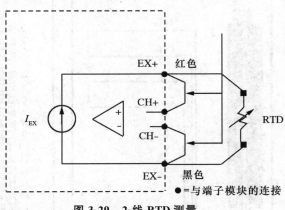

图 3-29　2-线 RTD 测量

（2）3-线 RTD 信号连接　将 RTD 的红色导联与激励源的正极相连，利用跳线将激励源的正极针脚与数据采集设备的正通道相连。将 RTD 的黑色（或白色）导联之一分别与激励源的负极、负通道相连。图 3-30 描述了测量所需的外部连接以及 NI 6009 模块的针脚引线。

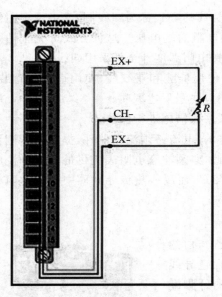

Module	Terminal	Signal
	0	EX0
	1	RTD0+
	2	RTD0-
	3	COM
	4	EX1
	5	RTD1+
	6	RTD1-
	7	COM
	8	EX2
	9	RTD2+
	10	RTD2-
	11	COM
	12	EX3
	13	RTD3+
	14	RTD3-
	15	COM

图 3-30　3-线 RTD 测量

（3）4-线 RTD 信号连接　如欲连接该 RTD,仅需要将位于其阻抗部分的正极边的每个红色导联分别与激励源的正极和数据采集设备的正通道相连。将位于其阻抗部分的负极边的每个黑色(或白色)导联分别与激励源的负极和数据采集设备的负通道相连。来自 2-线 RTD 的 2 根额外的导联提高了所能达到的精度。图 3-31 描述了该测量所需的外部连接以及 NI 6009 RTD 模块的针脚引线。

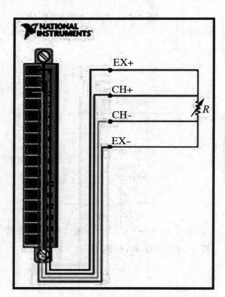

Module	Terminal	Signal
	0	EX0
	1	RTD0+
	2	RTD0-
	3	COM
	4	EX1
	5	RTD1+
	6	RTD1-
	7	COM
	8	EX2
	9	RTD2+
	10	RTD2-
	11	COM
	12	EX3
	13	RTD3+
	14	RTD3-
	15	COM

图 3-31　4-线 RTD 测量

4-线 RTD 测量方法的优点在于免受导线阻抗的影响,因为这些导线位于通往电压测量设备的高阻抗通路上。因此,可以获得更精确的 RTD 负载电压的测量值。

基于 NI LabVIEW 可查看上述测量结果:一旦完成传感器与测量仪器的连接,就可以利用 LabVIEW 图形化编程软件,根据需要可视化处理数据并对其进行分析处理,如图3-32所示。

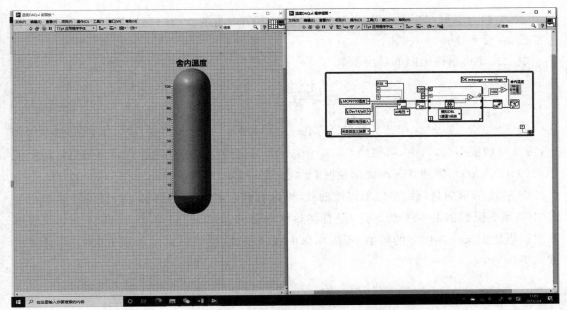

图 3-32　LabVIEW RTD 测量

3.2.4　热敏电阻测温

3.2.4.1　热敏电阻特性

与热电阻一样,热敏电阻也是对温度敏感的电阻。热电偶是最通用的温度传感器,热电阻是最稳定的温度传感器,而热敏电阻应该用灵敏来描述。在三大类传感器中,热敏电阻随着温度变化而参数变化最大。

热敏电阻是利用一些金属氧化物(半导体)按一定比例混合压制和烧结而成的固态感温器件。其利用电阻随温度变化而变化的特性来测量温度。热敏电阻根据其温度系数的正负极性,可分为正温度系数热敏电阻(PIC)和负温度系数热敏电阻(NTC)。大多数热敏电阻的温度系数是负的,它们的电阻会随着温度上升而下降。负温度系数可以大到每摄氏度百分之几,允许热敏电阻电路检测到温度中的细微变化,而在使用热电阻或热电偶电路时,是不能观察到这种细小变化的。

热敏电阻灵敏度高,体积小,热惯性小,价格低;但非线性严重,特性分散性大,稳定性较差,易老化。若要提高灵敏度,则使线性度下降。热敏电阻是一种极度非线性的器件,高度依赖于流程参数。

与热电阻相比,热敏电阻具有如下显著的优点:

①具有较大的负电阻温度系数,一般为−3%～6%,因此灵敏度比较高;

②半导体材料的电阻率远比金属材料大得多,因此热敏电阻的体积可非常小,同时热惯性较小,适合用于测量点温度与动态温度。

根据半导体理论,热敏电阻的阻值 R 与温度 $T(\mathrm{K})$ 的关系式为

$$R=R_0 \cdot \exp[\beta(1/T-1/T_0)]$$

式中:R_0 为热力学温度为 T_0 时的电阻值,其值约为铂电阻的 10 倍,因此有较高的灵敏度;β 为常数,一般为 3 000~5 000。

由上式便可求得电阻的温度系数

$$\alpha=\frac{\mathrm{d}R/\mathrm{d}T}{R}=-\frac{\beta}{T^2}$$

若 $T=273.16+20=293.16(\mathrm{K})$,则 $\alpha=-3.96\times10^{-2}$,其绝对值相当于铂电阻的 10 倍,可见灵敏度很高,目前,可测到 0.001~0.0005℃ 的微小温度变化。并且热敏电阻的阻值很大(3~700 kΩ),即使在远距离测量时,导线电阻的影响相对也较小。

图 3-33 所示的是热敏电阻的温度曲线,可以看到电阻-温度曲线是非线性的。虽然图 3-33 中热敏电阻数据以 10℃ 为增量,但有些热敏电阻可以以 5℃ 甚至 1℃ 为增量。如果想要知道两点之间某一温度下的阻值,可以用该曲线来估计,也可以直接计算出电阻值,计算公式如下。

$$\frac{R_T}{R_{2s}}=\mathrm{e}^{A+\frac{B}{T}+\frac{C}{T^2}+\frac{D}{T^3}}$$

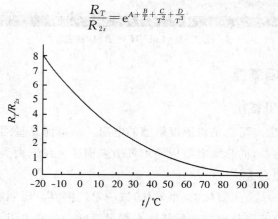

图 3-33　热电阻温度变化曲线

式中:T 为热力学温度,K;A,B,C,D 是常数,根据热敏电阻的特性而各有不同,这些参数由热敏电阻的制造商提供。

热敏电阻一般有一个误差范围,用来规定样品之间的一致性。根据使用的材料不同,误差值通常在 1%~10%。

3.2.4.2　热敏电阻温度计

图 3-34 所示的为热敏电阻温度计的结构,图 3-35 所示的是利用热敏电阻测量温度的典型电路。电阻 R_1 将热敏电阻的电压拉升到参考电压,一般它与 ADC 的参考电压一致,因此,如果 ADC 的参考电压是 5 V,V_{ref} 也将是 5 V。热敏电阻和电阻串联产生分压,其阻值变化使得节点处的电压也产生变化,该电路的精度取决于热敏电阻和电阻的误差以及参考电压的精度。

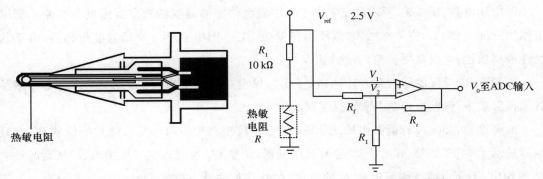

图 3-34　温度传感器剖面图　　　　　图 3-35　热敏电阻测量温度电路

3.2.4.3　自热问题

由于电流流过热敏电阻时会产生热量,电路设计人员应确保拉升电阻足够大,以防止热敏电阻自热过度,否则系统测量的是热敏电阻发出的热,而不是周围环境的温度。

热敏电阻消耗的能量对温度的影响用耗散常数来表示,它指将热敏电阻温度提高至比环境温度高 1℃所需要的功率(mW)。耗散常数因热敏电阻的封装、管脚规格、包封材料及其他因素不同而不同。

系统所允许的自热量及限流电阻大小由测量精度决定,测量精度为±5℃的测量系统比精度为±1℃的测量系统可承受的热敏电阻自热要大。

应注意必须对拉升电阻的阻值进行计算,以限定整个测量温度范围内的自热功耗。给定电阻值以后,由于热敏电阻阻值变化,耗散功率在不同温度下也有所不同。

3.2.4.4　应用实例

(1)PN 结温度传感器

①基本工作原理:晶体二极管的 PN 结电压随温度变化而变化,例如,硅管 PN 结的电压在温度每升高 1℃时,约下降 1 mV。一般可直接采用二极管(如 1N4188)来作为 PN 结温度传感器。这种传感器有较好的线性度,热时间常数为 0.2～2 s,灵敏度高,其测温范围为 −50～150℃,其温度与压降的关系的典型值如图 3-36 所示。

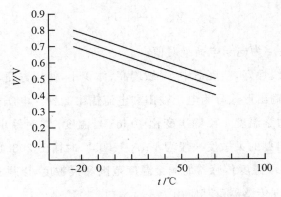

图 3-36　PN 结温度传感器的温度曲线

②应用电路:图 3-37 所示的是利用 PN 结温度传感器测温的数字式温度计线路。测温范围为 −50～150℃,在 0～100℃ 范围内精度为 1℃。图中 D 为 PN 结温度传感器,由于其特性的离散性,电路需要调整,方法如下:

a. 调零:广口保温瓶内装入碎冰碴(带水),保温瓶内温度为 0℃。把 PN 结温度传感器放入保温瓶中,调整电传器 W_1 使温度指示为 000.0。

b. 调增益:如果没有恒温水槽或油槽,可把 D 放于沸水中(100℃),调整电位器 W_2 使显示器显示 100.0℃。图 3-38 中运放 A_2 是跟随器,调整 W_2 也就改变了反馈系数,从而调整了 A_2 的输出,因而也就改变了运放 A_1 的输出,A_1 用作加法器。

通过 D 的电流一般为 100～300 μA,不可过大,否则会因 D 发热而影响精度。调零和调增益应反复进行多次。

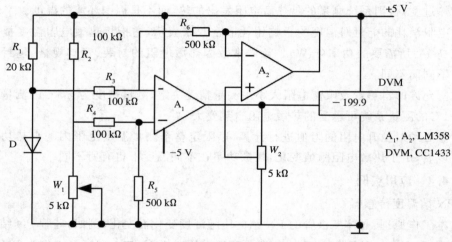

图 3-37　PN 结温度传感器应用电路之一

(2)集成温度传感器　集成温度传感器实质上是一种半导体集成电路,它利用晶体管的 PN 结压降的不饱和值 V_{RE} 与热力学温度 T 和发射极电流 I 的下述关系实现对温度的检测。

$$V_{RE} = \frac{kT}{e}\ln I$$

式中:k 为波尔兹曼常数;e 为电子电荷绝对值。

集成温度传感器的线性好,精度适中,灵敏度高,体积小,使用方便,得到了广泛的应用。

集成温度传感器的输出形式分为电压输出和电流输出 2 种。电压输出型的灵敏度一般为 10 mV(温度变化热力学温度 1 K 输出变化 10 mV),温度 0℃ 时输出为 0,温度 25℃ 时输出 2.981 5 V。电流输出型的灵敏度一般为 1 $\mu A/K$,25℃ 时输出 298.15 mV。

表 3-14 列出一些集成温度传感器的测量温度范围和灵敏度,以供选用时参考。下面重点介绍几种常用集成温度传感器及其应用。

表 3-14　几种集成温度传感器

型号	厂名	测温范围/℃	封装	输出形式	温度系数	其他
XC616A	NEC	−40～+125	TO-5(4 端)	电压型	10 mV/℃	内有稳压和运放
XC615C	NEC	−25～+85	8 脚 DIP	电压型	10 mV/℃	内有稳压和运放
XC6500	NS	−55～+85	TO-5(4 端)	电压型	10 mV/℃	内有稳压和运放
XC5700	NS	−55～+85	TO-46(4 端)	电压型	10 mV/℃	内有稳压和运放
XC3911	NS	−25～+85	TO-5(4 端)	电压型	10 mV/℃	内有稳压和运放
LM134	NS	−55～+125 0～+70	TO-46(3 端) TO-92	电流型	10 μA/℃	
AD590	AD	−55～+150	TO-52(3 端)	电流型	10 μA/℃	
ref-02	PM1	−55～+125	TO-5(8 端)	电压型	2.1 mV/℃	
AN6701		−10～−80		电压型	110 mV/℃	
LM35	AD	−35～−150	TO-46 及 TO-92	电压型	10 mV/℃	

AN6701 是一种高灵敏度、线性度好、精度高、响应比较快的集成温度传感器,其特点是被测温度为零时对应的输出电压可以通过外电阻 R_C 调整。

AD590 是美国模拟器件公司生产的单片 IC 传感器。它的主要特性如下:

① 流过器件电流的读数(MA)等于器件所处环境温度的热力学温度(K)。即

$$\frac{I_T}{T} = 1 \qquad (\mu A/K)$$

式中:I_T 为流过器件(AD590)的电流,μA;T 为温度,K。

②AD590 的测温范围为 −55～150℃。

③AD590 的电源电压范围为 4～30 V。电源电压从 4 V 到 6 V,电流 I_T 变化 1 μA,相当于 1 K。传感器可以承受 44 V 正向电压和 20 V 反向电压,因而器件反接也不会损坏器件。

④输出电阻为 710 MΩ。

⑤精度高。

AD590 在出厂前已经较准,精度高。AD590 共有 I,J,K,L,M 5 挡。其中 M 挡精度最高,在 −55～150℃ 范围内,非线性误差在 ±0.3℃。I 挡误差较大,误差为 ±10℃,应用时应校正。

由于 AD590 的精度高,价格低,不需辅助电源,线性好,因此,常用于测温和热电偶的冷端补偿。

图 3-38 所示的是 AD590 的封装和 AD590 的基本应用电路,是用于测量热力学温度的电路。因为流过 AD590 的电流与热力学温度成正比,如果两个电阻之和为 1 kΩ,那么输出电压 V_0 为 1 mV/K。但 AD500 的增益有偏差,电阻也有误差,因此电路应经常调整。调整的方法与前述对 PN 结温度传感器调整方法中所述的相同,即把 AD590 放入冰水混合物中,调整电位器,使 $K=273.2$ mV。或在室温下,例如 25℃ 条件下调整电位器使 $V_0=273.2+25=298.2$ mV。但这样调整,只可保证在 0℃ 或 25℃ 附近有较高精度。

图 3-39 所示的是用于测量摄氏温度的电路。图中用电位器 R_0 调零点,用 R_2 调增益,方法如下:在 0℃时,调整 R_1 使输出 $V_0 = 0$。然后在 100℃时,调 R_2 使 $V_0 = 100$ mV。然后反复调整多次,直至 0℃时 $V_0 = 0$ V,100℃时 $V_0 = 100$ mV 为止。最后在室温下进行校验。例如,在室温为 25℃,那么 V_0 应为 25 mV。0℃和 100℃环境的产生用冰水混合物和沸水调节。即冰水混合物是 0℃环境,沸水为 100℃环境。

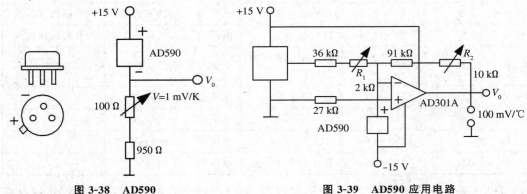

图 3-38 AD590   图 3-39 AD590 应用电路

如图 3-39 所示,如果要改变增益,比如使输出为 200 mV/℃,就要增大反馈电阻(图3-39中反馈电阻由 91 kΩ 电阻与电位器 R_2 串联而成)。AD590 是高精度集成稳压器,输入电压最大为 40 V,输出 10 V。图中运放应采用高输入阻抗运放,比如 LF355,LF356 等,否则会影响测量精度。图 3-29 中的应用电路采用了 AD301A。可以代替 AD301A 的还有 LM301A,MA301A 等,它们的功能、引脚排列和线路完成相同。

3.2.4.5 基于热敏电阻传感器的测温实验

由于热敏电阻是阻抗性设备,测试时需要对其施加一个激励源,然后读取流过终端的电压。该激励源必须保持恒定和较高的精度,接线时将热敏电阻以差分方式接入模拟输入通道以进行温度测量。换言之,须将热敏电阻连接到数据采集卡模拟输入通道的 $V+$ 和 $V-$ 端子。与热电阻接线方式相似,为降低测量误差,热敏电阻可根据误差大小的要求分别采用2-线、3-线或 4-线配置,其连接分别如图 3-40 所示。

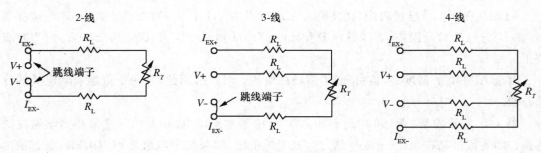

图 3-40 2-线、3-线与 4-线连接框图

当存在多于 2 条的连线时,这些额外的连线仅用于与激励源的连接。在 3-线或 4-线连接方法中,连线被纳入跨越测量设备的高阻抗通路中,从而有效地降低了由连线阻抗(R_L)带来的误差。

将热敏电阻连接至测量设备的最简便的方法是采用 2-线连接(图 3-41)。在此方法中,给热敏电阻施加激励源的 2 根连线也可用于测量流过该传感器的电压。热敏电阻的标称阻抗非常高,故连线的阻抗不会影响其测量值的精度。2-线测量精度对于热敏电阻已足够,因而 2-线热敏电阻最为常用。

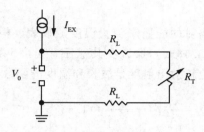

图 3-41 2-线连接

许多仪器具备与热敏电阻连接的多种可选方案。以 NI 6009 系列模块(图 3-28)为例,注意图 3-42 中连接框图的差分连接——2 条连线分别与热敏电阻的任一端和信号通道的正极端子或负极端子(这里是针脚 0 和针脚 1)相连。当利用此类型的传感器进行数据采集时,根据激励源的类型,可以指定激励电流(I_{EX})或激励电压(V_{EX})。

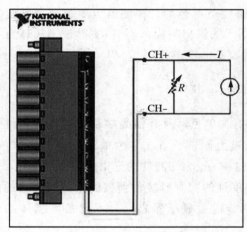

(a)电流激励源I_{EX}

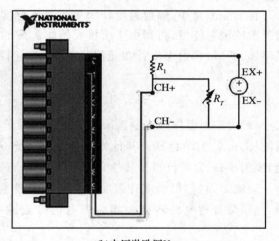

(b)电压激励源V_{EX}

图 3-42 带有不同外部激励的 NI 6009 的热敏电阻连接框图

热敏电阻两端的电压与温度并不是呈完美的线性关系。为了将热敏电阻的阻抗映射至温度,NI-DAQmx 驱动程序采用了 Steinhart-Hart 热敏电阻三阶近似公式,即

$$\frac{1}{T} = A + \frac{B}{R} + \frac{C}{R^3}$$

式中:T 为热力学温度,K;R 为测量所得的阻抗值,Ω;A,B 和 C 是由热敏电阻制造商提供的常数系数。

3.3.1 工作原理

辐射温度计是依据物体辐射的能量来测量温度的仪表。根据普朗克辐射理论,任何物体只要不处于绝对零度(−273.15℃),那么在其他任意温度下都存在热辐射。处于热平衡状态的黑体在半球方向的单色辐射出射度是波长和温度的函数,即

$$M_\lambda^0(T) = \frac{C_1}{\lambda^5} \cdot \frac{1}{e^{\frac{C_2}{\lambda T}} - 1} = 1.4388 \times 10^{-2} \, \text{m} \cdot \text{K}$$

式中:$M_\lambda^0(T)$ 为单色辐射出射度;λ 为真空中的波长,m;T 为黑体的热力学温度,K;C_1 为第一辐射常数,$C_1 = 3.7418 \times 10^{-16} \, \text{W} \cdot \text{m}^2$;$C_2$ 为第二辐射常数,$C_2 = 1.4388 \times 10^{-2} \, \text{m} \cdot \text{K}$。

在一定的波长下,黑体的单色辐射出射度是温度的单值函数,可以通过某一波长下的单色辐射出射度的测量来得出黑体的温度。这就是辐射测温学的理论基础,黑体辐射的普朗克定律。

在实际测量中,辐射温度计的单色器不可能是完全单色的。探测器也要求获得一定光谱范围的辐射能量,否则由于所接收的能量很小而无法做出响应。同时,实际被测物体也不是黑体,所以,辐射温度计在光谱范围 $[\lambda_1, \lambda_2]$ 内接收到的能量为

$$M_{\lambda_1 \lambda_2} = F \int_{\lambda_2}^{\lambda_1} \varepsilon_{\lambda T} M_\lambda^0 \tau_\lambda \mu_\lambda \, d\lambda$$

式中:F 为辐射温度计光学系统的常数几何因子;λ_1 为单色器及其他光学系统的光谱透过下限波长,m;λ_2 为单色器及其他光学系统的光谱透过上限波长,m;$\varepsilon_{\lambda T}$ 为被测物体的光谱(单色)发射率;τ_λ 为单色器及其他光学系统的光谱透过率;μ_λ 为探测器的光谱响应。

测温时,将辐射温度计瞄准被测物体,辐射温度计的探测器接收到被测物体所辐射的能量,经信号处理电路转换为相应的电信号或进一步通过显示器直接显示出被测物体的温度值。

3.3.2 全辐射温度计

全辐射温度计由辐射感温器、显示仪表及辅助装置构成,其工作原理如图 3-43 所示。被测物体的热辐射能量,经物镜聚集在热电堆(由一组微细的热电偶串联而成)上并转换成热电势输出,其值与被测物体的表面温度成正比,用显示仪表进行指示记录。图 3-43 中补偿光栏由双金属片控制,当环境温度变化时,光栏相应调节照射在热电堆上的热辐射能量,以补偿因温度变化影响热电势数值而引起的误差。

绝对黑体的热辐射能量与温度之间的关系为 $E_0 = \sigma T^4 (\text{W/m})$,但所有物体的全发射率 ε_T 均小于 1,则其辐射能量与温度之间的关系表示为 $E_0 = \varepsilon_T \sigma T^4 (\text{W/m})$。一般全辐射温度计选择黑体作为标准体来标定仪表,此时所测的是物体的辐射温度,即相当于黑体的某一温度 T_P。在辐射感温器的工作谱段内,当表面温度为 T_P 的黑体之积分辐射能量和表面温度

为 T 的物体之积分辐射能量相等时,即 $\sigma T_P^4 = \varepsilon_T \sigma T^4$,则物体的真实温度为

$$T = T_P \sqrt[4]{\frac{1}{\varepsilon_T}}$$

因此,当已知物体的全发射率 ε_T 和辐射温度计指示的辐射温度 T_P 时,就可算出被测物体的真实表面温度。

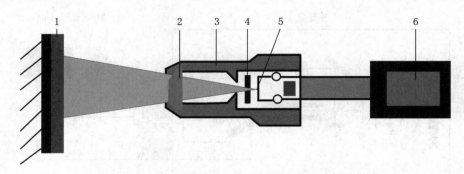

图 3-43　全辐射温度计的工作原理
1.被测物体;2.物镜;3.辐射感温器;4.补偿光栏;5.热电锥;6.显示仪表

(1)光学高温计和光电高温计　光学高温计是发展最早、应用最广的非接触式温度计之一。它结构简单,使用方便,测温范围广(700~3 200℃),一般可满足工业测温的准确度要求。目前,光学高温计广泛用于高温熔体、炉窑的温度测量,是冶金、陶瓷等工业上十分重要的高温仪表。

光学高温计是利用受热物体的单色辐射强度随温度升高而增加的原理制成的,其采用单一波长进行亮度比较,因而也称为单色辐射温度计。物体在高温下会发光,也就具有一定的亮度。物体的亮度 B_λ 与其辐射强度 E_λ 成正比,即 $B_\lambda = C \cdot E_\lambda$,式中 C 为比例系数。受热物体的亮度大小反映了物体的温度数值,因此,通常先得到被测物体的亮度温度,然后转化为物体的真实温度。

光学高温计的缺点是以人眼观察,并须用手动平衡,因此,不能实现快速测量和自动记录,且测量结果带有主观性。最近,由于光电探测器、干涉滤光片及单色器的发展,光学高温计在工业测量中的地位逐渐下降,正在被较灵敏、准确的光电高温计所代替。

在光学高温计基础上发展起来的光电高温计用光敏元件代替人眼,实现了光电自动测量。特点如下:
①灵敏度和准确度高;
②波长范围不受限制,可见光与红外范围均可,测温下限可向低温扩展;
③响应时间短;
④便于自动测量和控制,能自动记录和远距离传送。

(2)高温比色计　通过测量热辐射体在 2 个以上波长的光谱辐射亮度之比测量温度的仪表,称为比色温度计。

图 3-44 所示的为光电高温比色计的工作原理。被测对象经物镜 1 成像,经光栏 3 与光导棒 4 投射到分光镜 6 上,它使长波(红外线)辐射线透过,而使短波(可见光)部分反射。透过分光镜的辐射线再经滤光片 9 将残余的短波滤去,而后被红外光电元件硅光电池 10 接

收,转换成电量输出;由分光镜反射的短波辐射线经滤波片 7 将长波滤去,而被可见光硅光电池 8 接收,转换成与波长亮度成函数关系的电量输出。将这两个电信号输入自动平衡显示纪录仪进行比较得出光电信号比,即可读出被测对象的温度值。光栏 3 前的平行平面玻璃 2 将一部分光线反射到瞄准反射镜 5 上,再经反射镜 11、目镜 12 和棱镜 13,便能从观察系统中看到被观测对象的状态,以便校准仪器的位置。

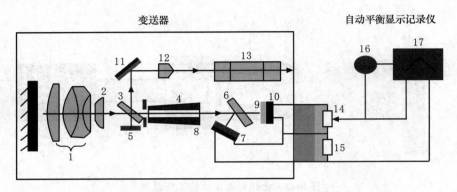

图 3-44 光电高温比色计的原理结构图

1. 物镜;2. 平行平面玻璃;3. 光栏;4. 光导棒;

5. 瞄准反射镜;6. 分光镜;7,9. 滤光片;8,10. 硅光电池;

11. 圆柱反射镜;12. 目镜;13. 棱镜;14,15. 负载电阻;

16. 可逆电动机;17. 放大器

这种高温计属非接触测量,量程为 $800 \sim 2\,000\,℃$,精度为 0.5%,响应速度由光电元件及二次仪表记录速度而定。其优点是测温准确度高,反应速度快,测量范围宽,可测目标小,测量温度更接近真实温度,环境的粉尘、水气、烟雾等对测量结果的影响小。其可用于冶金、水泥、玻璃等工业。

3.3.3 红外测温技术

红外测温技术在生产过程中,在产品质量控制和监测、设备在线故障诊断和安全保护以及节约能源等方面发挥重要作用。近 20 年来,非接触红外测温仪在技术上得到迅速发展,性能不断提高,功能不断增强,品种不断增多,适用范围也不断扩大,市场占有率逐年增长。

3.3.3.1 红外测温原理

红外测温仪由光学系统、光电探测器、信号放大器及信号处理、显示输出等部分组成。红外测温仪接收多种物体自身发射出的不可见红外能量,红外辐射是电磁频谱的一部分,它包括无线电波、微波、可见光、紫外、γ 射线和 X 射线。红外线位于可见光和无线电波之间,红外波长范围为 $0.7 \sim 1\,000\,\mu m$,一般 $0.7 \sim 14\,\mu m$ 波段用于红外测温。

光学系统汇集其视场内的目标红外辐射能量,视场的大小由测温仪的光学零件以及位置决定。红外能量聚焦在光电探测仪上并转变为相应的电信号。该信号经过放大器和信号处理电路按照仪器内部的算法和目标发射率校正后转变为被测目标的温度值。除此之外,还应考虑目标和测温仪所在的环境条件,如温度、气流、污染和干扰等因素对性能指标的影响及修正方法。

选择红外测温仪可从性能指标方面考虑,如温度范围、光斑尺寸、工作波长、测量精度、窗口、显示和输出、保护附件等;也要兼顾其他方面,如方便使用、维修和校准性能以及价格等。随着技术的不断发展,可供选择的各种性能的红外测温仪种类更加丰富。

3.3.3.2 红外测温仪器

(1)红外探测器 是红外探测系统的关键元件。目前已研制出几十种性能良好的探测器,大体可分为两大类。

①热探测器:其工作原理基于热电效应,即入射辐射与探测器相互作用时引起探测元件的温度变化,进而引起探测器中与温度有关的电学性质变化。常用的热探测器有热电堆型、热释电型及热敏电阻型。

②光探测器(量子型):光敏电阻器是利用半导体的光电效应制成的一种电阻值随入射光的强弱而改变的电阻器,又称为光探测器;其工作原理基于光电效应,即入射辐射与探测器相互作用时激发电子。光探测器的响应时间比热探测器短得多。常用的光探测器有光导型(即光敏电阻型)及光生伏特型(即光电池)。

目前,我国用于辐射测温的探测器已有长足发展,如硅光电池、钽酸钾热释电元件、薄膜热电堆热敏电阻及光敏电阻等。

(2)红外测温仪 其工作原理如图 3-45 所示,被测物体的热辐射线由光学系统聚焦,经光栅盘调制为一定频率的光能,落在热敏电阻探测器上,经电桥转换为交流电压信号,放大后输出显示或记录。光栅盘由 2 片扇形光栅板组成,1 块固定,1 块可动,可动板由光栅调制电路控制,并按一定频率正、反向转动,实现开(透光)、关(不透光),使入射线变为一定频率的能量作用在探测器上。表面温度测量范围为 0～600℃,时间常数为 4～10 ms。

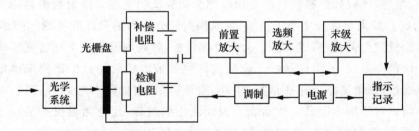

图 3-45 红外测温仪工作原理

(3)红外热像仪 其工作原理(图 3-46)基于被测物体的红外热辐射,能在宽温域进行无接触、无损、实时、连续的温度测量。被测物体的温度分布形成肉眼看不见的红外热能辐射,经红外热像仪转化为图像。光学系统收集辐射线,经滤波处理后将景物图形聚集在探测器上,光学机械扫描包括 2 个扫描镜组:垂直扫描器和水平扫描器。扫描器位于光学系统和探测器之间,当镜子摆动时,从物体到达探测器的光束也随之移动,物点与物像互相对应。然后探测器将光学系统逐点扫描所依次搜集的景物温度空间分布信息,转变为按时序排列的电信号,经过信号处理后,由显示器显示出可见图像——物体温度的空间分布情况。

目前许多国家都已有热像仪的产品出售。如日本的 JTG-JA 型热像仪,其测温范围为 0～1 500℃,并分为 3 个测量段:0～180℃,适于测量机床温度场;100～500℃ 和 300～

1 500℃,适于测量工件或刀具的温度场。瑞典的 AGA680 型热像仪,温度分辨率为 0.2℃,视场为 20°×25°。美国 Barnes 公司的 74C 型热像仪也达到较高的水平。我国研制的红外热像仪已用于机械设备的热变形研究中。

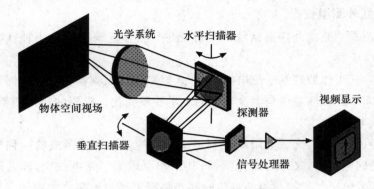

图 3-46 红外热像仪的工作原理

3.3.3.3 红外测温仪的选择原则

(1)确定测温范围 测温范围是测温仪最重要的一个性能指标,如 Raytek 产品的覆盖范围为 −46~3 000℃,但这不能由一种型号的红外测温仪来完成。每种型号的测温仪都有自己特定的测温范围,因此,用户的被测温度范围一定要考虑准确、周全,既不要过窄也不要过宽。一般来说,测温范围越窄,监控温度的输出信号分辨率越高,精度越可靠;测温范围过宽,会降低测温精度。

(2)确定目标尺寸 红外测温仪根据其原理可分为亮度测温仪和辐射比测温仪。对于亮度测温仪,在进行测温时,被测目标面积应充满测温仪的视场。建议被测目标尺寸超过视场的 50% 为好。如果目标尺寸小于视场,背景辐射就会进入测温仪的视场,使光学系统汇聚的红外辐射能量发生偏差,造成误差。为了对准目标,须在测温仪内部配置光学瞄准或激光瞄准。对于比色测温仪,其温度是由 2 个独立的波长带内辐射能量的比值来确定的。因此当被测目标很小,测量通路上存在烟雾、尘埃、阻挡,对辐射能量有衰减时,都会对测量结果产生重大影响。对于细小而又处于运动或振动之中的目标,比色测温仪是最佳选择。这是由于光线直径小,有柔性,可以在弯曲、阻挡和折叠的通道上传输光辐射能量。

(3)确定距离系数(光学分辨率) 距离系数由 $D:S$ 确定,即测温仪探头到目标之间的距离与被测目标直径之比。如果测温仪远离目标,而目标又小,就应选择高距离系数的测温仪。

对于固定焦距的测温仪,在光学系统焦点处为光斑最小位置,近于和远于焦点位置光斑都会增大。因此,为了能在接近和远离焦点的距离上准确测温,被测目标尺寸应大于焦点处光斑尺寸。变焦测温仪有一个最小焦点位置,可根据到目标的距离进行调节。增大 $D:S$,接收的能量就减少,如不增大接收口径,距离系数 $D:S$ 难以增加,就要增加仪器成本。

(4)确定波长范围 目标材料的发射率和表面特性决定测温仪的光谱相应波长对于高反射率合金材料,有低的或变化的发射率。在高温区,测量金属材料的最佳波长是近红外,波长可选用 0.8~1.0 μm。其他温区波长可选用 1.6 μm,2.2 μm 和 3.9 μm。由于有些材料在一定波长上是透明的,对这种材料应选择特殊的波长。如测量玻璃内部温度,波长选用 $1.0\ \mu m$,$2.2\ \mu m$ 和 $3.9\ \mu m$(被测玻璃要很厚,否则会透过);测玻璃表面温度,波长选用 $5.0\ \mu m$;测低温区,波长选用 $8\sim14\ \mu m$ 为宜。如测量聚乙烯塑料薄膜,波长选用 $3.43\ \mu m$,测量聚酯类塑料薄膜,波长选用 $4.3\ \mu m$ 或 $7.9\ \mu m$,厚度超过 $0.4\ mm$ 的,波长选用 $8\sim14\ \mu m$。如测火焰中的 CO,波长选用窄带 $4.64\ \mu m$,测火焰中的 NO_2,波长选用 $4.47\ \mu m$。

(5)确定响应时间　响应时间表示红外测温仪对被测温度变化的反应速度,定义为到达最后读数的 95% 所需的时间,它与光电探测器、信号处理电路及显示系统的时间常数有关。响应时间主要根据目标的运动速度和目标的温度变化速度来确定。对于静止的目标或目标存在热惯性,或现有控制设备的速度受到限制,测温仪的响应时间的要求就可以放宽。

(6)信号处理功能　鉴于离散过程(如零件生产)和连续过程不同,所以要求红外测温仪具有多信号处理功能(如峰值保持、谷值保持、平均值)可供选用。

(7)环境条件考虑　测温仪所处的环境条件对测量结果有很大影响,会影响测温精度甚至引起损坏。当环境温度高,存在灰尘、烟雾和蒸汽的条件下,比色测温仪是最佳选择。在噪声、电磁场、震动和难以接近的环境条件下,或其他恶劣条件时,宜选择光线比色测温仪。

在密封的或危险的材料应用中(如容器或真空箱),测温仪通过窗口进行观测。窗口材料必须有足够的强度并能通过所用测温仪的工作波长范围,其对辐射能量的衰减吸收应加以补偿。

当测温仪工作环境中存在易燃气体时,可选用安全型红外测温仪,从而在一定浓度的易燃气体环境中进行安全测量和监视。

3.3.3.4　测温精度

采用红外仪器测温时,被测物体发射出的红外能量通过测温仪的光学系统在探测器上转换为电信号,该信号将温度读数显示出来。决定精确测温的重要因素包括发射率、视场、到光斑的距离和光斑的位置。

(1)发射率　所有物体都会反射、透过和发射能量,其中只有发射的能量能指示物体的温度。当红外测温仪测量表面温度时,仪器能接收到所有上述 3 种能量,测量误差通常是由其他光源反射的红外能量引起的。因此,所有测温仪必须调节为只读出发射的能量。

(2)距离与光斑之比　红外测温仪的光学系统从圆形测量光斑收集能量并聚焦在探测器上,光学分辨率定义为仪器到物体的距离与被测光斑尺寸之比($D:S$)。比值越大,仪器的分辨率越高,且被测光斑尺寸也就越小。激光瞄准只用于帮助瞄准测量点。

红外光学的最新改进增加了近焦特性,可为小目标区域提供精确测量,还可防止背景温度的影响。

(3)视场　确保目标尺寸大于仪器测量时的光斑尺寸,目标越小,就应离它越近。当要求高精度时,要确保目标尺寸至少 2 倍于光斑尺寸。

3.3.3.5　测温方法

为了测温,将仪器对准要测的物体,按触发器在仪器的 LCD 上读出温度数据,保证安排好距离和光斑尺寸之比及视场。用红外测温仪时应注意:

①只能测量表面温度(红外测温仪不能测量内部温度)。

②不能透过玻璃进行测温,玻璃有很特殊的反射和透过特性,无法精确读出红外温度读数。红外测温仪最好不用于光亮的或抛光的金属表面的测温(不锈钢、铝等)。

③定位热点时,仪器要瞄准目标,然后在目标上做上下扫描运动,直至确定热点。

④注意环境条件,蒸汽、尘土、烟雾等会阻挡仪器的光学系统而影响精确测温。

⑤如果测温仪突然暴露在环境温差为 20℃ 或更高的环境下,允许仪器在 20 min 的时间内调节到新的环境温度。

习题

1.什么是温度滞后?为什么会发生温度滞后?

2.说明校准温度测量仪器的 3 种方法。

3.某液体的摄氏温度为 80℃,它的华氏温度、绝对温度各为多少?

4.双金属温度计与玻璃管液体温度计相比,其优点是什么?

5.参照玻璃温度计,解释局部浸没式温度计及全部浸没式温度计的区别。

6.记录压力式温度计的指针必须由能源来驱动,这个能源是什么?

7.对比玻璃管液体温度计,说明压力式温度计的优缺点。

8.简述热电三定律。

9.指出 3 种非贵重金属热电偶,说明其大致的测温的上限值和其他的特性。

10.在尘埃、油污、温度变化较大,伴有振动等干扰的恶劣环境下测量时,传感器的选用必须首先考虑(   )因素。

A.响应特性　　　　　B.灵敏度　　　　　　　C.稳定性　　　　　D.精确度

11.热敏电阻输出特性线形化处理方法包括(   )。

A.频率均化法　　　　B.线性化网络法　　　　C.计算修正法　　　D.补偿片法

12.你在下列哪种条件下使用裸式非贵重金属热电偶?

A.低气压下,最高温度为 1 000℃　　　　　B.氧化环境下,最高温度为 1 000℃。

13.为什么在测量热电偶产生的电动势时,一般多使用电位差计,而不用毫伏表去测量?说明使用电位差计的 3 个优点和 1 个缺点。

14.已知冷结处在 0℃ 时,铁-康铜热电偶的电动势为 45.5 mV,试求如果冷结的温度变为 20℃ 时相应的电动势。假设温度和电动势之间为线性关系,电动势随温度的变化关系为 $6×10^{-2}$ mV/℃。

15.测得铬镍-铝镍热电偶的电动势为 20.24 mV,冷结温度为 26.7℃,请查阅热电偶温度-电动势表格以确定其热结温度。

16.一种铁-康铜热电偶,冷结为 24℃ 时,加热使其电动势为 9.28 mV。若冷结为 0℃ 时电动势的指示应为多少?热结的温度为多少?请查阅热电偶温度-电动势表格。

17.解释三导线和四导线如何用于电阻温度计的电路中。

18.什么是热敏电阻?与其他电阻元件相比,它的显著特点是什么?

19.校准一个内阻为 1 200 Ω 的毫伏表,导线的电阻正确值为 40 Ω,由于连接上有问题,实际读出导线的电阻为 56 Ω,由导线电阻的增加而引起的百分误差为多少?

20.校准一个内阻为 8 Ω 的伏特计。导线电阻为 3 Ω,若导线电阻增加到 4 Ω,产生的百分误差为多少?试与题 19 的答案进行比较。

21.已知电阻温度计遵守下面的定律:

$$R = a + bt + ct^2$$

试验时,在 200℃ 时测得的电阻为 75.6 Ω,100℃ 时为 64.7 Ω,0℃ 为 59.9 Ω,求常数 a,b 和 c,若略去最后一项,在 100℃ 时的百分误差为多少?

22.试估计在 400 K 和 650 K 时,黑体在 10 μm 以上的辐射占全部辐射能的百分比。试述如何改变光测高温计测温的范围。

23.一个全辐射高温计测出一块热的金属的温度为 2 200℃,若金属表面的实际温度为 2 560℃,表面的发射率为多少?

24.对小物体输入的电能为 50 W,物体放在一个真空容器中,所以只有辐射热损失,它的表面温度为 100℃,环境温度为 0℃,表面积为 1.5 m²,在此条件下物体的发射率为多少?

25.用一个全辐射高温计对准一块热的金属,其所指示的温度为 1 540℃,若金属的发射率为 0.65,它的实际温度为多少?

26.测定一球形热电偶结的时间常数,直径为 0.8 mm。①当测量空气温度[h = 8.5 W/(m²·K)];②水的温度[h = 85 W/(m²·K)],C_p = 0.377 kJ/(kg·K),γ = 8 970 kg/m³。

估算热电偶放入 100℃ 的空气中与 100℃ 的水中,1 min 后的测量误差。热电偶的初始温度为 20℃。这个敏感元件是否能适应于测量环境迅速变化的空气温度?

27.半导体热敏电阻随着温度的上升,其阻值(　　　)。

A.下降　　　　　　　　B.上升　　　　　　　　C.保持不变　　　　　　　　D.变为零

28.非接触式测温法的特点包括(　　　)。

A.改变被测物体的温度分布　　　　　　　　B.热惯性小

C.动态测量反应快　　　　　　　　D.不受环境条件影响

29.若热电偶的两极材料相同,且 $T \neq T_0$,则热电偶(　　　)。

A.仅接触电势为零　　　　　　　　B.总的热电动势为零

C.仅单一导体的热电势为零　　　　　　　　D.有电势输出

第4章

辐射检测

在光辐射测量中,与能量有关的量有 2 类:一是物理的,即客观的,叫辐射度量学,简称辐射量;另一类是生理的,即主观的,叫光度量学,简称光度量。前者表示某辐射源客观上发射出的辐射能量的大小,后者表示人的视觉系统主观上感受到的那部分辐射能强度。也就是说,光辐射包括:紫外辐射、可见光和红外辐射的全部辐射能量,而人眼不仅把看不见的紫外辐射和红外辐射都排除在外,而且在数量上,人眼感受到的光辐射能也不等于看得见的那部分光辐射(可见光)的实际能量。

▶ 4.1 辐射机理与度量

4.1.1 辐射机理

4.1.1.1 电磁波与光辐射

根据麦克斯韦电磁场理论,若在空间某区域有变化电场 E(或变化磁场 H),在邻近区域将产生变化的磁场 H(或变化电场 E),这种变化的电场和变化的磁场不断地交替产生,由远及近以有限的速度在空间传播,形成电磁波。物体以电磁波方式向外传递能量的过程称为辐射,被传递的能量称为辐射能。根据物理学概念,光波是一种电磁波。光波能量传递就是电磁辐射,也叫光辐射,光辐射是以电磁波形式或粒子(光子)形式传播的能量,可用平面镜、透镜或棱镜之类的光学元件反射、成像或色散。

17 世纪,英国物理学家牛顿做了一个有趣的实验,他将太阳光通过窗户上的窄缝,射到房间里的白色墙上,出现了红、橙、黄、绿、青、蓝、紫 7 色组成的彩色光谱带,就像雨后天晴时空中美丽的彩虹,从此,揭开了光的秘密。

1800 年,英国天文学家威廉·赫舍尔用一块玻璃棱镜得到太阳光谱,用一只灵敏的温度计从紫色向红色方向移动,测量各种光的热效应,发现温度计的温度逐渐升高。出人意料的是把温度计移到太阳光的红色光谱边界以外的黑暗区域时,温度计指示的温度比红光区还要高得多。这一结果告诉人们,在太阳光谱的红色光线以外,还有一种看不见的光线存在,因而命名为红外线。科学研究得知,太阳光(波长为 $0.36\sim0.76\ \mu m$)光谱两头向外延伸都是不可见光波:紫光以外是紫外线(波长为 $0.18\sim0.36\ \mu m$),以及波长更短的 X 射线、γ 射线、宇宙射线;红光以外是红外线(近红外波长为 $0.76\sim1.5~\mu m$,中红外波长为 $1.5\sim5.6~\mu m$,远红外波长为 $5.6\sim1~000~\mu m$),以及波长更长的微波、无线电波。紧靠可见光的紫外线可灭菌消毒,对人体有益;波长更短的紫外线($\leqslant0.22~\mu m$)、X 射线、γ 射线、宇宙射线辐射,则对人体有害,严重时可致癌。紧靠可见光的红外线,能对人体产生有益的生物热效应;但波长更长的红外线($\geqslant200~\mu m$)、微波、无线电波辐射,吸收剂量过大,则对人体有害,其有害程度与辐射频率(Hz)有关。因此,控制电磁辐射频率和剂量,就可合理地利用电磁波,为人类服务。各种电磁波谱的波长分布如图 4-1 所示。

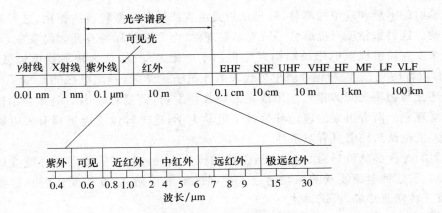

图 4-1 电磁波谱的波长分布

在电磁波谱中,光学谱段一般是指包括从波长为 10 nm 左右的远紫外到波长约 0.1 cm 的极远红外的范围,仅占电磁波谱的一个极小波段。波长小于 10 nm 的是 γ 射线、X 射线,而波长大于 0.1 cm 的属于微波和无线电波。一般按辐射波长及人眼的生理视觉效应将光辐射分成 3 部分:紫外辐射、可见光和红外辐射。在光学谱段内,又可以按照波长分为远紫外、近紫外、可见光、近红外、中红外、远红外和极远红外。由图 4-1 可知,光也是电磁波,其波长比较短。可见光谱段,即辐射能对人眼可产生目视刺激而形成光亮感的谱段,一般处在波长 380~780 nm 的范围,该光谱范围两端即人眼明视响应的近似极限。这个极限两端的界限不是很分明的,图中的波长范围只有近似的边界。从通常意义上讲,术语"光"是指对于人眼可见的 400~700 nm 波长范围的电磁波谱中的辐射。

4.1.1.2 热辐射

任何 0 K 以上温度的物体都会发射各种波长的电磁波,这种由于物体中的分子、原子受到热激发而发射电磁波的现象称为热辐射。热辐射与热传导过程不同,传播辐射热的气体介质本身仅吸收极少量的热,像光波一样,热辐射也是一种电磁波振动,不过其波长与光波和无线电波不同。很明显,热辐射也遵循光线辐射的所有规律。热辐射是沿直线进行的,它遵守反射定律和折射定律,并有偏光性,同时,辐射热的强度也与距离的平方成反比。

辐射能的载体是电磁波,辐射能以电磁波的形式传送,而电磁波的波长范围很宽,从 γ 射线、X 射线、紫外线、可见光、红外线到无线电波。具有热辐射性质的电磁波,包括人们肉眼可以觉察到的可见光(波长为 $0.4\sim0.8~\mu m$)和肉眼觉察不到的红外线(波长为 $0.8\sim100~\mu m$)。人们称这些射线为热射线,它们的传播过程称为热辐射。

热辐射仅是电磁波多种辐射形式中的一种,不论辐射形式如何,它们皆以光速进行传

播,其值等于辐射波长同频率的乘积,即

$$c = \lambda\nu$$

式中:c 为光速;λ 为波长;ν 为频率。

热辐射的传播是以不连续的量子形式进行的,每个量子的能量为

$$E = h\nu$$

式中:h 为普朗克常数,其值为 $6.62607015 \times 10^{-34} \text{J} \cdot \text{s}$。

关于辐射的本质和现象的解释,最早认为光沿直线传播是微粒流的作用,这种微粒是从光源发出的。这种微粒说只能解释一般光辐射现象,但不能解释所有光辐射现象,如绕射现象等。后来麦克斯韦根据电磁场结构理论提出了电磁波动说,认为辐射是电磁波输送的。20 世纪初,以普朗克、爱因斯坦和玻尔为代表的光量子论学派,指出电磁能是量子化的。量子论是描述光与物质之间的相互作用或光的吸收和发射,而麦克斯韦的电磁理论描绘和处理光的传播现象。两者组成的理论称为量子电动力学,这个理论也能解释有关电磁辐射现象,所以,人们也认为辐射具有双重性。

热辐射的过程显然可分为 3 个阶段:①热物体的表面或接近表面层的热能变成了电磁波状的振动;②这种电磁波状的振动透过了中间的空气传播;③在接受辐射热的物体的表面,电磁波又转变成热能,被该物体所吸收。

热辐射是以电磁波辐射的形式发射出能量,因此,温度的高低,决定于辐射的强弱。温度较低时,主要以不可见的红外光进行辐射,当温度为 300℃ 时,热辐射中最强的波长在 5×10^{-4} cm 左右,即在红外区。当物体的温度在 500~800℃ 时,热辐射中最强的波长成分在可见光区。例如,太阳表面温度为 6 000℃,它是以热辐射的形式经宇宙空间传给地球的。这是热辐射远距离传热的主要方式。近距离的热源,除对流、传导外,亦将以辐射的方式传递热量。热辐射有时也称为红外辐射,波长范围为 $0.7~\mu\text{m} \sim 1~\text{mm}$,为可见光谱中红光端以外的电磁辐射。各波长光辐射能量分布见图 4-2。

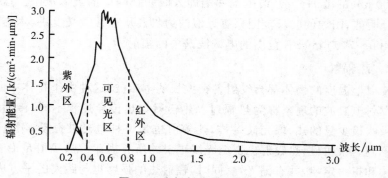

图 4-2　光辐射能量分布图

任何物体在绝对温度以上都能以电磁波的形式向周围辐射能量,这种电磁波是由物体内部的带电粒子在原子和分子内振动产生的。通常所说的热辐射,是指系统处于平衡状态下的辐射。如果某一系统从外界吸收的能量恰好能补偿因自身辐射而损失的能量,使辐射过程达到平衡时,称为平衡热辐射。对于辐射的度量不仅要考虑空间与时间因素,而且还应

考虑波长及辐射能的发射方向。波长从 $0.15\sim4~\mu m$ 各段辐射的能量分布如下:

$$0.15\sim4~\mu m \begin{cases} >0.76~\mu m~\text{红外线} & 43\% \\ 0.4\sim0.76~\mu m~\text{大气的热力作用} & 50\% \\ <0.4~\mu m~\text{紫外线} & 7\% \end{cases} \quad \boxed{\begin{array}{c}\text{能量主要}\\\text{集中在可}\\\text{见光部分}\end{array}} \rightarrow \boxed{\begin{array}{c}\text{短波}\\\text{辐射}\end{array}}$$

4.1.1.3 热辐射的基本定律

关于热辐射有 4 个重要规律:普朗克辐射分布定律、维恩位移定律、斯蒂芬-玻耳兹曼定律、基尔霍夫辐射定律。这 4 个定律有时统称为热辐射定律。

(1)普朗克辐射分布定律 如图 4-3 所示,热辐射能量取决于物体的温度。对于绝对黑体,它的单色辐射亮度 $L(\lambda,T)$ 与热力学温度 T 的关系,可依据普朗克定律用下式表示:

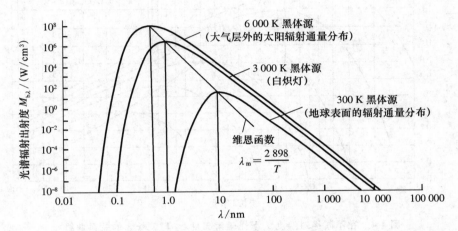

图 4-3 黑体辐射能量分布曲线

$$L(\lambda,T) = \frac{C_1}{\pi\lambda^5} \times \frac{1}{\exp\left(\dfrac{C_2}{\lambda T}-1\right)} \qquad [\text{W}/(\text{cm}^2 \cdot \mu m^1)]$$

式中:λ 是由物体发出的辐射波长;C_1 与 C_2 分别称为第一与第二辐射常数,它们的数值如下。

$$C_1 = 2\pi hc^2 = 3.741844 \times 10^{-12} \quad (\text{W} \cdot \text{cm}^2)$$

$$C_2 = \frac{hc}{k} = 1.438833 \quad (\text{cm} \cdot \text{K})$$

式中:c 为真空中的光速,$c = 2.99792458 \times 10^{10}~\text{cm/s}$;$h$ 为普朗克常数,$h = 6.62607015 \times 10^{-34}~\text{J} \cdot \text{s}$;$k$ 为玻耳兹曼常数,$k = 1.380649 \times 10^{-23}~\text{J/K}$

从理论上看,普朗克公式对任何温度都是适用的,但实际应用很不方便,因而在低温与短波下通常采用维恩公式。

在低温与短波下,即 $\dfrac{C_2}{\lambda} \gg 1$ 或者 $\dfrac{hc}{k} \gg \lambda T$ 时,普朗克公式便可简化为维恩公式:

$$L_0(\lambda,T) = \frac{C_1}{\pi}\lambda^{-5} e^{\frac{-C_2}{\lambda T}}$$

在温度 $T < 3\,000\,K$（白炽灯）和波长 $\lambda < 0.8\,\mu m$（可见光）范围内，能很好地满足 $\dfrac{C_2}{\lambda} \gg 1$ 的条件，因此，完全可以采用计算方便的维恩近似公式代替普朗克公式。

在高温与长波，即 $\dfrac{hc}{k} \ll \lambda T$ 的情况下，普朗克公式可用瑞利-琼斯公式代替：

$$L_0(\lambda, T) = 2ckT\lambda^{-1}$$

由此可见，在高温与长波的情况下，瑞利-琼斯公式与普朗克公式相近似；在低温与短波的情况下，维恩公式与普朗克公式相近似。图 4-4 为不同温度时光辐射亮度与波长的关系。

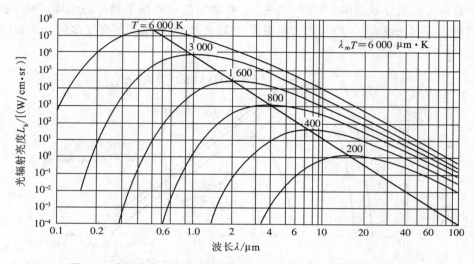

图 4-4　在不同绝对温度 T 下光辐射亮度 L_b 与波长 λ 的关系曲线

（2）维恩位移定律　由黑体的单色辐射亮度与波长、温度的关系曲线看出，在任意给定的温度下，曲线均有最大值。最大值所对应的波长称为峰值波长 λ_m，当黑体温度升高时，峰值波长向短波方向移动；反之，则向长波方向移动。黑体单色辐射亮度曲线峰值波长 λ_m 和温度 T 间的关系，可用维恩位移定律的数学表达式描述：

$$\lambda_m T = 2897.95 \qquad (\mu m \cdot K)$$

由上式可知：

当 $T = 3\,000\,K$ 时，$\lambda_m = 0.97\,\mu m$，峰值波长 λ_m 在红外区；

当 $T = 5\,000\,K$ 时，$\lambda_m = 0.60\,\mu m$，峰值波长 λ_m 在黄光区；

当 $T = 7\,000\,K$ 时，$\lambda_m = 0.40\,\mu m$，峰值波长 λ_m 在紫光区。

上述计算结果告诉我们，峰值波长随温度升高而向短波位移的规律与我们的日常生活经验是一致的。常温下，物体只发射红外线，人眼看不见，但皮肤有所感觉；当温度上升时，物体变成暗红色；再上升时，物体变红热，进而变黄，再达到白热。

如果能测出黑体单红辐射亮度的最大值对应的波长 λ_m，就可根据维恩位移定律算出这一黑体的温度。太阳表面的温度可用这种方法测得。亮度测温技术（如比色温度计）就是依据这一原理，通过对黑体单色辐射亮度的测量，准确地确定其温度。

[**例 1**] 如果太阳的峰值波长是 $475\,nm$，它表面的温度是多少？用摄氏温标计算。

解: 据维恩位移定律

$$T = \frac{2.8978 \times 10^{-3}}{\lambda} = \frac{2.8978 \times 10^{-3}}{475 \times 10^{-9}} = 6\,100(\text{K})$$

$$t = T - 273 = 6\,100 - 273 = 5\,827(\text{℃})$$

(3)斯蒂芬-玻耳兹曼定律(黑体辐射能) 图 4-5 中每一条曲线均反映出在一定温度下黑体的单色辐射强度按波长分布的情况。每条曲线下的面积等于黑体在一定温度下的辐射出射度 $M_0(\text{T})$,即

$$M_0(T) = \int_0^\infty M_{0\lambda}(T)\,\mathrm{d}\lambda = \int_0^\infty \frac{C_1 \lambda^{-5}}{e^{C_2/\lambda T} - 1}\,\mathrm{d}\lambda$$

由图 4-5 可见,$M_0(T)$ 随温度迅速增加,由热力学理论可导出黑体的 $M_0(T)$ 与温度 T 的关系为

$$M_0(T) = \sigma \cdot T^4$$

式中:σ 为斯蒂芬-玻尔兹曼常数,$\sigma = 5.6697 \times 10^{-8}\,\text{W/(m}^2 \cdot \text{K}^4)$。

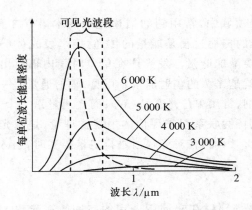

图 4-5 黑体在不同温度下的能量谱

上式为斯蒂芬-玻耳兹曼定律的数学表达式。该定律建立了黑体总的辐射出射度与其热力学温度间的定量关系。该定律指出黑体辐射通量与其热力学温度的 4 次方成正比,所以温度的微小变化就会造成总辐射出射度(总辐出度)或亮度的较大变化,这是辐射测温学和红外遥感的基本依据。这一结论不仅对黑体是正确的,而且对任何实际物体也是成立的。不同的是,实际物体的辐射亮度要低于相同温度的黑体的辐射亮度。如果利用黑体辐射的有关公式,则须增加一个实际物辐射通量因子 ε_λ:$M_0(T) = \varepsilon_\lambda \cdot \sigma \cdot T^4$,式中 $\varepsilon_\lambda = M_1(\lambda,T)/M_2(\lambda,T)$,是指实际物单位面积上辐射通量 M_1 与同一温度下同面积黑体辐射通量 M_2 的比值,即 $\varepsilon_\lambda = M_1/M_2$。一般而言,$\varepsilon_\lambda$ 不仅与地面种类、表面状态、温度等有关,而且还与波长有关。

以上公式对于任何物体的红外发射能量都可以采用。该式表明,红外辐射能量与温度的 4 次方成正比,所以只要地物微小的温度差异,就会引起红外辐射能量较显著的变化。这种特征构成红外遥感的理论根据,据此,可以把辐射源分成 3 类:

①黑体或绝对黑体,其 $\varepsilon_\lambda \equiv 1$,$\varepsilon_\lambda$ 不随波长变化。

②灰体,其 $\varepsilon_\lambda =$ 常数 < 1,由基尔霍夫辐射定律可知其波谱吸收率 $\alpha_\lambda = \varepsilon_\lambda < 1$ 为常数。

③选择性辐射体,其 ε_λ 随波长而变化,且 $\varepsilon_\lambda<1$,因而波谱吸收率 α_λ 也随波长变化,并且 $\alpha_\lambda<1$。

在同一温度下,每种辐射体发射率的情况不同,其中黑体发射率最大($\varepsilon_\lambda\equiv1$),因此,黑体的光谱分布曲线是各种辐射体曲线的包络线。灰体的发射率是黑体的几分之一,为一个不变的分数,当灰体的发射率越接近于 1 时,它就越接近于黑体。选择性辐射体的发射率 ε_λ 随波长变化,但是不管在哪个波长,其发射率值都比黑体发射率小,即 $\varepsilon_\lambda<1$。

(4)基尔霍夫定律 德国物理学家古斯塔夫·基尔霍夫在研究辐射传输过程中发现:在任一给定温度下,物体单位面积上的波谱辐射通量密度和对应波谱吸收率之比,对任何物体都是一个常数,并等于该温度下黑体对应的波谱辐射通量密度。物体的辐射能力与同一温度下黑体的辐射能力之比 ε 等于各自的辐射系数之比,即 $\varepsilon=E/E_0=C/C_0$,ε 称为黑度,它代表物体的相对辐射能力。任何物体的辐射能力与吸收率 α 的比值都相同,且该比值恒等于同温度下绝对黑体的辐射能力,即 $\varepsilon=\alpha$,此式称为基尔霍夫定律。它表明物体的吸收率与黑度在数值上相等,即物体的辐射能力越大,吸收能力也越大。

4.1.2 辐射度和光度学

在农业生物环境工程领域中,常用到的描述光照的术语有 3 种:①辐射量;②光度量;③光合作用有效辐射。光的传播过程是能量的传递过程,发光体(光源)在发光时要失去能量,而吸收到光的物体就要增加能量。发光体在单位时间内辐射出来的光(包括红外线、可见光和紫外线)的总能量就是光源的辐射通量。可见,辐射通量是一个辐射度学中的纯客观物理量,它具有功率的量纲,常用单位是瓦特(W);而光通量是一个光度学概念,是一个属于把辐射通量与人眼的视觉特性联系起来评价的主观物理量,是按光对人眼所激起的明亮感觉程度所估计的辐射通量。因而,在对光辐射进行定量描述时,引入辐射度单位和光度单位 2 套不同的计量体系。

4.1.2.1 辐射量

任一光源发射的能量都辐射在它周围一定的空间。在光辐射测量中,常用的几何量就是立体角。立体角描述辐射能向空间发射、传输或被某一表面接收时的发散或会聚的角度。以锥体的基点为球心作一球表面,锥体在球表面上所取部分的表面积 dS 和半径 r 的平方之比,即

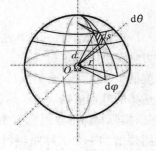

$$d\Omega=dS/r^2=\sin\theta\cdot d\theta\cdot d\varphi,$$

式中:θ 为天顶角;φ 为方位角;$d\theta$,$d\varphi$ 分别为其增量。

立体角的单位:球面度(sr)。整个球面度为 $\Omega=4\pi$,半个球面度为 $\Omega=2\pi$。

$$\Omega=\int_\theta\int_\varphi\sin\theta\cdot d\theta\cdot d\varphi=\int_0^{2\pi}\int_0^\theta\sin\theta\cdot d\theta\cdot d\varphi=2\pi(1-\cos\theta)=4\pi\sin^2(\theta/2)$$

(1)辐射能 Q_e 由辐射能发出的全部辐射光谱(包括紫外线、可见光与红外线)的总能量称为辐射源的辐射能量,单位为 J(焦耳)。辐射能不受时间、空间方位、辐射源表面积及波长间隔的限制,它只与本身的温度有关。当辐射能被其他物质吸收时,可以转变为其他形式

的能量,如热能、电能等。

（2）辐射通量 Φ_e　辐射通量又称为辐射功率,单位时间到达或通过某一面积的辐射能量,称为经过该面积的辐射通量;而辐射源在单位时间内发出的辐射能量称为该辐射源的辐射通量。显而易见,辐射通量是辐射能量随时间的变化率,又叫作辐射功率或辐射能流,单位是瓦特（W）或焦耳/秒（J/s）。辐射能流是在辐射能从辐射源经一个或多个反射、吸收、散射和透射（如大气植物叶冠）介质到达吸收表面（如光合叶面）的过程中测量出来的,即

$$\Phi_e = \frac{dQ_e}{dt}$$

（3）辐射强度 I_e　又称为辐射能通量密度,是点辐射源在单位时间内在单位立体角内发射的发射功率,单位为 W/sr。辐射源在某一特定方向上的辐射强度,是指辐射源在包括该方向在内的单位立体角内所发出的辐射通量。如果点辐射源在无限小立体角 $d\Omega$ 内的辐射通量是 $d\Phi$,则该点辐射源在此方向上的辐射强度为

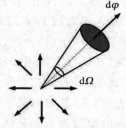

$$I_e = d\Phi/d\Omega$$

由辐射强度定义可知,一个点辐射体向所有方向发射的总辐射通量是 Φ_e,则该点辐射体在各个方向的辐射强度 I_e 是一个常量,即

$$I_e = \frac{\Phi_e}{4\pi}$$

（4）辐射亮度 L_e　为面辐射源在某一给定方向上的辐射通量,单位为 W/(sr·m²)。

$$L_e = \frac{dI_e}{dScos\theta}$$

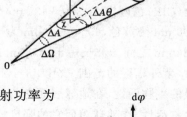

式中:θ 为给定方向和辐射源面元法线间的夹角。

（5）辐射出射角 M_e　辐射源单位面积向半球空间的辐射功率为 $d\Phi$,则 $d\Phi$ 与 dA 之比定义为 $M_e = d\Phi/dA$。

（6）辐照度 E_e　描述受照物体表面上接收到的辐射通量。$E_e = d\Phi/dA$,单位为 W/m²。

部分辐射度量的名称、定义、符号和单位见表 4-1。

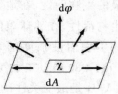

表 4-1　部分辐射度量的名称、定义、符号和单位

度量名称	符号	定义式	单位名称	单位符号
辐射能	Q,W		焦耳	J
辐射通量	Φ_e,P	$\Phi = dQ/dt$	瓦特	W
辐射强度	I_e	$I_e = d\Phi/d\Omega$	瓦特/球面度	W/sr
辐射亮度	L_e	$L_e = dI/(dA \cdot cos\theta)$	瓦特/(球面度·米²)	W/(sr·m²)
辐射出射度	M_e	$M_e = d\Phi/dA$	瓦特/米²	W/m²
辐射照度	E_e	$E_e = d\Phi/dA$	瓦特/米²	W/m²

4.1.2.2　光度量

辐射通量虽然是一个反映光辐射强弱程度的客观物理量,但是,它并不能完整地反映出由光能量所引起的人的主观感觉——视觉强度(即明亮程度)。因为人眼对于不同波长的光波具有不同的敏感度,不同波长的不相等的辐射通量可能引起相同的视觉强度,而相等的辐射通量的不同波长的光,却不能引起相同的视觉强度。光度量依赖于人眼对光的响应。光辐射进入人眼产生视觉,人眼对不同波长的光辐射敏感程度不同,响应曲线见图 4-6,用视见函数 $V(\lambda)$ 定量表示,据此对光辐射的视觉强弱进行计量的方法就称为光度量。

视见函数 $V(\lambda)$ 反映了人眼在视觉上对不同频率的光的灵敏程度(表 4-2);在引起相同的视觉响应条件下,若光波长为 λ 的光所需的光辐射功率为 $P(\lambda)$,而对光波长为 555 nm 的光(人眼对该频率的光线最敏感)所需的光辐射功率为 $P(555\ \text{nm})$,则定义 $V(\lambda)=P(550\ \text{nm})/P(\lambda)$ 为波长 λ 的视见函数。光度学上,把辐射通量与相应的视见函数的乘积作为"光通量",可用 Φ 表示,即 $\Phi(\lambda)=V(\lambda)P(\lambda)$。因为人眼对波长为 0.5550 μm 的"绿色光"最敏感,故常把它作为标准,并把这个波长的视见函数 $V(555\ \text{nm})$ 定为 1。这样,对于"绿色光"而言,其辐射通量就等于光通量,其他波长的视见函数都小于 1,于是,光通量也就小于相应的辐射通量。显然,光通量也有功率的量纲,但其常用的单位是流明(lm)。流明和瓦特有着一定的对应关系(或称为光功当量),经实验测定:当光波长为 555 nm 时,1 W 相当于 683 lm;当光波长为 600 nm 时,1 W 相当于 391 lm。由此可见,同样发出 1 lm 的光通量,波长为 600 nm 的光所需的辐射通量约为波长为 555 nm 光的 1.75 倍左右。

人眼对光辐射响应的波长范围(可见光波段)为 380~780 nm,是按标准观测者对光谱光效能定义的。下限在 360~400 nm 之间,上限在 760~830 nm 之间。基于国际照明委员会(CIE)色度定义:380~435 nm 为紫色,435~500 nm 为蓝色,500~565 nm 为绿色,565~600 nm 为黄色,600~630 nm 为橙色,630~780 nm 为红色,可见光辐射的 99% 处于 400~730 nm 之间。波长短于 400 nm 的辐射称作紫外辐射,而长于 800 nm 的称作红外辐射。有时,紫外辐射的范围又分为 3 个亚区:UV-A,315~400 nm,即刚好处在可见光谱外,它无明显的生物活性,在地球表面它的强度不随大气臭氧含量而变化;UV-B,280~315 nm,它具有生物活性,在地球表面它的强度取决于大气臭氧柱,在一定程度上取决于波长,常用来表示其生物活性强度的是它的红斑效应,这种效应能广泛引起白色人种的皮肤变红;UV-C,100~280 nm,在大气层中被完全吸收,当然不会出现在地球表面。对紫外辐射的测量来说,UV-B 是最受关注的波段。

光度量和辐射度量的定义、定义方程是一一对应的。若遇易混淆时,则在辐射度量符号上加下标"e",而在光度量符号上加下标"v",例如辐射度量 Q_e、Φ_e、I_e、M_e、E_e 等,它们对应的光度量为 Q_v、Φ_v、I_v、M_v、E_v 等。此外,辐射度量和光度量都是波长的函数,因此当描述光谱量时,在它们的名称前加"光谱"二字,并在它们相应的符号上加波长的符号"λ"作为下标,例如,光谱辐通量记为 $\Phi_{e\lambda}$。光通量(单位:lm)是光度量的基本量,表征辐射能通量使人眼产生的视觉强度。光照度是单位面积上接收的光通量(单位为 lx,1 lx = 1 m/m^2),与辐射照度(单位为 W/m^2)相对应。根据光通量 Φ_v 和辐通量 Φ_e 的关系:

$$\Phi_v = K_m \int_{380}^{760} V(\lambda)\Phi_e(\lambda)\mathrm{d}\lambda$$

得到光照度 E_v 与光合有效辐射照度 E_e 的关系为

$$E_v = K_m \int_{380}^{760} V(\lambda) E_e(\lambda) d\lambda$$

式中：K_m 为波长 555 nm 处的光谱光视效能，$V(\lambda)$ 是 CIE 推荐的平均人眼的光谱光视效率（也叫视见函数）。对于明视觉，它是对应波长为 555 nm 的光通量 $\Phi_v(555)$ 与某波长能对平均人眼产生相同光视刺激的辐通量 $\Phi_e(\lambda)$ 的比值。1971 年 CIE 公布的明视觉 $V(\lambda)$ 标准值已经国际计量委员会批准（表 4-2），其 $V(\lambda)$ 曲线见图 4-6。

K_m 是一比例常数。对于波长 555 nm 的单色光[$V(555) = 1$]，K_m 等于 683 lm/W。原先它是根据在一个标准大气压下（101325 N/m²）黑体辐射器在铂凝固温度（2 042 K）明视觉亮度定义为 60 cd/cm² 而得出的，即

$$L_v = K_m \int_{380}^{760} V(\lambda) L_e(\lambda) d\lambda$$

则

$$K_m = \frac{60 \times 10^4}{\int_{380}^{760} V(\lambda) L_e(\lambda) d\lambda} = 683 \ (\text{lm/W})$$

式中 $L_e(\lambda)$（在 2 042 K）可由黑体辐射表查得。

表 4-2 视觉光谱发光效率值（以在最大功效的波长处的值为 1）

波长/nm	白昼视觉 $V(\lambda)$	波长/nm	白昼视觉 $V(\lambda)$
380	0.00004	590	0.757
390	0.00012	600	0.631
400	0.0004	610	0.503
410	0.0012	620	0.381
420	0.0040	630	0.265
430	0.0116	640	0.175
440	0.023	650	0.107
450	0.038	660	0.061
460	0.060	670	0.032
470	0.091	680	0.017
480	0.139	690	0.0082
490	0.208	700	0.0041
500	0.323	710	0.0021
510	0.503	720	0.00105
520	0.710	730	0.00052
530	0.862	740	0.00025
540	0.954	750	0.00012
550	0.995	760	0.00006
560	0.995	770	0.00003
570	0.952	780	0.000015
580	0.870		

光度量和辐射度量的关系可用图解来求得(图 4-6)。图中 $V(\lambda)\Phi_e(\lambda)$ 曲线是 $V(\lambda)$ 和 $\Phi_e(\lambda)$ 曲线在同一波长处两值的乘积。纵坐标比例尺为

$$m_{\Phi v} = K_m m_{\Phi e}$$

式中：$m_{\Phi v}$ 为光通量的比例尺；$m_{\Phi e}$ 为辐通量的比例尺。由此

$$\begin{aligned}
\Phi_v &= K_m \int_{380}^{760} V(\lambda)\Phi_e(\lambda)\mathrm{d}\lambda \\
&= m_{\Phi e} K_m \int_{380}^{760} V(\lambda)\varphi_e(\lambda)\mathrm{d}\lambda \\
&= m_{\Phi v} \int_{380}^{760} V(\lambda)\varphi_e(\lambda)\mathrm{d}\lambda = m_{\Phi v}\varphi_v
\end{aligned}$$

式中：$\Phi_e(\lambda) = m_{\Phi e}\varphi_e(\lambda)$，$\Phi_v = m_{\Phi v}\varphi_v$。

图 4-6 中，$\Phi_e(\lambda)$ 曲线和 $V(\lambda)\Phi_e(\lambda)$ 曲线与横坐标轴所包容的面积比为

$$V = \frac{\displaystyle\int_{380}^{760} V(\lambda)\Phi_e(\lambda)\mathrm{d}\lambda}{\displaystyle\int_{380}^{760} \Phi_e(\lambda)\mathrm{d}\lambda}$$

则

$$K = \frac{\Phi_v}{\Phi_e} = \frac{K_m \displaystyle\int_{380}^{760} V(\lambda)\Phi_e(\lambda)\mathrm{d}\lambda}{\displaystyle\int_{380}^{760} \Phi_e(\lambda)\mathrm{d}\lambda}$$

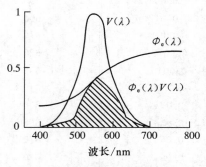

图 4-6 光度量和辐射度量的关系

比值 K 叫作光视效能，它是衡量光源产生视觉效能大小的一个重要指标，其意义是光源发出的辐通量可产生多少能对目视引起刺激的光通量，单位是 lm/W。例如，钨丝白炽灯 $K = 15 \sim 20$ lm/W，太阳 $K = 100$ lm/W，波长为 555 nm 的单色光 $K = K_m = 683$ lm/W。1 个 60 W 的白炽灯，它的光通量一般为 $750 \sim 1\ 200$ lm。在照明工程中，通常希望光源有高的光视效能，当然还要考虑到光的颜色。

光谱光视效能 $K(\lambda)$ 的最大值是 K_m，K_m 叫作最大光谱光视效能。

V 叫作光视效率，无量纲，和光视效能只相差一个常数 K_m（683 lm/W），表示辐射量被利用来引起光视刺激的效率。

在表 4-3 中，光通量的单位是流明(lm)。1 lm 是光强度为 1 cd 的均匀点光源在 1 sr 内

发出的光通量。表 4-4 所示的为常见物体的亮度。

表 4-3　基本光度量的名称、符号和定义和单位

名称	符号	定义方程	单位	单位符号
光量	Q_V		流明·秒 流明·小时	lm·s lm·h
光通量	Φ_V	$\Phi_V = \dfrac{\mathrm{d}Q_V}{\mathrm{d}t} = \int_{380}^{760} \Phi_e(\lambda)\mathrm{d}\lambda$	流明	lm
发光强度	I_V	$I_V = \dfrac{\mathrm{d}\Phi_V}{\mathrm{d}\omega}$	坎德拉	cd=lm · sr
（光）亮度	L_V	$L_V = \dfrac{\mathrm{d}I_V}{\mathrm{d}S \cdot \cos\theta} = \dfrac{M_V}{\mathrm{d}\omega \cdot \cos\theta}$	坎德拉/米^2	cd/m^2
光出射度	M_V	$M_V = \dfrac{\mathrm{d}\Phi_V}{\mathrm{d}S}$	勒克斯（流明/米^2）	lx=lm/m^2
（光）照度	E_V	$E_V = \dfrac{\mathrm{d}\Phi_V}{\mathrm{d}S}$	勒克斯（流明/米^2）	lx=lm/m^2
光视效能	K	$K = \dfrac{\Phi_V}{\Phi_e}$	流明/瓦（特）	lm/W
光视效率	$V(\lambda)$	$V(\lambda) = \dfrac{K(\lambda)}{K_m} \leqslant 1$ K_m为最大光谱光视效能	—	—

注：表中 Φ_V 是光通量，Φ_e 是辐通量。

表 4-4　常见物体的亮度

光源名称	亮度/（cd/m^2）
地球上看到的太阳	1.5×10^9
地球大气层外看到的太阳	1.9×10^9
普通碳弧的喷头口	1.5×10^8
超高压球状水银灯	1.2×10^9
钨丝白炽灯	$(0.5 \sim 1.5) \times 10^7$
乙炔焰	8×10^4
太阳照射下的洁净雪面	3×10^4
距太阳 75°角的晴朗天空	0.15×10^4

　　上述光度量计量及检测机理依赖于图 4-7 所示的人眼响应函数 $V(\lambda)$，但在设施养殖领域中，大多数家禽都饲养在环境受控的畜禽舍中，舍内光照环境一般由人造光源提供，并以低强度进行控制，最大程度地减少禽类之间的侵略和破坏，优化蛋或肉的生产或节省能源成本。然而，禽类视觉系统与人类的视觉系统实质上不同，并且通常更为精致，典型的禽类视觉响应曲线如图 4-7 所示。

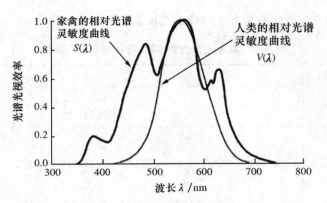

图 4-7　相对视见函数曲线

家禽的相对光谱灵敏度归一化到 565 nm 处的灵敏度为 1.0（粗线，Prescott 和 Wathes，1999），而人类归一化为 555 nm 处的灵敏度 1.0（细线，CIE,1983）

　　人和家禽光感受生理学之间的差异：家禽眼睛视网膜中有 2 种光感受器，即视杆细胞、视锥细胞，其中，视杆细胞负责弱光（暗视条件下）下的视力表达，并在 507 nm（蓝绿色）下具有最大灵敏度，但无法区分颜色，仅在低光强度（＜0.4 lx）才重要；视锥细胞负责白天的正常（明视）视觉，其在更高的照度水平（＞0.4 lx）作出响应，并可以感知颜色。

　　人类拥有的 3 类视锥细胞对 400～730 nm 之间的可见光线反应敏感，分别在 450 nm（蓝色）、550 nm（绿色）、700 nm（红色）三原色点具有峰值响应，并在 555 nm 处具有最大响应，当三色叠加在一起刺激人眼时，会产生对白光的感知。

　　与人类不同的是，鸟类眼睛在视网膜上还额外多出一种视锥细胞，其峰值敏感度约为 415 nm（紫色），这意味着家禽可以"看见"部分紫外线范围（320～400 nm），因此，其颜色感知与人类略有不同。尽管家禽最大光谱敏感区发生在与人类光谱相似的区域（545～575 nm），但家禽在 400～480 nm 和 580～700 nm 光谱区比人敏感，对于同样的光，禽类感知的亮度要比人类感知的高，亮的程度随光源的不同而不同，这些光源看起来与人类可感知的相似，并且在照度计上产生相同的读数。由于人类和家禽之间的光谱敏感性不同，传统的照度计测量数据在光谱的蓝色和红色部分中低估了鸟类感知到的照度，显然勒克斯（lx）并不严格地适合描述禽舍的照度水平。因为光照度以 lx 为单位时，没有考虑家禽与人类光度函数的差异，无法反映家禽的实际感知照度水平。

　　根据光照度计算公式和家禽的视见函数 $S(\lambda)$，家禽的感知光照度在离光源固定距离 d 时，其计算公式如下。

$$E_s = \frac{K_m}{4\pi d^2} \int_{340}^{730} S(\lambda)\varphi_e(\lambda)\mathrm{d}\lambda = \frac{54.351}{d^2} \int_{340}^{730} S(\lambda)\varphi_e(\lambda)\mathrm{d}\lambda \quad (\mathrm{lx})$$

式中：E_s 为家禽感知光照度；$\varphi_e(\lambda)$ 为 1 nm 波长对应的光谱辐射功率，也称为光谱辐射通量；$S(\lambda)$ 为家禽的视见函数，假设家禽的明视觉的最佳光谱发光效能与人的一致，为 $K_m=683\ \mathrm{lm/W}$，d 为光源的距离，m。有研究表明，利用上述公式修正通用照度计，可表示为：$E_s=\alpha E_V$，白光 $\alpha\approx1.5$，蓝光 $\alpha\approx8.5\sim9.5$，绿光 $\alpha\approx1$。以人类视觉敏感系数为参照的照度单位 lx 来评价其他物种的感知光照度并不准确，可以根据对应波段内家禽感知光照度与光照度之间的系数 α 来间接获得家禽感知光照度值。由于不同波段家禽视觉敏感系数不同，不同的光谱差异也不同,对于各种单色光功能的研究和应用应考虑家禽实际的感知照度。

4.1.2.3　量子流密度

关于光的本质的认识,经历了漫长的时间。牛顿的粒子学说认为光是连续微粒流。这种学说解释了光的直线传播和反射、折射等光学现象。惠更斯的波动理论,不仅解释了力的反射、折射、散射,还成功地对光的干涉和衍射进行了解释和理论计算。19世纪,麦克斯韦和赫兹等发现和证实了电磁波,从而指出了光现象与电磁现象的统一性。光的电磁理论直到现在都是被普遍承认的正确理论。这些经典物理学理论,从客观上对光的本质作了解释。

20世纪初,黑体辐射的研究使物理学发生新的飞跃。仅仅用经典物理学,包括当时的统计力学、电磁理论所推导出来的理论公式,已不能圆满地解释黑体辐射的性质。

1900年,普朗克提出一个假设:谐振子的能量不是从0至∞连续取值,而只能取某个基本量 ε_0 整数倍的一系列不连续值: $\varepsilon = \varepsilon_0, 2\varepsilon_0, 3\varepsilon_0, \cdots$

按此假设,频率为 ν 的谐振子在温度为 T 的平衡态中,有著名的普朗克公式: $E = h\nu$,其中 h 便是著名的普朗克常数, $\varepsilon_0 = h\nu$ 称为能量子。

普朗克的能量子假说使热辐射物理的问题得到完满的解决。热辐射是以红外线为主的光辐射,因此,普朗克的理论不仅是热力学的基础,也是光学的乃至整个物理学的基础理论之一,在物理学史上有着重要的地位。

光电效应也是经典波动理论无法解释的物理现象。对于某种金属阴极来说,若用频率较低的光(如波长较长的红光)照射,无论光线多强也不能产生光电流;相反,若用频率较高的光线(如波长较短的蓝光)照射,只要很弱的光就能从金属表面打出自由电子。为了解释光电效应,爱因斯坦在1905年提出了"光子"的假说,光子的能量正比于频率,即 $E \approx h\nu$,其中 h 是普朗克常数。按照爱因斯坦的光子假说,当光束照射到金属表面时,光子一个一个地打在它的表面上,金属中的自由电子或者吸收一个光子,或者完全不吸收。当某电子吸收一个光子时,光子的能量全部转移到电子上,一部分克服对该电子的约束力(等于脱出功 A),其余部分使该电子具有一定的动能,用公式表示为

$$h\nu = \frac{1}{2}mv_0^2 + A$$

式中: m 为电子的质量; v_0 为电子在脱出表面后获得的初速度。上式称为爱因斯坦公式。

光既有波动性,又有粒子性,称为光的波粒二象性。1923年德布罗依把波长 λ 与粒子的动量 mv 联系起来:

$$\lambda = \frac{h}{mv}$$

在微观世界里,光具有明显的粒子性;但平常观察到的是大量光子的宏观现象,波动性表现得显著些。对于频率较低的光子,由于它的能量和动量都比较小,个别光子的行为很难被观测到,只有大量光子的统计行为是显著的,符合波动理论。当光子的频率很高,例如,波长极短的 X 射线和 γ 射线,则粒子性常常鲜明地表现出来。后来形成的量子力学理论,把粒子的这些性质统一起来,对现代物理学的发展起了重大作用。

光化学定律指出:吸收一个量子,只能激活一个分子或原子。因为量子的能量与其波长

成反比,所以在研究光电效应或光化学反应(如光合作用与光照的关系)时,应该以量子流密度作为计量光辐射的单位更为合理。

在实际应用中,将单位时间到达或通过单位面积的摩尔量子数,定义为量子流密度,单位为爱因斯坦(E):$1\,E = 10^6\,\mu E = 1\,mol = 6.022 \times 10^{23}$ 量子。

一个量子所具有的能量 $q(\lambda)$ 为

$$q(\lambda) = h \cdot c$$

(1)单位　辐射通量的国际单位是 W,但没有官方规定的光通量国际单位,通常用摩尔光子数和爱因斯坦来定义阿伏伽德罗常数($6.022140857 \times 10^{23}$ 光量子数)。过去爱因斯坦这个单位常用在植物科技领域,但现在许多组织都建议使用摩尔光子数这一国际单位。无论这两种定义何时使用,1 摩尔光量子数都等同于 1 爱因斯坦光量子数,即

$$1\,mol = 1\,einstein = 6.022140857 \times 10^{23} 光量子数$$

(2)光合有效辐射(PAR)　是在 $400 \sim 700\,nm$ 波段的辐射,指植物能用来进行光合作用的那部分太阳辐射,它是形成植物干物质的能量来源。PAR 是涵盖光量和能量的总体辐射术语,是光合潜力、潜在产量和作物生长模拟研究中不可缺少的基础数据。对 PAR 的量度有 2 种计量系统:一种是能量系统,测定光合有效辐射照度,其单位为 W/m^2;另一种是量子系统,测定光合有效量子通量密度,单位为 $\mu mol/(m^2 \cdot s)$。

光合有效辐射能量用来表达单位面积内特定波长区间所辐射的总功率。使用积分球可直接测出光源的光谱功率密度。

$$P_W = \int_{\lambda_0}^{\lambda_1} W_\lambda \cdot d\lambda = \sum_{\lambda_0}^{\lambda_1} W_\lambda \cdot \Delta\lambda$$

式中:P_W 为辐射功率总量,W;W_λ 为光谱功率密度,W/nm;$\Delta\lambda$ 为数据采集的间隔,使用积分球测量时,取值 1 nm。

$$P_{Wpar}(I) = \sum_{400}^{700} W_\lambda(\lambda, I) \cdot \Delta\lambda$$

式中:P_{Wpar} 为光合有效辐射范围($400 \sim 700\,nm$)的总辐射功率,W。

①光合有效辐射照度(光合照度,E_e)为辐射通量密度,是在单位时间内单位面积上接受的能量,单位为 W/m^2。光合有效辐射照度一般用辐射能量来表达,早期其他太阳辐射都是以能量为计量单位,因此以能量为单位的光合有效辐射也便于和能量平衡的研究以及光合产量的能量进行比较。但是,植物在进行光合作用时,光是以量子的形态参与反应的,不同波长的量子所含能量不同,所以 PAR 能量的生理意义并不直接,它所代表的辐射的光合作用也不准确。量子系统应是更合理的 PAR 计量系统,目前在农学、生态学等研究领域中,量子计量系统得到越来越广泛的使用。理想的光合照度传感器对 $400 \sim 700\,nm$ 波段的辐射反应特性相同,如图 4-8 所示。

$$E_e = \int_{400}^{700} E_e(\lambda)\,d\lambda$$

②光合量子流密度(PPFD)指单位时间内单位面积上通过 $400 \sim 700\,nm$ 波段的光量子

农业生物环境因素测试技术

数,单位为 $\mu mol/(m^2 \cdot s)$。理想的 PPFD 传感器对 $400 \sim 700\ nm$ 的所有光子的反应同等灵敏,并有余弦校正功能。这一物理量可以用 LI-190 量子传感器来测量。LI-190R 线性量子传感器也可用来测量光合量子流密度。图 4-8 所示的为理想的量子反应曲线和 LI-COR 量子传感器所测的典型光谱反应曲线。

$$PPFD = \frac{\int_{400}^{700} E(\lambda)d\lambda}{N_A \cdot h \cdot c} \qquad [\mu mol/(s \cdot m^2)]$$

式中:h 为普朗克常量;c 为光速;N_A 为阿伏迦德罗常数。

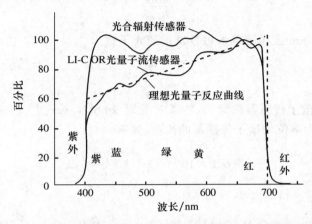

图 4-8 不同波长下,LI-COR 光量子流和光合辐射传感器的反应曲线和理想光量子流曲线

PPFFR 是有效光合辐射的光量子流的流过比率,也指光子光谱照度,是在一点上来自各个方向的光子流的积分值。PPFFR 有一收集球面,为余弦收集器在其上各点的特性图。如图 4-8 所示,其对 $400 \sim 700\ nm$ 波段的全部光子反应特性相同。这一物理量可用诸如 LI-193 SA 等球面量子传感器(4π 收集器)来测量。单位为:$1\ \mu mol/(s \cdot m^2) \equiv 1\ \mu E/(s \cdot m^2) \equiv 6.022 \cdot 10^{17}\ photons/(s \cdot m^2) \equiv 6.022 \cdot 10^{17}\ quanta/(s \cdot m^2)$。

注:PPFD 与 PPFFR 之间没有一个固定的关系,通常情况下在校准光栅时,两者相等,但对理想的漫射辐射,1 PPFFR=4 PPFD。在实际应用时,它们之间的比率介于 $1 \sim 4$ 之间。

光合照度是辐射通量密度,是在单位时间内单位面积上所接受的辐射通量。理想的光合照度传感器对 $400 \sim 700\ nm$ 波段的辐射反应特性相同。

4.1.3 光通量与辐射通量之间的单位换算

上述 3 种计量单位中,辐照度、光照度、量子流密度与光谱能量分布密切相关,它们之间并无固定的比例关系。三者只有在确定的光谱能量分布条件下(光谱分布已知,且限于可见光谱 $400 \sim 700\ nm$ 波段区域),才有明确的相关关系。目前,在光照与动植物生长发育的研究中,辐照度、光照度及量子流密度均在不同场合下使用,在一定意义上仍可反映光照与动植物生长发育的关系。

4.1.3.1 光量子单位转换成辐射度单位

将量子传感器的输出单位由 $\mu mol/(s \cdot m^2)$（$400 \sim 700\ nm$）转换成辐射照度单位 W/m^2

（400～700 nm)的转换过程是非常复杂的，对不同的光源其转换系数也不同。因此，为了进行这一转换，必须知道辐射源的光谱分布曲线。准确测出 W_λ 是非常困难的工作，所需的辐射度数值是 W_λ 在 400～700 nm 波段的积分值，即

$$W_T = \int_{400}^{700} W_\lambda \, d\lambda \tag{4-1}$$

在给定波长处每秒发射的光子数为

$$\frac{W_\lambda}{hc/\lambda} \tag{4-2}$$

因此 400～700 nm 波段范围内每秒发射的光子数为

$$\int_{400}^{700} \frac{W_\lambda}{hc/\lambda} d\lambda \tag{4-3}$$

这个积分可由量子传感器测量到，如果 R 是以 $\mu mol/(s \cdot m^2)$[1 $\mu mol/(s \cdot m^2) \equiv 6.022 \times 10^{17}$ 光子$/(s \cdot m^2)$]为单位的量子传感器的读数，则有

$$6.022 \times 10^{17}(R) = \int_{400}^{700} \frac{W_\lambda}{hc/\lambda} d\lambda \tag{4-4}$$

由式(4-1)与式(4-4)可得：

$$W_T = 6.022 \times 10^{17}(Rhc) \frac{\int_{400}^{700} W_\lambda d\lambda}{\int_{400}^{700} \lambda W_\lambda d\lambda} \tag{4-5}$$

为了求得这两个积分，必须做分区间求和。再者，因为 W_λ 同时在分子和分母中出现，标准曲线 N_λ 可以代替它，从而得到

$$W_T = 6.022 \times 10^{17}(Rhc) \frac{\sum_i N_{\lambda i} \Delta\lambda}{\sum_i \lambda_i N_{\lambda i} \Delta\lambda} \tag{4-6}$$

式中：$\Delta\lambda$ 是所取区间长度，λ 是各区间中点处的波长，$N_{\lambda i}$ 是位于区间中点波长的标准辐射输出。

最后得

$$W_T \approx 119.8(R) \frac{\sum_i N_{\lambda i}}{\sum_i \lambda_i N_{\lambda i}} \quad (W/m^2) \tag{4-7}$$

式中：R 的单位为 $\mu mol/(s \cdot m^2)$

根据方程(4-7)分成如下步骤进行计算：

①将 400～700 nm 波段分成 i 个长度都为 $\Delta\lambda$ 的区间。

②算出区间中点处的波长 λ_i。

③测算出每个区间中点处波长的标准辐射 $N_{\lambda i}$。

④对步骤③所求得的 $N_{\lambda i}$ 进行求和得 $\sum N_{\lambda i}$ 。

⑤对步骤③所求得的 $N_{\lambda i}$ 与对应的 λ_i 相乘。

⑥对步骤⑤所求得的 $\lambda_i \times N_{\lambda i}$ 求和得 $\sum \lambda_i N_{\lambda i}$ 。

⑦利用式(4-7)求得 W_T 。

[例2]假设光谱是位于 $400 \sim 700$ nm 波段之间的直线分布(即 $400 \sim 700$ nm 波长的光谱照度相等),给定 $i=1, \Delta\lambda = 300$ nm, $\lambda_i = 550$ nm,则

$$W_T \approx 119.8(R) \frac{N(550)}{550 \cdot N(550)} = 0.22(R) \qquad (\text{W/m}^2)$$

1 W/m$^2 \approx 4.6$ μmol/(s·m^2),这种转换关系处在由 McCree 所测系数的 $\pm 8.5\%$ 误差之内。

4.1.3.2 光量子单位转换成光度学单位

将光量子单位 μmol/(s·m^2)($400 \sim 700$ nm)转换成光度学单位 lx($400 \sim 700$ nm),转换过程除以下各步外,其余与上相同。

①用 $W_x = 683 \int_{400}^{700} Y(\lambda) W_\lambda \mathrm{d}\lambda$ 代替式(4-1),$Y(\lambda)$ 是 CIE 曲线的发光系数。在 550 nm 处,$Y(\lambda) = 1$;W_λ 是光谱照度[W/(m^2·nm)]

②用 $W_x = (683)(6.022 \times 10^{17})(Rhc) \dfrac{\int_{400}^{700} Y(\lambda) W_\lambda \mathrm{d}\lambda}{\int_{400}^{700} \lambda W_\lambda \mathrm{d}\lambda}$ 代替式(4-5)。

③用 $W_x = (683)(6.022 \times 10^{17})(Rhc) \dfrac{\sum\limits_i Y(\lambda) W_{\lambda i} \Delta\lambda}{\sum\limits_i \lambda_i N_{\lambda i} \Delta\lambda}$ 代替式(4-6)。

④用 $W_x = 8.17 \times 10^4 (R) \dfrac{\sum\limits_i Y(\lambda) W_{\lambda i}}{\sum\limits_i \lambda_i N_{\lambda i}}$ 代替式(4-7)。

⑤首先用各区间中点处的 y_λ 乘以对应区间中点处的 N_λ,再求和得 $\sum y_{\lambda i} W_{\lambda i}$ 代替步骤④。

[例3]在给定波长 $400 \sim 700$ nm 范围内,设 $i = 1 \sim 31$,将该波长段分成 31 个等分区间,即 $\Delta\lambda = 10$ nm,有 $\lambda_1 = 400, \lambda_2 = 410, \lambda_3 = 430, \cdots, \lambda_{31} = 700$ 。

假设全部 N_λ 取为 1,令 $y_{\lambda_1} = 0.0004, y_{\lambda_2} = 0.0012, y_{\lambda_3} = 0.004, \cdots, y_{\lambda_{31}} = 0.0041$,则

$$W_x = 8.17 \times 10^4 (R) \frac{\sum\limits_i y_{\lambda i}}{\sum\limits_i \lambda_i} = 8.17 \times 10^4 (R) \left(\frac{10.682}{17052} \right)$$

即 $\qquad\qquad\qquad\qquad\qquad W_x = 51.2(R)$

或 $\qquad\qquad\qquad\qquad 1\,000$ lx $= 19.5$ μmol/(s·m^2)

由上可见,不同光源在不同波长范围的光照单位之间的换算没有固定的系数,使用时应根据需求进行选择,表 4-5 给出了几种常用灯具光照单位之间的换算关系,可供参考。

表 4-5　不同光源的转换系数估计值（PAR 波段 400～700 nm）

表 4-5　不同光源的转换系数估计值（PAR 波段 400～700 nm）

转换方式	日光	金属卤灯	钠灯	水银灯	白色荧光灯	白炽灯
W/m^2（PAR）转成 $\mu mol/(s \cdot m^2)$（PAR）	4.6	4.6	5	4.7	4.6	5
klx 转成 $\mu mol/(s \cdot m^2)$（PAR）	18	14	14	14	12	20
klx 转成 W/m^2（PAR）	4	3.1	2.8	3	2.7	4

▶ 4.2　辐射测量

4.2.1　辐射测量的物理效应

要探测一个客观事物的存在及其特性，一般是通过测量对探测对象所引起的某种效应来完成的。对辐射量的测量也是如此。比如，家禽的眼睛是通过光辐射对眼睛产生的生物视觉效应来得知辐射的存在及其特性的，眼睛可以称作光探测器。能把光辐射量转换成另外一种便于测量的物理量的器件称为光探测器。目前，电量的测量是最方便和精确的，所以大多数光探测器都是把光辐射量转换成电量来实现对光辐射的测量。或者是把非电量转换为电量来实现测量。光电探测的物理效应分为光子效应和光热效应，了解探测器产生的物理效应是了解光探测工作原理的基础。光子效应是指单个光子的性质对产生的光电子起直接作用的一类光电效应。探测器吸收光子后，直接引起原子或分子的内部电子状态的改变。光子能量的大小直接影响内部电子状态的改变。因为光子能量是 $h\nu$，h 是普朗克常数，ν 是光波频率，所以光子效应对光波频率表现出选择性，在光子直接与电子相互作用的情况下，探测器响应速度一般比较快。

光热效应和光子效应完全不同。探测元件吸收光辐射能量后，并不直接引起内部电子状态的改变，而是把吸收的光能变为晶格的热运动能量，引起探测元件温度上升，温度上升的结果又使探测元件的电学性质或其他物理性质发生变化。所以，光热效应与单光子能量 $h\nu$ 的大小没有直接关系。原则上，光热效应对光波频率没有选择性。只是在红外波段上，材料吸收率高，光热效应也就更强烈，所以光热效应被广泛用于对红外线辐射的探测。因为温度升高是热积累的作用，所以光热效应的响应速度一般比较慢，而且容易受环境温度变化的影响。光子效应和光热效应的分类见表 4-6。

表 4-6 光子效应和光热效应分类

光子效应分类		
效应		相应探测器
外光电效应	光阴极发射光电子	光电管
	光电子倍增	光电倍增管
	打拿极倍增	像增强管
	通道电子倍增	
内光电效应	光电导	光导管或光敏电阻
	光生伏特	
	PN 结和 PIN 结(零偏)	光电池
	PN 结和 PIN 结(反偏)	光电二极管
	雪崩	雪崩光电二极管
	肖特基势垒	肖特基势垒光电二极管
	光电磁	光电磁探测器
	光子牵引	光子牵引探测器
光热效应分类		
效应		相应探测器
测辐射热计		热敏电阻测辐热计
负电阻温度系数		金属测辐热计
正电阻温度系数		超导远红外探测器
超导		
温差电		热电偶、热电堆
热释电		热释电探测器
其他		高莱盒、液晶等

4.2.2 光照与辐射敏感元件

4.2.2.1 光电池

（1）硒光电池 是根据光生伏特效应原理制成的,适用于 300～750 nm 波长范围。先在纯铝基板上涂覆一层 P 型硒(Se)材料,然后再蒸涂一层镉(Cd),加热后化合生成灰色结晶的 N 型硒化镉(CdSe),它与 P 型硒结合成 PN 结;此后,在真空中蒸镀一层极薄的铜,最后再镀上一层半透明的金或铂保护层,在它上面装上作为负电极的金属接触环即可。光辐射穿过保护层后照射到 PN 结上时,就产生了电子空穴对,电子漂移到 N 区,而空穴漂移到 P 区,接通外电路时就有电流流过负载,电流强度取决于入射在光敏层上的光通量。将光电池与一个灵敏检流计相连,在照射光强度不太大且外电路电阻很小时,光电流大小与照射光的强度成正比。因此,可根据光电流的大小测量通过的照射光强度。硒光电池是能把入射辐射能量直接转换成电流的光电器件,无须施加外电压就可送入负载。

硒光电池的主要优点：一是它的积分灵敏度高,采用金或铂作负电极时,约为 500 μA/lm;二是它的光谱灵敏度曲线与人眼的光谱光视效率 $V(\lambda)$ 曲线接近,因此,采用滤光片能较容易地把光谱灵敏度曲线修正为 $V(\lambda)$ 曲线(图 4-9)。

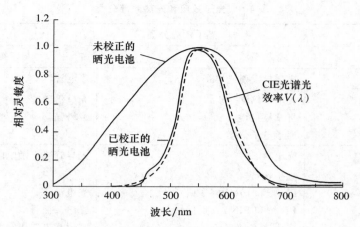

图 4-9　相对光谱灵敏度曲线

通常在室内照明条件下,硒光电池产生的光电流有几十至几百微安,用万用表就可以测量出来。因此,用万用表的小电流挡测量,例如,用 $100\ \mu A$ 直流电流量程挡,将其正负极测电棒分别同光电池的正极、负极相接,在室内照明光的照射下,就可以粗查光电池的好坏。当光电流非常微弱或没有时,光电池可能已经损坏。

当光辐射长时间地照射在硒光电池的光敏面时,尤其是在长时间、大光照的情况下,光电池会出现"疲劳"和"老化"现象,其灵敏度会逐步下降。所以在滤光光电比色计中,没有装入滤光片时,不要开亮光源灯泡,以免加快光电池的衰老。

除了避免强光直接照射以外,特别影响光电池寿命的是潮湿。例如,从潮湿仓库里领出的新的装有光电池的仪器,往往由于光电池失效而不能正常工作。这是因为光电池在受潮和长霉后,它正面的导电薄膜会与硒片剥离,损坏结构。因此,备用光电池除了避免光照以外,尤其要防潮,可用深颜色的纸把光电池包起来,放在干燥器内备用。

硒光电池的感光波长范围是 $400 \sim 800\ nm$,而以 $554\ nm$ 附近最灵敏,对于低于 $400\ nm$ 和高于 $800\ nm$ 的紫外光、红外光,使用硒光电池进行光电转换就不适宜了,需要改用相应的紫敏光电管、红敏光电管。

总之,由硒光电池的一些特性看来,它只适用于一般的辐射度和光度测量。硒光电池的特点是它的光谱灵敏度易于修正成 $V(\lambda)$ 曲线,而且价格较低。但它在大照度($2\ 000 \sim 3000\ lx$)时,呈现较大的非线性和疲劳现象,故不适用于大照度测量;而且长期使用后,会出现不易恢复的疲劳和老化问题,严重影响其灵敏度;另外,它受环境温度的影响也较大,所以硒光电池的应用范围日趋缩小,已被硅光电池所取代。

(2)硅光电池　也是根据光生伏特效应的原理制成的,是当前应用最广的光电器件之一。图 4-10 所示的为一种硅光电池的结构简图。它是在高纯度单晶硅中添加微量的砷或其他元素(如铝)作为掺杂物。光电池的主要部分是由单晶硅上切割下来的薄硅片,在含有硼(有时为磷)化合物的气体内,并在 $1\ 200\ ℃$ 左右(硅在 $T \approx 1\ 400\ ℃$ 时熔化)的温度下,将薄硅片加热而在其表面形成保护层。将该表面磨光后,镀上一层锡,作为硅光电池的一个电极。在另一表面(即光敏面)上,用溅射(或蒸镀)法镀上一些很窄的金属带(栅状线),作为光电池的第二电极,并在其上镀一层二氧化硅抗反射膜,其目的主要是减少光敏面的反射并起保护作用。当光辐射照射光敏面时,在两个电极间可产生约为零点几伏的电压。镀有抗反

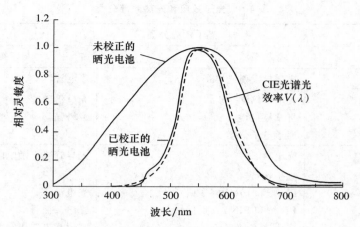

农业生物环境因素测试技术

射膜的一般硅光电池,其效率可达 14%～16%。

硅光电池可做成各种形状,有圆形、矩形和方形;硅光电池的光谱特性很好,优于硒光电池,其光谱响应范围较宽(0.4～1.2 μm),约占太阳辐射光谱范围的 70%,它的响应峰值波长位于 0.85 μm,因此可用作近红外波段的光探测器。为了使它的光谱灵敏度曲线符合$V(\lambda)$曲线,则需要较为复杂的滤光片校正。

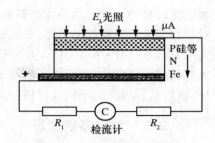

图 4-10　光电池原理构造图

硅光电池的特点是寿命比硒光电池长,几乎没有疲劳现象,它的短路温度系数很小,因此,环境温度对它的影响不大。它的响应时间为 10^{-6}～10^{-5} s,适用于一般的光度测量工作。

(3)硅光电二极管　其工作原理与硅光电池的是相同的,它与过去长期作为光电探测器使用的硒光电池和硫化银光敏电阻相比,具有明显的优越性。在可察觉的限度内,它没有光电疲劳效应;优良的硅光电二极管在 8 个量级的范围内线性优于 0.2%,比硒光电池的线性范围扩展了近 4 个量级;它的响应速度比硒光电池的也快了 5～6 个量级;它的长期稳定性可优于(1%～2%)/年,这也是过去的固体光电探测器难以做到的。硅光电二极管响应的波长范围也较宽。正是由于这些优点,硅光电二极管自 20 世纪 70 年代以来已逐步成为应用于近紫外到近红外波长范围的基本测光元件,在目前的实际应用中,它已基本取代了硒光电池的地位。

4.2.2.2　热辐射传感器

热电偶是将 2 种不同金属导线电极(如铁-康铜,铋-银,铂-铑等)的一端焊在一起而形成热结点,当热电偶的两个接头处于不同的温度时,就产生温差电动势。如果在热电偶的一个接头上涂黑或加上一小片黑色材料,当光辐射照射到这个黑体时,产生的温差电动势的大小就反映出入射光辐射功率的值,在电极的热端和冷端之间的回路中,因温差而出现热电势并产生电流,电流的大小与两端间的温差成正比。这种现象称为塞贝克(SeeBeck)效应。多只热电偶串接在一起,即构成热电堆。

热辐射传感器测量过程所依据的原理是塞贝克效应。温差电动势 U 与 2 个接头温度 T_1,T_2 之间的关系为

$$U = \pi(T_2 - T_1)$$

式中:π 是塞贝克常数。热偶堆理论研究指出,接头材料需要电导率高,而热导率低,以便减少欧姆损失以及由于热传导到冷接头而引起的损失。在金属中,热导率 k 和电导率 σ 的比值,根据维德曼-夫兰兹定律等于常数 L 和绝对温度 T 的乘积:

$$\frac{k}{\sigma} = L \cdot T$$

维德曼-夫兰兹定律限制着改变温差热电偶效率的可能性。对于大多数的金属组合,塞贝克常数 π 为 10～100 mV/℃,半导体的值较大。热电偶一般采用合金型半导体材料,一臂采用 P 型材料,如铜、银、硒、硫的合金,另一臂用如硫化银和硒化银的 N 型材料,这种探测器的探测率可达 1.4×10^9 cm·$Hz^{0.5}$/W,响应时间为 30～50 ms。

热敏探测器的物理过程是光辐射的照射使制造探测器的热敏材料变热,一方面,这个过

程是比较慢的,因此,热敏探测器的响应时间较大,大都在毫秒数量级以上;另一方面,热敏材料表面涂有高吸收的黑层,对光辐射中任何波长的辐射都能全部吸收(在探测器的制备工艺中,这样性能的热敏元件是可制作出来的),因此,热敏探测器对入射辐射的各种波长基本上都具有相同的响应度,这类探测器有时也称为"无选择性探测器"。其特点是全波段辐射好、精度高、寿命长,不同波段辐射须用不同滤光罩。

4.2.3　太阳辐射测量

辐射是指太阳、地球和大气辐射的总称。通常称太阳辐射为短波辐射,地球和大气辐射为长波辐射。太阳辐射是太阳发射的能量,入射到地球大气层顶上的太阳辐射,称为地球外太阳辐射;其 97% 限制在 $0.29 \sim 3.0 \mu m$ 光谱范围内,称作短波辐射。地球外太阳辐射的一部分穿过大气到达地球表面,而另一部分被大气中的气体分子、气溶胶质点、云滴和云中冰晶所散射和吸收。地球辐射是由地球表面以及大气的气体、气溶胶和云所发射的长波电磁能量,在大气中它也被部分吸收。300 K 温度下,地球辐射功率的 99.99% 波长大于 3000 nm,99% 波长大于 5 000 nm。温度越是降低,光谱越是移向较长的波长。因为太阳辐射和地球辐射的光谱分布重叠很少,所以在测量和计算中经常把它们分别处理。观测的物理量主要是辐射通量密度和辐射强度。

(1)辐射类别　太阳直接辐射指来自日盘 0.5° 立体角内与该立体角轴垂直的面的太阳辐射。天空辐射(或称太阳散射辐射)指地平面上收到的来自天穹 2π 立体角向下的大气等的散射和反射太阳辐射。太阳总辐射指地平面接收的太阳直接辐射和散射辐射之和。反射太阳辐射指地面反射的太阳总辐射。地球辐射指由地球(包括大气)放射的辐射。净辐射指向下和向上(太阳和地球)辐射之差。

(2)光谱辐射度　所有辐射流的属性均取决于辐射的波长。当需要对特定波长的辐射进行描述时就必须注明所描述的波段。因此,光谱辐射照度是指给定波长在单位波长间隔内的照度。特定波段的照度是指光谱照度在给定波段范围的积分值。可用 LI-1800 便携式分光辐射仪进行光谱测量。单位为 $W/(m^2 \cdot nm)$。

(3)地球表面太阳辐射　是指地球表面所接受的太阳辐射,其中包括太阳直射辐射和太空散射辐射。有关物理量可用 LI-200SA 日总辐射仪测量。单位为 W/m^2。

4.2.3.1　测量辐射的仪器

(1)绝对日射表　测量太阳直接辐射的标准仪器,常用它来确定其他类型仪器的仪器常数。最普通的是埃斯川姆绝对日射表,其感应部分为进光筒内的 2 块接收系数近似 1 的黑色锰铜片。观测时,圆筒正对太阳,使一块锰铜片受日光照射而发热,不受照射的锰铜片通过电流加热,调节加热电流直到这两块锰铜片温度相等,加热电流平方与辐射强度成正比。根据世界气象组织的决议,从 1981 年起将使用指定的 4 种型号作为日射标准仪器,以美国的 PACRRADⅢ 型绝对日射计为例,接收太阳辐射的主要部分是吸收系数接近于 1.0000 的探测黑体空腔的锥角部分,在探测空腔后面的补偿空腔,以人工加热法保持和探测空腔具有相同的温度,使探测腔体的热量完全不向后传递,测量空腔和热汇的温度差就可以测得太阳辐射强度。

(2)直接日射表　是测定太阳直接辐射的常规仪器。进光筒对感应面的视张角为 10°,感应面是一块涂黑的锰铜片,它的背面紧贴热电堆正极,负极接在遮光筒内壁,热电堆的电动势正比于太阳辐射。用于遥测的直接日射表将进光筒安装在"赤道架"上,借助电机和齿轮减速器,带动日射表进光筒准确地自动跟踪太阳。

（3）天空辐射表　测定地平面上的太阳直接辐射、天空散射辐射和地面反射辐射的仪器。感应部分由黑片和白片组成田字形方格阵,辐射强度正比于黑白片下热电堆的电动势。感应面上有一个半球形防风保护玻璃罩,仪器上方可伸出一块对感应平面视角为 10° 的遮光板。支架遮光板遮去阳光,仪器只能测到天空散射辐射;除去遮光板则能测到水平面上太阳辐射和散射的总和;反转仪器使感应面向下,则能测到反射辐射。用于遥测的天空辐射表装上遮日环,遮日环以辐射表感应面为中心,直径约 30 cm,环宽约 5 cm,根据当地纬度和日期,适当调节它的倾角,在一天任何时刻都能遮住太阳的直接辐射。显然由于遮日环的影响测值偏小,必须加以校正。

（4）净辐射表　用于测量地表面吸收和支出辐射之差。仪器有上下 2 片感应面,由绝热材料将其隔开,并分别罩上聚乙烯防风薄膜。向上和向下感应面分别感应地面对辐射的收入和支出,热电堆测量它们的温差,净辐射强度正比于温差电动势。

4.2.3.2　照度测量方法和仪器

照度测量是最流行的光度测量形式,一般都用物理光度计,核心元件为照度传感器,一般由光电池和修正滤光片组成,可将光信号根据人眼光视效率转换为电信号。照度计的测量原理较简单,整个探测器所接受的光通量除以探测器的面积,即为所测的光照度,即 $E = \Phi/S$。

由于光电探测器的光谱灵敏度分布不同于人眼的光谱光视效率 $V(\lambda)$,故一般的照度计在探测器前都装有 $V(\lambda)$ 滤光器。照度计由带滤光器的光电探测器及电子放大器和读数系统所组成。过去广泛采用硒光电池为探测器,这是由于它的灵敏度比其他探测器更接近人眼的光谱光视率 $V(\lambda)$。但是由于硅光电池的灵敏度、稳定性和寿命均较硒光电池的高,近年来多采用硅光电池或光电二极管代替硒光电池作照度计的探测器件。

光电探测器所产生的光电流正比于所接受的光通量,测量时须将照度计的光敏表面与被测量的表面重合,并尽量垂直于光的照射方向。其读数系统可直接指示所测的照度值。

4.2.4　分光辐射仪

对光源、介质或探测器,仅仅知道它们的总输出量或总响应量往往是不够的,只有进行光谱测量才能提供更全面的信息,得出更精确的结果。光谱辐射法不直接测定响应面积,而是对标准光源和被测光源进行光谱辐射测定,然后将在光谱范围内的光谱能量对波长进行积分,得出光谱的辐射功率。

测定方法:首先大致确定光谱波长范围,然后每隔 0.5 nm 或更小的波长间隔测定被测光源和标准光源的光谱辐射。如果光谱光源在波长 λ 上的读数 $R_{t\lambda}$ 包括光谱辐射功率和连续光谱辐射功率,即 $R_{t\lambda} = (R_{e\lambda} + R_{s\lambda})$（$R_{e\lambda}$ 为光谱读数,$R_{s\lambda}$ 为连续光谱读数,可通过邻近连续光谱内插而得）,那么可把连续光谱读数从 $R_{t\lambda}$ 中分离出来。

如果标准光源在波长 λ 上的读数为 $R_{s\lambda}$,那么光谱光源的光谱辐射功率和连续光谱辐射功率分别为

$$E_{t\lambda} = (R_{t\lambda}/R_{s\lambda})E_{s\lambda}$$

$$E_{e\lambda} = (R_{e\lambda}/R_{s\lambda})E_{s\lambda}$$

在测定前,首先要确定光谱波长范围,即 λ_1 和 λ_2,然后从 λ_1 开始每隔 0.5 nm 或更小的波长间隔进行光谱辐射测定,一直到 λ_2 为止,最后把与标准光源作比较得出的每波长上的辐射功率进行累加,得出光谱曲总辐射功率,即

$$E_1(\lambda_0) = \int_{\lambda_1}^{\lambda_2} \frac{R_{t\lambda}}{R_{s\lambda}} E_{s\lambda} \,\mathrm{d}\lambda \qquad (4\text{-}8)$$

由上式可知,只要测定出光谱光源和标准光源每隔 0.5 nm 间隔波长上的光谱辐射功率的读数 $R_{t\lambda}$ 和 $R_{s\lambda}$,并计算标准光源在 $\lambda_1 \sim \lambda_2$ 范围内每隔 0.5 nm 米波长间隔上的光谱辐射功率,那么很容易能计算出光谱的总辐射功率。

把式(4-8)改写成求和形式,则

$$E_1(\lambda_0) = \sum_{\lambda_1}^{\lambda_2} \frac{R_{t\lambda}}{R_{s\lambda}} E_{s\lambda} \Delta\lambda \qquad (4\text{-}9)$$

这个方法的优点在于不测定光谱的响应面积,因而不会引入面积测定上的误差。本方法主要测定标准光源和被测光源光谱辐射之比。

用光谱辐射法测定光谱时,如果接收器的光谱灵敏度在测定波长范围内一致或有线性变化,测定误差就小。这种方法对单色仪的光谱透射比和色散,在测定光谱范围内并不要求均匀或已知,对接收器的稳定性的要求也不高,但测定精度比较高。

综上所述,在测定光辐射光谱时,用逐点法和通带半宽度法的测量精度较低,而采用光谱辐射功率的积分法却可以获得较高的精度。

分光辐射仪用于测量辐射源的光谱能量分布,在选择这种仪器之前应确定所需要的灵敏度,因为小功率灯不能使单色器在窄带宽内产生较大的输出。红外测量通常用光电倍增管作传感器,为使工作时的噪声降至最小,必须对其加以冷却。在光学辐射光谱的 3 个主要波长区——紫外区、可见区和红外区中,通常使用不同的传感器和不同的滤光片。通常仪器都具有自动记录功能,可以免除大量乏味的人工记录工作,提供永久性记录,且速度也快得多。例如,如果测量昼光光谱,记录式仪器在几分钟内便可扫描该谱域,而用手工记录时,在读出数据记录之前,光可能已经发生了变化。

光谱辐射测量是指对发光体、各种光源的光谱成分的测量。被测的光源放在单色仪入射狭缝之前,用适当的光学元件和光路把光引导到单色仪内进行分光,在出射狭缝之外设置探测器,以测量单色光的强弱。无论是测介质还是测光隙,一般都用相对比较法,将被测量与标准量进行比较,由比值与标准值的乘积得到被测值。

在入射狭缝前通常用散射器将入射辐射充分散射,以便整个入射狭缝都受到辐照。在这种情况下,被分析的能量就是照射在漫射器上的能量,而在标定时,输入的光谱辐照度就是漫射器上的光谱辐照度。用来测量出射狭缝输出的传感器取决于所测量的波长和输出的大小。入射狭缝和出射狭缝决定了被测量的光谱带宽。

与放大器联用的硅光二极管可用于测量较高能量级的可见光和近红外光,而光电倍增管则能给出高 2 个数量级的灵敏度。有一种光电管可用于紫外测量,还有一种可用于中红外区。在后一种情况下,为了改善信噪比,必须将传感器冷却到室温以下。当用光电倍增管进行高灵敏测量时,多次重复进行检验是非常重要的。零点和整个量程上的各点都有可能

在短时间内发生漂移,因此,常常有必要在每次读数前和读数后对这些点加以校验,以确保不发生漂移。每当改变放大器的灵敏度范围时也应对这些点进行校验。

4.2.5 LI-1800 分光辐射仪应用简介

任意辐射测量仪器必须具有 3 个不可缺少的组成部分。

(1)光学系统(包括探测器的光敏面) 它可确定接受辐射的孔径和视场角,可表示仪器接受辐射束的几何性。

(2)探测器元件 将入射的电磁辐射转换为响应的、易测的物理量,如电流、电导率或摄影胶片的密度变化等。

(3)放大及处理、显示系统 将探测部分的输出变换为所需要的显示。

4.2.5.1 LI-1800 分光辐射仪组件

LI-1800 分光辐射仪的主要组件如图 4-11 所示。

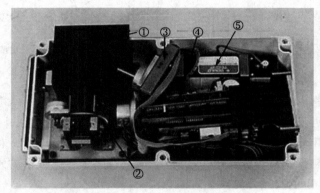

图 4-11 LI-1800 分光辐射仪组件图

①全息光栅单色器。此元件将待测的光辐射色散成光谱并选择一个被测量的光谱窄带宽。

②滤镜。轮上的每一个滤光器均与一个特定的波长范围相对应。LI-1800 分光辐射仪自动地选择所需滤光器,该滤光器的作用是防止无关的光线进入单色光镜。

③硅光探测器。离开单色器的光触发探测器后,产生一个响应电流。

④单片机。控制和处理 LI-1800 分光辐射仪所有的命令、数据采集、存贮和传送等操作指令。

⑤电池。为现场操作、数据采集和存贮等动作提供电力。

4.2.5.2 各部件主要功能

为使 LI-1800 分光辐射仪的角响应特性符合余弦法则,在探头的最前端有一个余弦校正器,它由乳白玻璃或其他漫透射材料制成一定形状的平面或半球面,起漫射作用。一个 LI-1800 分光辐射仪的光照传感器的基本构成如图 4-12 所示。这样的 LI-1800 分光辐射计可以用来测量任意一种光谱组成的复合光所产生的光辐射值,因为它的光谱响应度已经校正,具有对各种可见光谱成分积分的效果。

分光辐射仪需要用单色器把待测的光辐射色散成光谱来进行测量。

一般来讲,色散系统既可以使用棱镜,也可以使用衍射光栅。棱镜单色仪的色散元件是一个三角形的光学玻璃棱镜,在紫外光谱区多用石英或萤石作棱镜材料;在可见光谱区多用重火石玻璃,可以获得较大的色散率;在红外光谱区则要用能透过红外线且色散系数较大的材料,如氯化钠、氮化锂等。

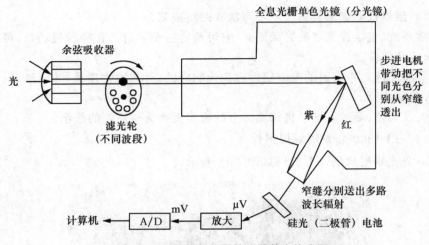

图 4-12　测量辐射能量的仪器基本构成图

　　光栅单色仪通常以反射光栅为色散元件,用在紫外光谱区的光栅一般为每毫米 1 200～3 000 条刻线;用在可见光谱区的为每毫米 600～1 200 条刻线;用在红外光谱区的是每毫米 10～300 条刻线的粗光栅。因光谱区域不同而选择不同的光栅。一般来讲波长越长,所用光栅每毫米刻线数越少。对于波长很短的真空紫外线,除了要用很密的光栅外,往往还要采用掠入射技术,以提高色散元件的效率。

　　LI-1800 分光辐射仪利用一个衍射光栅单色镜,将辐射源分散成光谱,然后对它进行光谱分布的测量,并利用硅光探测器,测量该光谱中不同波长下的光能。单色镜是一个马达驱动的高效全息光栅单色仪。全息光栅和反射板限制杂散光的进入,保证了分光辐射测量的精确性。单片机能全面控制分光辐射仪。界面友好的仪器软件引导操作人员完成设置和自检程序,然后进行分光辐射测量。设备工作流程:驱动单色仪到起始波长位置,在该波长位置采集若干个光强读数,计算光强读数的平均值,存储平均值,驱动单色仪到下一个波长位置,然后重复这一循环,直到单色仪到达最后的波长位置。

　　单片机将每个波长的光强平均值乘以预先编入程序的校准系数,这样,就将原始数据转换为分光辐射的绝对值,并根据用户选择,自动计算相关积分函数(如光度、色度和辐射等参数),借助 RS-232 通信接口还可将测量数据上传计算机绘制光谱分布图。

　　全息光栅单色器:单色器的作用是将辐射光色散成不同波长的光束并使它们分别到达硅光探测器,单色器的基本结构包括入射狭缝、出射狭缝、色散元件及其精密转动机构、准直镜、反射镜等部分。

　　入射狭缝是一个长方形的开口,辐射光由此进入单色光镜,入射狭缝越小,辐射色散的结果就越"纯"。

　　光栅是单色器中作为波长扩散的媒介,光辐射从狭缝进入,撞击到光栅后再反射到出射狭缝,同时被衍射。其最终结果是,不同波长的光辐射以略微不同的角度射向出射狭缝,改变入射狭缝与光栅之间的角度(旋转光栅便可做到),使得待选波长的辐射光束通过出射狭缝,而其他波长的光束被单色器内部黑色表面全部吸收。

出射狭缝的目的是限制并确定到达硅光探测器的光辐射的波长。因为来自单色器的辐射已被散射成光谱,并经出射狭缝前往硅探测器,其光谱带宽由出射狭缝的宽度直接决定。

在 LI-1800 分光辐射仪中,当使用 0.5 mm 宽的狭缝时,可配合 300~850 nm 可见光范围的单色器使用。所得的波段能量在 1/2 或以上时为 4 nm 宽,整个带宽为 8 nm,所以当单色器选择波长 500 nm 时,硅光探测器实际探测到 496~504 nm 范围内的光辐射,它能"看"见波长为 500 nm 的全部辐射,及波长 498 nm 及 502 nm 上的一半辐射,但波长 496 nm 以下或 504 nm 以上的光辐射此时在硅探测器上完全没有反应。

入射狭缝和出射狭缝通常取相同的尺寸,使用的狭缝越窄,可获得的波长分辨率就越大,但到达硅探测器的辐射量也就越少。

除单色仪外,分光辐射仪系统通常还包括光源、探测器、光电信号放大、数据收集处理等几个部分。

在 LI-1800 分光辐射仪内有一个滤镜,光在进入单色器前须首先通过它。LI-1800 分光辐射仪在任意一个时刻只对光谱的一个波长进行测量,这点在以上的叙述中已经清楚了,其他波长的光是不需要的,甚至是需要排斥的,否则它们进入探测器后将会引起误差。滤镜的作用就是把波长测量范围以外的不需要的光过滤掉,以减少外界相邻光线的干扰。

滤镜的操作由内部计算机进行控制,滤光器的位置顺序与下列波长区间对应:1~298nm(无滤光器);299~348 nm;349~418 nm;419~558 nm;559~678 nm;679~775 nm;776~938 nm;939~2598 nm;2599 nm 以上(无滤光器)。滤镜可作为一个暗基准,其上的一个孔被黑色表面所遮住,当轮转到这个位置时,将没有光线到达硅光探测器,于是此时探测器的输出被认为是纯零水平。在每次扫描之前和扫描之后,"暗读"将会自动校正。

如果扫描前后的暗读差超过了 3 mV,终端上将显示警告信息,产生扫描前后暗读差距的最可能的原因是扫描前后探测器的温度起了变化。

LI-1800 分光辐射仪中的探测器是用对光辐射敏感的硅材料制成的,当通过单色器的光辐射撞击到硅光探测器时,会产生一个响应电流,把这个电流信号加以放大,通过 A/D 转换电路,变为数字信号输入计算机。

硅有很好的温度稳定性,在波长 400~850 nm 之间,温度稳定性最高,在这个波长范围以外硅的温度稳定性显著下降。对 LI-1800 分光辐射仪的使用者来说,因为在同样温度下仪器已经被标定过,所以在这样的条件下作长时间的测量,一般不会出现问题。

4.2.5.3 系统附件

LI-1800 分光辐射仪附件主要有以下几类:

(1)光学附件 内装于 LI-1800 分光辐射仪的余弦收集器,能够被 LI-1800 分光辐射仪石英光导纤维探针替换,探针的另一头可与配套的其他光学输入附件连接。

LI-1800 分光辐射仪的遥测余弦收集器,用于在狭小区域中采集光辐射数据。

(2)接口附件 LI-1800 分光辐射仪有 2 个输出接口,一个是终端口,主要用作控制与转换 LI-1800 分光辐射仪的测量数据;另一个输出端口仅用作数据转换。

终端口与 RS-232 通信接口兼容,可与终端或起终端作用的台式计算机连接。利用终端接口方式,我们既可将数据或指令送入 LI-1800 分光辐射仪,又可从 LI-1800 分光辐射仪读取数据。另一个输出端口可工作在 RS-232 通信接口、磁记录和模拟毫伏电压输出等多种方式下,工作方式可由插入输出端的外设接口进行选择。

（3）操作系统　通过一个终端机,用户可与 LI-1800 分光辐射仪进行人机对话。

当输入一个命令时,为了执行命令,LI-1800 分光辐射仪将首先询问一些必要的信息。例如,在开始扫描前,计算机将询问待扫描辐射源的波长范围、采样间隔,需要存贮扫描数据的文件名等相关情况。

LI-1800 分光辐射仪内部的数据存贮是依靠文件系统进行的。文件通常由扫描产生,扫描是一个记录选取波长范围内光辐射的光谱相关信息的数据集。一个文件也能通过在终端上输入数据或对已有文件进行数学运算而产生。比如将一个文件与另一个文件相除,可生成第三个文件。文件一旦生成就储存在存储器中,直到被用户删除为止。

4.2.6　USS-600 均匀光源积分球应用简介

4.2.6.1　仪器描述

USS-600 小型均匀光源系统（图 4-13）,是一个采集待测物质对光辐射反射或透射率的检测系统,能提供均匀的辐射或辐照度,用于实验室内的成像系统,大口径、小口径航天遥感探测系统,胶片/数码相机、摄像机等的均匀性校正,以及面阵探测器的光谱相应特征,此外,也用于生物、微光成像及定量测量校准。

4.2.6.2　工作原理

积分球不论是在照明工程中测量光源的平均球面发光强度,还是在工程热物理中测量光的反射率中都被广泛地应用。所谓积分球,就是一个空心球,在球的内壁涂上一层具有高反射率的漫反射物质（一般采用白色的氧化镁、硫酸钡或碳酸钡）。当一束光投射到积

图 4-13　USS-600 小型均匀光源系统

分球壁之后,经过多次反射,其内壁各点具有照度相同的特性。具备上述特性的积分球可以看作具有相同发光强度的光源。光学测量中就利用了这一重要特性。

利用积分球测量材料和涂层的反射率,一般有 2 种方法,即比较法和绝对法。在比较法中,待测样品一般放置在球壁上;在绝对法中,待测样品既可安放在球壁上,又可放在球心处。人们根据不同的需要,选取不同的方法,设计不同类型的积分球。积分球的类型各异,但要求其内壁照度均匀是相同的。

4.2.6.3　系统概览

USS-600 小型均匀光源系统主要包括均匀光源积分球、内部灯、可变衰减器、预设电流电源。

（1）积分球　作为 USS-600 小型均匀光源系统的核心组件之一（图 4-14）,其主要作用是将由内部卤钨电灯等光源发出的光线转化成高度均匀出射光线,为均匀光源能作为高精度的校准设备提供了基础。其基本工作原理如图 4-15 所示。

光线由输入孔入射后,光线在球的内部被均匀地反射及漫反射,在球面上形成均匀的光

强分布,因此,输出孔得到的光线为非常均匀的漫反射光束,且入射光的入射角度、空间分布以及极性都不会对输出的光束强度和均匀度造成影响。同时,因为光线经过积分球内部的均匀分布后才射出,所以积分球也可以做成一个光强衰减器,其输出强度和输入强度的比值可近似看作

$$\eta = \frac{\text{光输出孔面积}}{\text{积分球内部的表面积}}$$

式中 η 为输出强度和输入强度比。

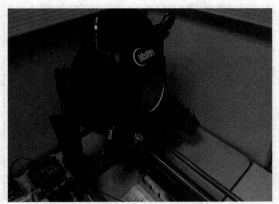

图 4-14 USS-600 小型均匀光源积分球

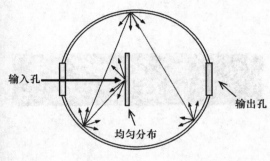

图 4-15 积分球工作原理

使用积分球测量及校准光通量,其测量结果更为可靠,因为积分球可降低并除去由光线的形状、发散角度及探测器上不同位置的响应度差异所造成的测量误差。

(2)内部灯和可变衰减器 USS-600 小型均匀光源积分球使用的灯具为 4 个 35 W 的卤钨电灯,如图 4-16 所示。其分别镶于积分球的内表面上,是 USS-600 小型均匀光源积分球的原始光源。对于卤钨电灯而言,其亮度同加载的电流成线性比例,这意味着通过调节照明端口外衰变器的电流设置即可改变光亮度的输出。在 USS-600 小型均匀光源系统中只有一个卤钨灯上安装有可变衰减器,可以通过手动调节电源或在软件中设定加载的电流值(或百分比负荷),来实现调节积分球内的不同亮度。

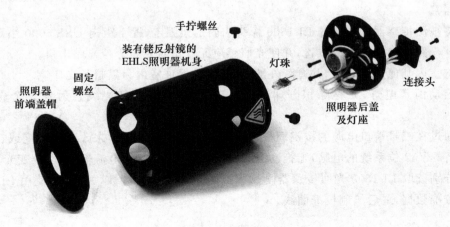

图 4-16 卤钨电灯

（3）预设电流电源　同积分球、卤钨灯等光学仪器配套的提供光源电力的电源称为预设电泳流电源（图4-17），其采用预设电流梯度的设计，且内置了一定的延时，使电灯在启动以及可衰变器调整加载电流时，能有效防止卤钨电灯上的电流变化过大，起到保护电灯，提高电灯使用寿命的作用。

同时，该电源也提供了手动控制和自动控制2种操作模式。在手动操作下，实验员可以通过前端的方向按键来调整衰变器的电流，从而调节均匀光源的输出光束强度。此外，可以通过配套的 Labsphere 软件进行同样的操作（图4-18）。

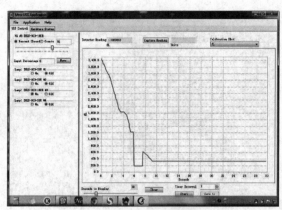

图 4-17　预设电流电源　　　　　　　　图 4-18　远程控制面板

4.2.6.4　USS-600 小型均匀光源系统使用

使用 USS-600 小型均匀光源系统的校准功能，仅限于对光照度的测量，校准单位只有 cd/m² 或 foot-Lambert（英制）2 种，且光照信号和电流信号的转换公式不详，校准文件在出厂时已预设完成，厂家不建议修改，因此，导致暂时无法利用该设备去校准其他类型的光照传感器（lx，光量子流密度）。

在实验中使用 USS-600 小型均匀光源系统对 LI-1500 高精度光照传感器主机及其 3 个光照探头进行辅助校准，使用步骤如下：

①分别接通 USS-6000 小型均匀光源系统的 4 个端口的电源或仅使用 3 号端口电灯（带可衰变器）。

②将被测传感器和对应的 LI-1500 探头用固定架固定，置于距离 USS-6000 小型均匀光源积分球光路出口处相等的位置，并使光照感应元件正对着积分球光路出口。

③将室内其他照明熄灭，并遮蔽外部自然光源，保证室内为黑暗无光环境。

④启动卤素电灯，并移除积分球光路出口处的挡光盖，使光线直射到 2 个光照传感器上。

⑤通过在三号端口电源的按键面板上直接调整电流输出大小来改变光亮度或在配套软件（安装需要 32 位系统的电脑）上拖动滑动轴，来调节三号灯的电流输入，以改变光照强度。

⑥分别读取 LI-1500 光照传感器读数和被测光照传感器读数，并对比，使用 LI-1500 读数作为校准数据，之后绘制校准曲线。

1.研究人员想通过测定表面的温度来决定从其表面能量辐射的总速率。影响这种辐射的基本物理定律为

$$E = A\lambda\sigma T^4$$

式中:E 为能量的辐射率;A 为表面积,$A = 1.0(m^2)$(正方形);λ 为表面辐射系数;T 为表面温度,K;σ 为斯特藩-波尔兹曼常数,$5.6697 \times 10^{-8} W/(m^2 \cdot K^4)$。

该物体表面积的长度测量的估计精度为 0.1%。辐射率的估计精度为 3%,测量表面温度用的热电偶以及与其相连的电子仪器的校准精度在 0~100℃ 的范围内允许静态温度测量精度为 ±0.2℃,然而仪器是用于温度动态波动时估计 E 值的。温度测量仪器的时间常数为 2s。假定这些变量是正弦规律的,以及误差估算全部都有相同的 π 率,决定 E 值作为温度波动频率的函数在 0~100℃ 范围内的最大不可测的程度(百分数)。假定仪器的动态延迟直接影响到试验的误差,并在分析时没有补偿。

2.下面的数据表示重复测试变量的读数:10.60,10.75,10.50,10.63,10.58,10.65,10.61,10.57,10.97,10.59。假设误差按正态分布,并采用肖维特准则淘汰错误的数据,估算取样的平均值和方差。

3.下面给出的数据是通过试验收集来的,试验中响应变量的连续测量是在相等的时间间隔 1 s 内从 $T = 0$ 开始收集的。可预计响应变量随时间增长成线性规律的变化。把数据绘在图纸上,如果存在足够的统计上的理由舍弃任何不适用的读数,可采用肖维特准则来决定。按时间增长的顺序连续排列数据为:

0.1,0.4,1.0,2.2,2.4,3.0,3.5,3.9,4.6。

4.规划一次试验来决定无限长的流体流过平面时速度的分布,它是相距表面的距离的函数。假设是二维流体并忽略板的厚度,作为影响速度分布应假设下述的变量:V 为流速(因变量);X 为沿板的水平距离;Y 为离开板的垂直距离;μ 为流体的黏度;ρ 为流体密度。对该问题进行量纲分析,并通过试验指出变化的基本变量。

5.电源和继电器安装在一个表面抛光的金属盒内。盒内产生的热量使温度升高到系统元件安全使用的允许限度之上。试问有什么最简易的解决方法?如果盒子是(a)放在室内;(b)放在室外。

6.为一个机器修理中心的照明拟定一般规程。照明面积包括大型收获机械、工作台和办公室等场所。

7.设计一个光学装置统计在传送带上成单行移动的水果,利用资料选定光源、光学元件和探测器。规定对装置外壳的要求并提出一般的波长分析。

8.一个具有准直光装置的实验装置,在其装置的特定点使光束漫射。试确定使光束漫射的材料。

9.在一个小型的作物生长室里,作物用一盏大功率的钨灯照射。灯与作物之间的水过滤器用来降低对作物周围的红外辐射强度,试问需要多深的水才能将波长为 1.6 nm 或波长更长一些的灯所发射的红外线降低到 10% 以下?

10.粗糙的苹果浸在水中时有比较丰富多彩的颜色(高色度)。红苹果的反射率在空气

中大约是红光的 20 %和绿光的 5%。红光与绿光反射率的比值随水果的色度成正比地变化。试计算单向反射率,并确定单向反射率是否因浸入水中而有显著的变化? 并说明其外表上的变化。

11.详细说明在表示植物叶子的绿度的双波长测量装置中使用滤光器的必要性。

12.一种颜色分选机用于分选桃子。当在分选没有洗刷过的桃子时,可获得满意的分选结果。若在分选前先把桃子清洗一下,则分选效果非常差。为什么?

第5章
空气湿度与气体成分检测

大气中的湿度及其变化与天气变化有密切的关系。大气中的水汽,是形成云雾、降水现象的重要因素,大气中水汽的水相转换是重要的能量传递方式。因此,湿度的变化往往是天气变化的前奏。在农业生产方面,低层大气中的水汽含量直接影响农作物的生长;在工业生产方面,也对湿度条件提出种种要求。因此,空气湿度是重要的测量项目之一。

表示空气湿度的物理量很多,在设施农业环境因素测试中,主要测定下列几种湿度量。

①相对湿度:空气中实有水汽压与同一温度、气压条件下的饱和水汽压的百分比,取整数。

②露点温度:湿空气在水汽含量不变的条件下,等压冷却到饱和时的温度称为露点温度。单位为℃,取1位小数。

5.1 空气湿度检测

在大气环境中,空气的成分主要是氮气(78%)、氧气(21%)及其他微量气体(如:水蒸气、二氧化碳、氩气等)。在湿空气中,水蒸气的含量虽少,但其却对室内空气环境控制(生物舒适度及工艺生产要求)产生重要的影响,并且对空气热湿处理能耗产生重要的影响(潜热换热量)。湿热空气的温度是表示空气冷热程度的标尺,湿热空气中水蒸气的温度与干空气的温度相等,这其中,湿热空气温度、空气湿度的高低对人体的舒适感和某些生产过程的影响较大,因此,温度、湿度是衡量空气环境对人类生命活动和畜牧生产是否合适的2个非常重要的参数。

测定湿热空气的湿度是了解设施农业有关环境的基础。水分的蒸发是动植物在热天散热的重要方式之一。在冷天排除农业设施内的水分是环境控制中的一个困难问题。在热天常用蒸发冷却器或洒水器给动植物补充水分。因而,湿热空气就是控制农业生物环境的工质。空气热湿处理过程中,"空气"是"湿热空气"的简称,是干空气和水蒸气的混合物。湿度是表示空气中水蒸气含量的物理量,常用绝对湿度、相对湿度、露点等表示。本节旨在研究湿热空气热力学参数,以及如何利用这些参数分析湿热空气状态及相关空气处理过程,重点关注空气热力学参数及在焓湿图上的应用。

5.1.1 空气的热力学性质

空气与水蒸气组成的混合气体简称"湿热空气"。湿热空气可以包含不同量的水蒸气,其范围从零(此时为干燥空气)直到饱和状态,而饱和度又随空气温度的变化而变化。当湿热空气中的水蒸气跟产生它的液体处于动态平衡时,就达到了饱和。湿热空气与农业工程中诸多物性的处理过程相关,譬如加热、通风与空调、食品储藏、堆肥(有氧发酵)、干燥及脱水等。湿热空气的作用简列如下:

①作为输送水蒸气、氧气与二氧化碳的介质;

②作为热传递的介质;

③作为水蒸气的来源(source)或去处(sink);

④作为热的来源或去处。

湿空气为热与水蒸气的来源与去处,热与水蒸气直接影响空气的温度与湿度。在热力学性质中,空气的温度包括干球温度、湿球温度与露点温度,湿度则包括绝对湿度(或称湿度比)与相对湿度。其他的性质包括密度、饱和度、饱和蒸气压、水蒸气分压、热焓等。

5.1.1.1 理想气体定律

湿热空气的热力学状态可由压力和另外 2 种独立的特性来确定。表明理想气体特性之间的数学关系的公式为

$$p \cdot V = n \cdot R \cdot T \tag{5-1}$$

式中:p 为压力,Pa;V 为体积,m^3;R 为气体常数,J/(kg·K);T 为绝对温度,$t+273.15$ K;n 为理想气体摩尔数,mol。

温度范围为 $-100 \sim 0℃$ 的固态水的饱和(升华)压力由式(5-2)给出

$$\ln p_{ws} = \frac{C_1}{T} + C_2 + C_3 T + C_4 T^2 + C_5 T^3 + C_6 T^4 + C_7 \ln T \tag{5-2}$$

式中:$C_1 = -5.6745359 \times 10^3$;$C_2 = 6.3925247$;$C_3 = -9.6778430 \times 10^{-3}$;$C_4 = 6.2215701 \times 10^{-7}$;$C_5 = 2.0747825 \times 10^{-9}$;$C_6 = -9.4840240 \times 10^{-13}$;$C_7 = 4.1635019$。

在 $0 \sim 200℃$ 的温度范围内,水的饱和压力由式(5-3)给出

$$\ln p_{ws} = \frac{C_8}{T} + C_9 + C_{10} T + C_{11} T^2 + C_{12} T^3 + C_{13} \ln T \tag{5-3}$$

式中:$C_8 = -5.8002206 \times 10^3$;$C_9 = 1.3914993$;$C_{10} = -4.8640239 \times 10^{-2}$;$C_{11} = 4.1764768 \times 10^{-5}$;$C_{12} = -1.4452093 \times 10^{-8}$;$C_{13} = 6.5459673$。

上述两式中:p_{ws} 为饱和大气压,Pa;T 为绝对温度,$t+273.15$ K。

干空气和水蒸气的混合气体与理想气体十分相近,如在农用建筑物环境控制的温度和压力范围内运用式(5-1),其误差极小,可以忽略不计。因此,干空气的气体常数 $R_a = 8314.472$ J/(mol·K)÷28.966 kg/mol=287.042 J/(kg·K),在该温度和压力范围内可认为是精确的。水蒸气的气体常数可取 $R_w = 8314.472$ J/(mol·K)÷18.015268 kg/mol=461.524 J/(kg·K),适用于蒸汽像气体一样作用的地方。一般说来,除了蒸汽混合物的饱和状态之外,对于过热蒸汽的各种情况都是正确的。

干空气混合物中的水蒸气可看作是一种理想气体,因此,可应用道尔顿定律,即在气体混合物中某一气体在气体混合物中产生的分压等于它单独占有整个容器时所产生的压力;而气体混合物的总压力等于其中各气体分压之和,可用式(5-4)表示如下:

$$p = p_a + p_w = \frac{M_a R_a T_a}{V_a} + \frac{M_w R_w T_w}{V_w} \tag{5-4}$$

每一种气体成分都均匀地扩散于气体混合物中,因而气体成分的体积和温度与气体混合物的体积和温度相等。上述方程式可简化成

$$p = \frac{T}{V}(M_a R_a + M_w R_w) \tag{5-5}$$

同样,由于气体混合物中各气体成分的体积和温度相等,由式(5-1)可得

$$\frac{p_w}{p_a} = \frac{M_w R_w}{M_a R_a} \tag{5-6}$$

如果总压力和水蒸气的质量为已知,则分压力可计算得出。

水蒸气分压力对空气性质的影响:水蒸气分压力的大小,反映了湿热空气中水蒸气含量的多少。水蒸气含量越多,其分压力也越大;在一定温度条件下,一定量的空气中能够容纳水蒸气的数量是有限度的。湿空气的温度越高,它允许的最大水蒸气含量也越大。当空气中水蒸气的含量超过最大允许值时,多余的水蒸气会以水珠形式析出,这就是结露现象,此时水汽达到饱和状态,所对应的湿空气称为饱和湿空气。一般而言,大气压力随海拔高度的升高而降低,不同海拔高度的大气压及温度相互关系如下所示:

$$p = 101.325(1 - 2.25577 \times 10^{-5} Z)^{5.2559} \qquad (-5000 \leqslant Z \leqslant 11000) \tag{5-7}$$

$$t = 15 - 0.0065Z \tag{5-8}$$

式中:Z 为海拔高度,m;t 为温度,℃。

5.1.1.2 绝对湿度

绝对湿度定义每 1 m³ 湿空气,在标准状态下(即 0℃、101.325 kPa)所含有的水蒸气质量。换言之,绝对湿度就是湿空气中水蒸气的密度[$\rho = (M_a + M_w)/V$]。它是大气干湿程度的物理量的一种表示方式。通常以 1 m³ 空气内所含有的水蒸气的质量来表示。水蒸气的压强随着水蒸气密度的增加而增加,所以,空气里的绝对湿度的大小也可以通过水汽的压强来表示。水蒸气密度的数值与以 mmHg 为单位的同温度饱和水蒸气压强的数值很接近,故也常以水蒸气压力(以 mmHg 为单位)的数值来计算空气的干湿程度。

5.1.1.3 湿度比

湿度比 W 是水蒸气的质量与单位质量的干空气之比,用每千克干空气中含有多少克的水蒸气来表示。图 5-1 表明空气和水蒸气湿度比的关系。通过干球空气温度(x 轴)和湿度比(y 轴)可确定饱和温度线。对处于 A 点的空气-水蒸气混合物来说,其饱和状态下的湿度比可以求出,如图 5-1 所示。根据式(5-4),任何空气—水蒸气混合物的含湿量可写为

$$W = \frac{M_w}{M_a} = \frac{p_w R_a}{p_a R_w} = \frac{p_w R_a}{(p - p_w) R_w} \tag{5-9}$$

如用数值代入气体常数,湿度比可写为

$$W = \frac{M_w}{M_a} = 0.621945 \frac{p_w}{(p - p_w)} = 0.621945 \frac{\varphi \cdot p_s}{p - \varphi \cdot p_s} \quad \text{(g/kg)} \tag{5-10}$$

式中：M_w 为气体混合物中水蒸气的质量，g；M_a 为干空气的质量，kg；p 为大气压，Pa；p_w 为湿空气中水蒸气分压力，Pa；p_s 为同温度下水蒸气的饱和分压力，Pa；φ 为相对湿度。

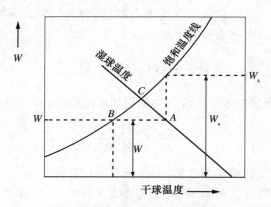

图 5-1　饱和温度线和空气-水蒸气湿度比的关系

在一个密封的装有水的容器中（图 5-2），同时进行着 2 种相反的过程：水的蒸发和水蒸气的凝结过程。在一定的温度时，这两个过程间的动态平衡将导致一个确定的水蒸气密度的产生。这个处于动态平衡状态的蒸汽称为饱和蒸汽。饱和蒸气压 $p_s(T)$ 与温度有关，关系式为

$$p_s(T) = A\exp\left(-\frac{E_p}{kT}\right) \tag{5-11}$$

式中：A 是常数；E_p 是把一个分子从液体中蒸发出来所需的激活能。显然，由式（5-11）可以看出，饱和蒸气压按指数规律随温度的升高而增强。在 $p_s(T)$ 与温度的关系式中，蒸发的分子数量以指数方式增长是一个关键性的因素。

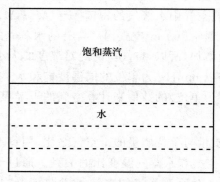

图 5-2　饱和蒸汽的生成

为说明"饱和"的概念，可从日常生活中的一些例子谈起。大家知道，空气具有吸收和容纳水蒸气的能力，比如湿衣服挂在比较干燥的宿舍里容易晾干，这是因为衣服上的水吸收热量变成水蒸气扩散到空气中去了。如果把湿衣服挂在十分潮湿的房间里，就不易晾干。这说明潮湿房间里的空气吸收和容纳水汽的能力较差。

在一定温度下，空气中的水蒸气含量达到最大限度（或称为饱和量），再也不能容纳水汽了，这时会出现多余的水汽变成凝结水的现象，这种状态的空气叫饱和空气。与饱和空气状

态相对应的参数有:饱和水汽分压力、饱和绝对湿度和饱和含湿量等。如果空气中的水汽量小于饱和量,这种空气称为未饱和空气。

在日常生活中,空气达到饱和状态的例子很多。比如,在炉子上烧开水,当水滚开时,就可以看到从水壶里冒出大量白色的"热汽";冬天人们在寒冷的室外说话,也可以看见从嘴里呼出一团团白色的"热汽"。这是什么原因呢?人们往往以为这就是水蒸气,其实水蒸气是无色的,肉眼看不见。我们所看到的不是别的,正是周围空气饱和后,容纳不了的那一部分多余的水汽凝结成小水珠,在光线照射下变成白色的"热汽"。

显然,空气能容纳水汽的最大值(即饱和绝对湿度)与温度有关,温度越高,容纳水汽的量就越大,反之则小。例如在热天,人们就看不见人说话时呼出来的白色"热汽",就是因为天热,空气的"胃口"大,能"吃"掉的水蒸气的量就大。但是,只要水汽量超过了某个限度,即使在夏天,空气也有"吃"不下水蒸气的时候,热天炉子上开水壶里也会冒白气就是这个道理。

5.1.1.4 比焓

理想气体混合物的焓等于各组分的焓之和。因此,湿空气的比焓 h 可以写为

$$h = h_a + W h_g$$

式中:h_a 是干燥空气之焓,kJ/kg;h_g 是同一混合物温度下饱和水蒸气之焓,kJ/kg;作为近似值,$h_a = 1.006t$,$h_g = 2501 + 1.86t$,这里,t 代表干球温度,℃;综上所述,湿空气比焓变成

$$h = 1.006t + W(2501 + 1.86t) \tag{5-12}$$

比焓是空调中的一个重要参数,用来计算在定压条件下对湿热空气加热或冷却时吸收或放出的热量。湿空气的比焓不是温度 t 的单值函数,而取决于温度和含湿量 2 个因素。温度升高,焓值可以增加,也可以减少,焓值取决于含湿量的变化情况。

5.1.1.5 相对湿度

在环境调控工程中,仅用空气的绝对湿度和含湿量,还不能完全明确表达该空气状态的干湿程度对生产工艺和动植物生理的影响,因此需要引用"相对湿度"这个参数。

空气中实际所含水蒸气密度(M_w)和同温度下饱和水蒸气密度(M_{sw})的百分比值,叫作空气的"相对湿度"(简称 φ)。φ 的物理意义:表示空气接近饱和的程度。φ 值小,说明空气干燥,远离饱和状态,吸收水蒸气的能力强;φ 值大,则说明空气潮湿,接近饱和状态,吸收水蒸气的能力弱;$\varphi = 100\%$ 为饱和空气,$\varphi = 0$ 为干空气。

$$\varphi = \frac{M_w}{M_{sw}} \times 100\% \tag{5-13}$$

根据式(5-1),在同一温度 T 下,又可得出

湿度比　　　$W = 0.621945 \dfrac{p_w}{p_a - p_w}$

饱和含湿量　　　$W_s = 0.621945 \dfrac{p_{sw}}{(p_a - p_{sw})}$

两式相比,则得

$$\frac{W}{W_s} = \frac{P_w}{P_{sw}} \times \frac{P_a - P_{sw}}{P_a - P_w} = \frac{\varphi}{100\%} \times \frac{P_a - P_{sw}}{P_a - P_w}$$

整理后得

$$\varphi = \frac{W}{W_s} \times \frac{P_a - P_w}{P_a - P_{sw}} \times 100\% \qquad (5\text{-}14)$$

因 $P_w \ll P_a$，$P_{sw} \ll P_a$ 故

$$P_a - P_w \approx P_a - P_{sw}, \quad \frac{P_a - P_w}{P_a - P_{sw}} \approx 1$$

此时可得相对湿度的近似表达式：

$$\varphi \approx \frac{W}{W_s} \times 100\% \qquad (5\text{-}15)$$

空气的干湿程度和空气中所含有的水汽量接近饱和的程度有关，而和空气中含有水汽的绝对量却无直接关系。例如，空气中所含有的水汽的压强同样等于 1 606.24 Pa (12.79 mmHg)时，在炎热的夏天中午，气温约 35℃，人们并不感到潮湿，因为这时离水汽饱和气压还很远，物体中的水分还能够继续蒸发；而在较冷的秋天，大约 15℃，人们却会感到潮湿，因为这时的水汽压已经达到过饱和，水分不但不能蒸发，而且会凝结成水。因此，我们把空气中实际所含有的水汽的密度 ρ_1 与同温度时饱和水汽密度 ρ_2 的百分比($\rho_1/\rho_2 \times 100\%$)叫作相对湿度(%)。也可以用水汽压强的比来表示：

$$相对湿度 = \frac{水蒸气分压强}{同温度下水的饱和蒸气压} \times 100\% \qquad (5\text{-}16)$$

例如，空气中含有水汽的压强为 1 606.24 Pa(12.79 mmHg)，在 35℃时，饱和蒸气压为 5 938.52 Pa(44.55 mmHg)，空气的相对湿度 $\varphi = \frac{12.79}{44.55} \times 100\% = 29\%$；而在 15℃时，饱和蒸气压是 1 606.24 Pa(12.79 mmHg)，相对湿度是 100%。

相对湿度对人体的舒适和健康，对工业产品质量都有一定的影响。人处在相对湿度很大的空气环境里，就会感到很闷热、憋气，在相对湿度很小的环境里，又会觉得口干舌燥。从人的舒适和健康出发，一般房间的相对湿度应保持 40%～60% 之间，至少也应在 30%～70% 之间。

绝对湿度与相对湿度这两个物理量之间并无函数关系。例如，温度越高，水蒸发得越快，于是空气里的水蒸气也就相应地增多。所以在一天之中，往往是中午的绝对湿度比夜晚的大。而在一年之中，夏季的绝对湿度比冬季的大。因为空气中的饱和水汽压也要随着温度的变化而变化，所以中午的相对湿度可能比夜晚的小，而冬天的相对湿度比夏天的大。在某一温度时的饱和水汽压可以从"不同温度时的饱和水汽压"表中查出数据，因此，只要知道绝对湿度或相对湿度，即可算出相对湿度或绝对湿度来。

5.1.1.6 湿球温度

对于任何状态的湿热空气，都存在一个饱和温度 t^*，在这个温度和总压力完全相同的情况下，液态(或固态)水蒸发到空气中达到饱和。在绝热饱和过程中，饱和空气在与注入水相

同的温度下排出。在这个恒压过程中：

①湿度比从初始值 W 增加到 W_s^*；

②焓从初始值 h 增加到 h_s^*；

③每单位质量的干空气增加水蒸气质量为(W_s^*-W)，对应增加的空气潜热量为($W_s^*-W)h_w^*$，其中 h_w^* 表示水蒸气对应的比焓，单位为 kJ/kg。

因此，如果过程是严格绝热的，根据绝热稳定流动能量方程可得

$$h+(W_s^*-W)h_w^*=h_s^* \tag{5-17}$$

W_s^*，h_w^* 和 h_s^* 仅是定压下温度 t^* 的函数。对于给定的 h，W 和 p，满足式(5-17)的 t^* 值称为绝热饱和温度，就是水分在绝热情况下向空气中蒸发而使空气达到饱和时的温度。如图 5-1 所示，C 点表示从 A 点的空气-水蒸气状态达到绝热饱和状态时饱和温度线上的湿球温度。

根据物理知识，在水面上的水分子总力图脱离水面化为水汽进到空气中去，这就是水的蒸发或汽化现象。由于水不断蒸发，紧贴水表面上总有那么一层饱和空气层，它的温度接近于水的温度，它的水蒸气分压力大于周围未饱和空气的水蒸气分压力。于是，水表面上的饱和空气同周围空气之间产生了湿交换，水分子化为水汽不断地从饱和空气层扩散到周围空气中。随着水汽进入空气中，也将所吸收到的汽化热(可能取自水，也可能取自周围空气)带给了空气，这个过程称为潜热交换。与此同时，由于室内空气温度与盆里的水温不同，按照传热原理，热量从温度高的传给温度低的，这个过程称为显热交换。总之，水表面上的饱和空气层同周围空气之间进行着十分复杂的热湿交换过程。

到底这个热湿交换过程是怎样进行的呢？让我们以干湿球温度计为例来加以说明。干湿球温度计上的湿球温度计的读数实际上反映了湿球纱布中水的温度，是包围着湿球纱布的一层饱和空气层同周围空气进行热湿交换的结果。

假定湿球纱布的水温开始高于空气的温度(干球温度)，此时水吸收本身的热量作为汽化热变成水汽进入空气中，结果纱布水温逐渐下降。当水温降到比空气温度低一些时，空气就要开始向水传热，其传热量的大小主要取决于空气温度与纱布水温的温差大小。此时，水分蒸发所需的汽化热来自 2 个方面：一部分来自空气(还不够用)；另一部分仍然是取自水本身，因而纱布水温继续下降。对于一定温度的空气来说，纱布水的蒸发量是趋于稳定的，所需的汽化热也是一定的。当纱布水温一直降低到某一温度，而空气传给纱布水的热量(显热)增大到正好等于蒸发一定水分所需热量(潜热)时，就不必从水中吸收热量了，这时湿球纱布上水的温度，也就是湿球温度计的读数就不再下降，这个最终的温度就是我们所说的湿球温度。对于空气来说，它传给纱布水的显热量正好等于它吸收了水汽后换回来的潜热量，因此，湿球温度又叫作水与空气的平衡温度。

至于湿球纱布的水温开始等于或低于空气温度时的情况，也可用上面类似的方法进行分析，不论水温如何，最后总是可以达到湿球温度的。

式(5-17)是精确的，因为它定义了热力学湿球温度 t^*。用近似理想气体关系式(5-12)代替 h 及 h_s^*，用近似关系代替饱和液态水：$h_w^*\approx4.186t^*$ 代入式(5-17)，并求解湿度比，得出

$$W=\frac{(2501-2.326t^*)d_s^*-1.006(t-t^*)}{2501+1.86t-4.186t^*} \tag{5-18}$$

式中:t 和 t^* 以℃为单位。低于冰点温度时,对应的方程式为

$$h_w^* \approx 333.4 + 2.1t^*$$

$$W = \frac{(2830 - 0.24t^*)d_s^* - 1.006(t - t^*)}{2830 + 1.86t - 2.1t^*} \tag{5-19}$$

在 0℃下测定相对湿度时,湿球/冰球温度计不精确。

5.1.1.7 露点温度

温度越高的气体,含水蒸气越多。若将气体冷却,即使其中所含水蒸气的量不变,相对湿度也将逐渐增加,增到某一个温度时,相对湿度 $\varphi = 100\%$,呈饱和状态,再冷却时,蒸汽的一部分凝聚生成露,把这个温度称为露点温度。即在气压不变的情况下,为了使空气所含水蒸气达到饱和状态时所必须冷却到的温度称为露点温度。露点温度可以直接通过下列方程之一计算:

在 0～93℃的温度之间,

$$t_d = 6.54 + 14.526\alpha + 0.7389\alpha^2 + 0.09486\alpha^3 + 0.4569(p_w)^{0.1984} \tag{5-20}$$

低于 0℃,

$$t_d = 6.09 + 12.608\alpha + 0.4959\alpha^2 \tag{5-21}$$

式中:t_d 为露点温度,℃;$\alpha = \ln p_w$,p_w 为水蒸气分压,kPa。

空气温度和露点温度相差越小,表示空气越接近饱和。这种现象在我们日常生活中经常碰到。例如,冬天一个戴眼镜的人从寒冷的室外走进温暖的房间,他的镜片上会立即蒙上一层水雾,使人看不清楚。待一会儿,水雾就慢慢消失了。这是因为在温暖的房间里,温度较高的空气是未饱和的,当它一接触到温度较低的镜片(低于空气的露点温度)时,镜片周围的空气立即变为饱和空气,并在镜片上凝成细小的水珠。随着镜片温度不断升高(是室内空气对其加热的结果),它上面的水雾又变为水蒸气重新回到空气之中,而镜片周围的饱和空气也变成不饱和的了。通常我们看到太阳一出来,树叶、石面和窗玻璃上的露水逐渐消失,也是同一道理。

掌握了空气露点温度及结露的规律后,可以用来指导工程实践。例如,在设计房屋的时候,就要从建筑热工的角度,检查冬季墙或顶棚内表面的温度是否低于室内空气的露点温度,从而采取相应的措施,避免结露现象的发生。墙内表面结露既影响建筑物寿命,又给人们带来不舒服的感受,是卫生、技术条件所不允许的。但在空气调节工程中,有时要利用结露的规律对空气进行除湿,例如,用表面式冷却器(其表面温度低于空气露点温度)去处理空气,使空气获得冷却减湿的效果,就是一个例子。又如,在地下建筑的通风除湿中,有时让室外热湿空气通过一个天然的岩洞(岩洞内表面温度低于空气的露点温度),把空气中水蒸气初步凝结下来。

5.1.1.8 焓湿图的应用

以图形方式表现湿空气热力性质彼此间关系的曲线图称为焓湿图。在任一给定大气压下,焓湿图可用于确定湿热空气各个状态参数之间的相互关系,动态显示湿热空气的变化过程。以干球温度为横坐标,以湿度比(含湿量)为纵坐标,以饱和相对湿度线为上界(图 5-3)。不同海拔有不同的大气压力值,传统纸质焓湿图有低海拔、中海拔与高海拔 3 种。低海拔者

又依温度范围分成低温、常温与高温 3 种范围,中、高海拔者则仅有常温范围的焓湿图。另外,亦有英制与公制之别。焓湿图最基本的应用是查找空气状态参数(图 5-4)。此外,焓湿图还可以用于判断空气的状态、表示空气的状态变化和处理过程(图 5-5)等。

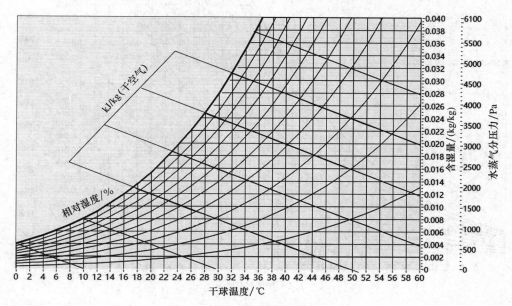

图 5-3 典型焓湿图

焓湿图看上去比较复杂,常用的有 6 类线条:①45°的等焓线[图 5-4(a)];②垂直的等温线[图 5-4(b)];③水平的等含湿量线[图 5-4(c)];④弧形的等相对湿度线[图 5-4(d)];⑤与等焓线几乎是平行的等湿球温度线[图 5-4(e)];⑥近似水平的等含湿量线[图 5-4(f)]。

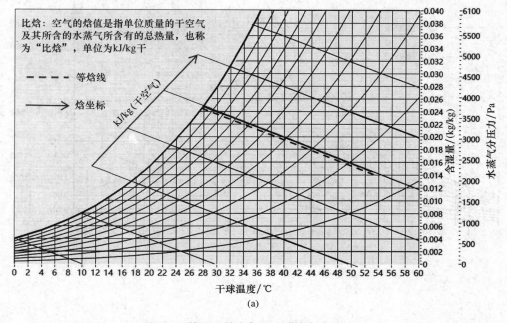

(a)

图 5-4 焓湿图的空气热力学参数示意图

141

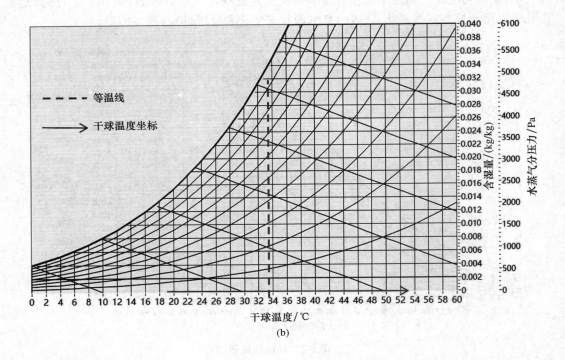

(b)

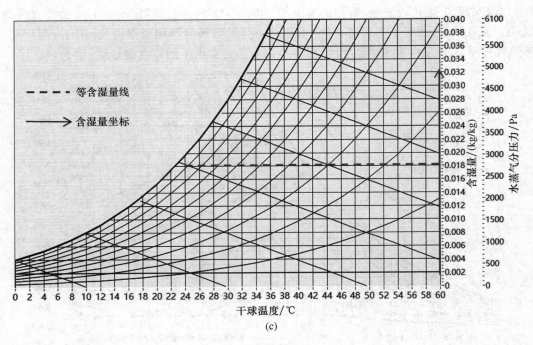

(c)

续图 5-4

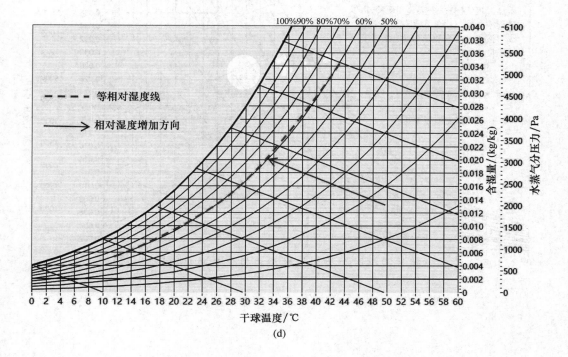

(d)

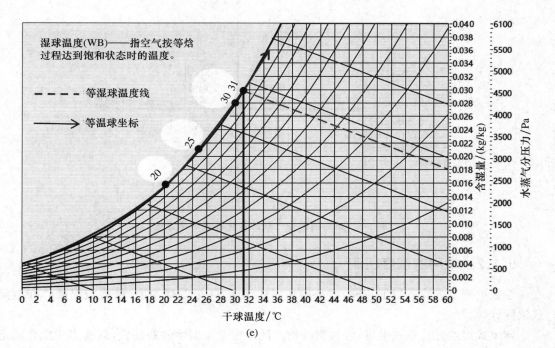

(e)

续图 5-4

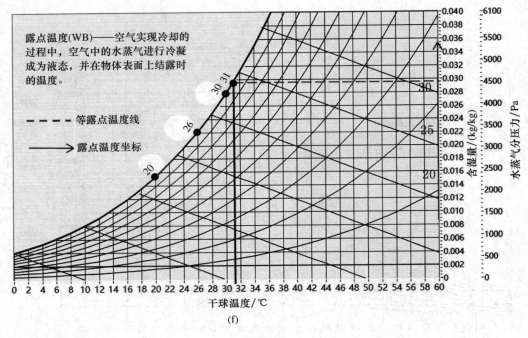

露点温度(WB)——空气实现冷却的过程中,空气中的水蒸气进行冷凝成为液态,并在物体表面上结露时的温度。

- - - - 等露点温度线

→ 露点温度坐标

干球温度/℃

(f)

续图 5-4

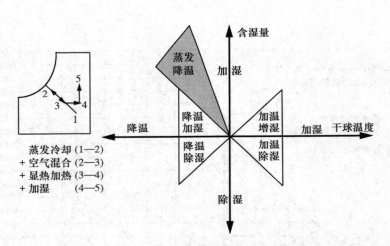

蒸发冷却 (1—2)
+ 空气混合 (2—3)
+ 显热加热 (3—4)
+ 加湿   (4—5)

图 5-5　焓湿图的空气状态变化及处理示意图

5.1.2　常用的湿度检测

湿度的测量方式有以下几种,即采用伸缩式湿度计、干湿球温度计、露点温度计和电阻式湿度计等。

伸缩式湿度计是利用毛发、纤维素等物质随湿度变化而伸缩的性质,以前多用于自动记录仪、空调的自动控制等,目前用于家庭设备的是把纤维素与约 50 μm 的金属箔黏合在一起,卷成螺旋状的传感器。这种温度计不需要进行温度补偿,但不能转换为电信号。

干湿球温度计是用于气象的湿度计,根据湿球的通风情况测量湿度,优点是精度高。把湿球的温度换算成湿度,采用计算机进行处理,使其达到最佳状态。这种湿球传感器已有各种类型,但缺点是要给湿球供水。

电阻式湿度计是根据湿敏传感器的电阻值变化而求得湿度的一种湿度计,其能简单地转换为电信号,因此,它是广泛采用的一种方法。

本节主要介绍上述几种传感器及其应用。

5.1.2.1　干湿球法湿度测量原理

(1)干湿球温度计　将2支完全相同的水银温度计装入金属套管中,水银温度计球部有双重辐射防护管(图5-6)。一支测气温,其温包上什么也没有,可直接测出空气的温度,称为干球温度计,另一支在温包上包有保持浸透蒸馏水的脱脂纱布,纱布的末端浸在盛水的小瓶里。由于毛细管作用纱布将水吸上来,而温包周围经常处于湿润状态,称为湿球温度计。套管顶部装有一个用发条或电动机驱动的风扇,启动后抽吸空气均匀地通过套管,使球部处于不低于2.5 m/s的气流中(电动机驱动风扇可达3 m/s),以测定干湿球温度计的温度,然后根据干湿球温度计的温差,计算出空气的湿度。

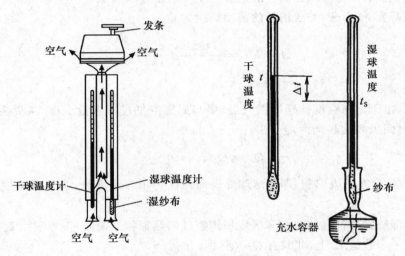

图 5-6　干湿球温度计

当空气未饱和时,湿球因表面蒸发需要消耗热量,从而使湿球温度下降。与此同时,湿球又从流经湿球的空气中不断取得热量补给。当湿球因蒸发而消耗的热量和从周围空气中获得的热量相平衡时,湿球温度就不再继续下降,从而出现一个干湿球温度差。干湿球温度差值的大小,主要与当时的空气湿度有关。空气湿度越小,湿球表面的水分蒸发越快,湿球温度降得越多,干湿球的温差就越大;反之,空气湿度越大,湿球表面的水分蒸发越慢,湿球温度降得越少,干湿球的温差就越小。若是饱和空气,则干湿球温度差等于零。知道了待测空间的干湿球温度计读数后,通过查表或计算,便可求得空气的相对湿度,从而确定空气的状态。必须指出,干湿球温差的大小还与其他一些因素有关,如湿球附近的通风速度、气压、湿球大小、湿球润湿方式。风速越大,湿纱布与周围空气热湿交换越充分,测量的误差就越小。实践表明,当风速在2.5~4.0 m/s以上时,湿球温度的读数比较稳定、准确。针对这种情况,在工程上常用一种通风干湿球温度计来测量空气的状态。干湿球温度计是当前测湿的主要仪器,但不适用于低温(-10℃以下)使用。我们可以根据干湿球温度值,以及一些其他因素,从理论上推算出当时的空气湿度。

所有的干湿球温度计的测湿原理基本相同。也可用热电偶、电阻或半导体热敏元件代替玻璃温度计来测定干湿球温度,或用其他溶液代替水在更低温度(−10℃以下)情况下测定湿度。

利用空气绝热饱和测定湿度的理论说明了湿度计合理的热力学性质。此理论认为湿度计是靠灯芯绳周围湿空气潜热的增加来测湿。此潜热增加量等于同一个空气膜显热的减少量。当达到平衡状态时,没有热的进一步变化。

湿球纱布上的水分,在单位时间内所蒸发出来的水的质量 M,根据道尔顿蒸发定律可表示为

$$M = \frac{CS(e_{t_w} - e)}{P}$$

式中:S 为湿球球部的表面积;e_{t_w} 为湿球温度下的饱和水蒸气压;e 为当时空气中的水蒸气压;P 为当时的气压;C 为随风速而变的系数。

湿球表面蒸发 M 水分,需要消耗的蒸发热量为 Q。

$$Q = ML = \frac{LCS(e_{t_w} - e)}{P}$$

式中 L 为蒸发潜热。

另一方面,由于湿球温度低于周围气温,要与周围空气进行热量交换,从周围空气吸收热量,设单位时间吸收的热量为 Q',则

$$Q' = kS(t - t_w)$$

式中:S 为进行热交换的表面积,即湿球球部表面积;t 为干球温度;t_w 为湿球温度;k 为热量交换系数。

当湿球球部蒸发所消耗的热量和吸收周围空气的热量相平衡时,湿球温度就不再下降,而是稳定在某一个数值 t_w 上,此时有 $Q = Q'$,即

$$\frac{LCS(e_{t_w} - e)}{P} = kS(t - t_w)$$

则

$$e = e_{t_w} - \frac{k}{LC}(t - t_w)P$$

令

$$\frac{k}{LC} = A$$

则

$$e = e_{t_w} - AP(t - t_w) \tag{5-22}$$

式(5-22)即为干湿球实用测湿公式。A 为干湿球测湿系数,为变量,主要随湿球周围的风速而变。实际经验表明,湿球温度与通风速率有关,在静止的空气中湿球温度降$(t - t_w)$最小,对于普通水银温度计来说,当通风速率达到 2 m/s 时,温度降增加到上限。有很多原因导致这种变化,但此处只叙述 2 个:一个原因是湿球表面冷却器调节空气的置换不完全,另一个原因是湿度计本身的热传导。考虑以上因素的结果是把湿度方程式改写为

$$e_{t_w} - e = AP(t - t_w) \qquad (5\text{-}23)$$

式中：e_{t_w} 为湿球温度饱和水蒸气压，Pa；e 为湿空气中水蒸气分压力，Pa；$A = \left(593.1 + \dfrac{135.1}{\sqrt{V}} + \dfrac{48}{V}\right) \times 10^{-6}$，$V$ 为风速，m/s；P 为大气压，Pa。

式(5-23)中 AP 为湿度计常数，依测定时风速而定，与湿球温度计头部风速有关，风速 0.2 m/s 以上时温度计常数为 0.00099，2.5 m/s 时为 0.000677。

由定义得

$$\varphi = \frac{P}{P_{bs}} \times 100\% = \frac{p_{bs} - AB(t - t_s)}{p_{bs}} \times 100\% \qquad (5\text{-}24)$$

式中 P_{bs} 为此时的饱和大气压。

从式(5-24)可以看出，空气的相对湿度 φ 与空气的干、湿球温度(t 和 t_s)之间在大气压力 P、风速 V 一定的条件下具有确定的因数关系。因此，相对湿度 φ 与干、湿球温度之间可制成焓湿图或表以供查用。

从相对湿度的定义可以得出，相对湿度 φ 的大小表示了空气中所含水蒸气的饱和程度，它不仅与空气中所含水蒸气量的多少有关，而且还与空气所处的温度有关。即使空气中水蒸气含量不变，如果空气的湿度发生变化的话，那么空气的相对湿度也随之而变。下面介绍的湿度测量都是指空气的相对湿度 φ。

(2)干湿球测湿复合电桥　通常将干湿球温度计换成干湿球电信号传感器(图 5-7)，并配以测量桥路(图 5-8)，则可以利用平衡电桥法测出相对湿度。

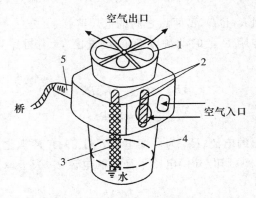

图 5-7　干湿球电信号传感器

1.轴流通风机；2.铂电阻温度计；3.湿球纱布；4.水池；5.接线端子

通过 2 支电阻温度计分别感受干、湿球温度，把湿度变化转化成电信号输出的湿度传感器，其原理如图 5-8 所示。整个测量线路由 2 个不平衡电桥连接在一起组成 1 个复合电桥。图 5-8 中左面电桥为干球温度 t_c 的测量电桥，其中电阻 R_c 为干球热电阻，图 5-8 中右面电桥为湿球温度 t_s 的测量电桥，电阻 R_s 为湿球热电阻。

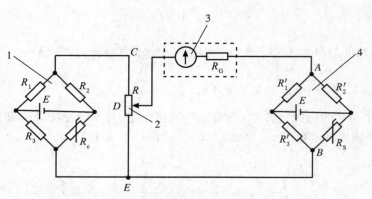

图 5-8 干湿球电信号传感器的测量桥路（复合电桥）

1.干球温度测量桥路；2.补偿可变电阻；3.检流计；4.湿球温度测量桥路

从图 5-8 中可以看出干球温度测量电路的输出电位差 U_{CE} 为干球温度 t_c 的函数，即

$$U_{CE}=f_{CE}(t_c) \tag{5-25}$$

而湿球温度测量电路的输出电位差 U_{AB} 为湿球温度 t_S 的函数，即

$$U_{AB}=f_{AB}(t_s) \tag{5-26}$$

左、右桥路通过补偿可变电阻 R 连接，当 R 的动触点 D 处于某一位置时，若左、右桥路处于不平衡状态（即 $U_{AB}\neq U_{CE}$），则内电阻为 R_G 的检流计就有电流 I 通过，其值为

$$I=\frac{U_{AB}-U_{DE}}{R_G} \tag{5-27}$$

式中 U_{DE} 为补偿可变电阻 R 上 D，E 两点之间的电压降。

通过调节补偿可变电阻 R 上的动触点 D 的位置使左、右桥路处于平衡补偿状态，则检流计中无电流，有

$$U_{AB}=U_{DE}=I_{CE}R_{DE} \tag{5-28}$$

$$U_{CE}=I_{CE}R \tag{5-29}$$

式中：I_{CE} 为通过电阻 R 上的电流；R_{DE} 为可变电阻 R 上 D，E 两点之间的电阻。

由式(5-25)和式(5-29)可知，补偿电路平衡时的电流 I_{CE} 为干球温度 t_c 的函数，即

$$I_{CE}=f_{CE}(t_c) \tag{5-30}$$

根据式(5-25)、(5-26)和(5-30)可知，补偿电路平衡时的可变电阻 R_s 为干、湿球温度 t_c 和 t_s 的函数，即

$$R_{DE}=\frac{U_{AB}}{I_{CE}}=\frac{f_{AB}(t_s)}{f_{CE}(t_c)}=f(t_c,t_s) \tag{5-31}$$

因此，R_{DE} 的大小与相对湿度 φ 有一一对应的关系。换言之，通过标定可由可变电阻 R 上动触点的位置直接标出相对湿度 φ 的数值。

（3）干湿球温度计的主要缺点

①由于湿球温度计中潮湿物体表面水分的蒸发强度受周围风速的影响较大，风速高，蒸

发强度大,湿球温度就低,因此,测量得到的相对湿度值就要比实际值低;反之,风速低,蒸发强度就低,湿球温度就比较高,因此,测量得到的湿度值就要比实际值高。总之,由于风速的变化会导致附加的测量误差,为了提高测量精度,就要有一套附加的风扇装置,使湿球部分保持在一定的风速范围内,以克服风速变化对测量值的影响。

②测量范围只能在 0℃ 以上,一般在 10～40℃。

③为保证湿球表面湿润需要配置盛水器或一套供水系统,并且还要经常保持纱布的清洁,否则会带来一定的附加误差,因此,平时维护工作比较麻烦。

5.1.2.2　氯化锂湿度传感器

氯化锂湿度传感器是由湿敏元件和转换电路等组成的,它是将环境湿度变换为电信号的装置。氯化锂湿度传感器在工业、农业、气象、医疗以及日常生活等方面都得到了广泛的应用。通常,理想的湿敏传感器的特性要求是:适合于在较宽的温度湿度范围内使用,测量精度要高;使用寿命长,稳定性好;响应速度快,湿滞回差小,重现性好;灵敏度高,线性好,温度系数小;制造工艺简单,易于批量生产,转换电路简单,成本低;抗腐蚀,耐低温和高温等。

(1)基本原理　自然界中许多物质的导电能力和它们的含湿量有关,而相对湿度又是影响这些物质含湿量的主要因素,例如,氯化锂在大气中不分解、不挥发、不变质,是一种具有稳定的离子型结构的无机盐,它的饱和蒸气压很低,在同一温度下为水的饱和蒸气压的 10% 左右。在空气的相对湿度低于 12% 时,氯化锂在空气中呈固相,电阻率很高,相当于绝缘体;当空气的相对湿度高于 12% 时,放置在空气中的氯化锂就吸收空气中的水分而潮解成溶液,只有当它的蒸气压等于周围空气的水蒸气分压力时才处于平衡状态。因此,随着空气相对湿度的增加,氯化锂的吸湿量也随之增加,从而使氯化锂中导电的离子数也随之增加,最后导致它的电阻率降低和电阻减小。当氯化锂的蒸气压高于空气的水蒸气分压力时,氯化锂就放出水分,导致电阻率升高和电阻增大。因此,可利用氯化锂的电阻率随空气相对湿度变化的特性制成湿度传感器,根据测量线路的不同可区分为氯化锂电阻式湿度计和氯化锂露点式湿度计。

(2)氯化锂电阻式湿度计测量线路　氯化锂电阻式湿度计信号发生器测头是把梳状的箔或镀金箔制在绝缘板上[图 5-9(a)],也可以用 2 根平行的铱丝或铂丝绕制在绝缘柱上[图 5-9(b)],利用多孔塑料聚乙烯醇作为胶合剂,使氯化锂溶液均匀地附在绝缘板的表面,多孔塑料能保证水蒸气和氯化锂溶液之间有良好的接触,两极平行的金属箔本身并不接触,而依靠氯化锂盐溶液层为它们导电构成回路,使得空气中相对湿度的变化转变为氯化锂信号发生器测头的电阻变化,并把它接入不平衡交流电桥作为一个桥臂,于是不平衡电桥的电位差输出也就反映了空气相对湿度的变化。这样,只要测量出不平衡电桥对角线上的电位差变化就可以确定空气的相对湿度,测量桥路如图 5-8 所示。

必须指出,氯化锂电阻值的变化不仅与相对湿度有关,还与周围环境的温度有关。因此,氯化锂电阻式湿度计的信号发生器测头要做成不同的规格,以适应不同环境温度变化的范围。此外,为减少环境温度变化对湿度测量的影响,可选择适当阻值的温度补偿电阻 R 接入测量线路中测头的相邻桥臂 A,以补偿温度对湿度测量的影响。

氯化锂电阻式湿度计单片测头的感湿范围比较窄,一般只有 15%～20%,为了克服这一缺点,采用多片感湿元件组合成宽量程的氯化锂电阻式湿度计,其信号发生器的组合原理如图 5-10 所示,图中感湿元件(涂有不同浓度的氯化锂溶液)R_1,R_2,…分别适应不同的相对湿度范围,它的工作原理是,当环境的相对湿度处于低湿范围 φ_1 时,低湿感湿元件 R_1 就投入工作,该支路的电导就随相应的湿度而变化,此时高湿的感湿元件 R_2,R_3 的电阻较高,所在支路的电导几乎为零;当环境的相对湿度变化到 φ_2 时,R_2 支路的电导有最大值,R_2 支路投入工作,相应支路的电导就随相对湿度而变化,同样此时高湿感湿元件 R_3,R_4 的电阻较高,所在支路的电导几乎为零;依此类推,当环境湿度变化到高湿范围 φ_3,φ_4 时,其余支路的感湿元件 R_3,R_4,…将依次投入工作,输出的总电导将是各支路电导值之和,并随相对湿度改变而改变。

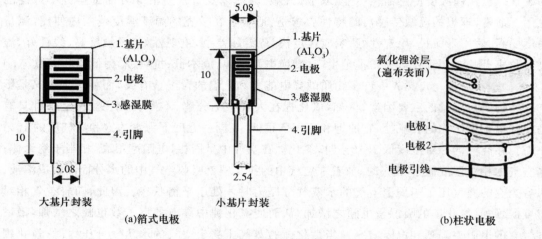

图 5-9　氯化锂电阻式湿度计探头

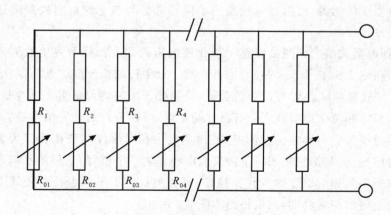

图 5-10　氯化锂多片感测元件

(3)氯化锂露点测湿　氯化锂检测元件的测湿原理是通过测量氯化锂饱和溶液的水汽压与环境水汽压平衡时的温度来确定空气露点的。

氯化锂湿度计的传感器在通电前或开始通电时,传感器温度和周围的空气温度相等,传感器上氯化锂的蒸气分压力低于空气中水汽分压力(水蒸气分压力)时氯化锂吸收空气中的水分,成为溶液状态,两电极间的电阻很小,通过电流很大。通电后,传感器逐渐加热,氯化锂溶液中的水汽分压力逐渐上升,水汽析出,当传感器温度升至一定值后,氯化锂的水汽分压力传感器不再加热,维持在一定温度上。因为随空气中水汽分压力的变化,传感器有相对应的温度,所以测得传感器的温度,即可知空气中水汽分压力的大小。又因为水汽分压力是空气露点的函数,所以得出传感器的温度后,即可知空气的露点温度。知道了露点温度和空气温度后,即可计算出空气的相对湿度。

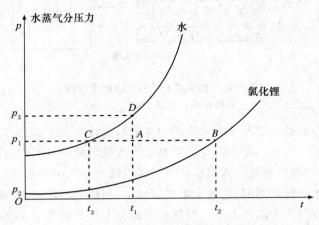

图 5-11　水蒸气、氯化锂蒸气压力曲线

　　氯化锂露点式湿度计与氯化锂电阻式测湿计相似,测头上都绕有 2 根平行的金属丝并涂有氯化锂溶液,两者都是以氯化锂吸湿后的电阻率随被测空气的相对湿度的增加而减小这一基本特性为基础而制成的,但两者的具体结构不同,测量方法也不相同。电阻式湿度计是直接测量 2 根金属丝(箔)之间的电阻值,而露点式湿度计是在 2 根平行的电阻丝间外加 24 V 交流电源给测头加热,当空气的相对湿度超过 12% 时,金属丝间在外加电压的作用下必然会产生电流,电流的热效应使测头的温度升高,氯化锂溶液的饱和蒸气压也随之升高。如图 5-11 所示,若被测空气状态点为 A,相应空气的温度为 t_1,水蒸气的分压力为 p_1,露点温度为 t_3,由于 A 点在氯化锂饱和蒸气压力曲线的上方,说明被测空气的相对湿度超过 12%,空气中的水蒸气分压力 p_1 高于 t_1 温度下氯化锂的饱和蒸气压力 p_2,在 $p_2 < p_1$ 的情况下,氯化锂必然吸湿而潮解,使平行金属丝之间的电阻减小,在外加交流电压作用下的电流增大,使测头温度逐步升高,随着测头温度的升高,氯化锂的饱和蒸气压力也逐渐从 p_2 沿曲线升至 p_1。在此过程中,氯化锂溶液的吸湿量随之减小,并不断向空气中放出水汽,氯化锂溶液中水分的减小,导致导电离子数的下降,从而使金属丝之间电阻增大,电流减小,测头温度升高速度减慢。当温度升至 t_2 时(即测头上的氯化锂处于状态 B),氯化锂的蒸气压力与空气中的水蒸气分压力相等,氯化锂溶液中的水蒸气被蒸发掉,使氯化锂从导电的溶液转变成不导电的固态,因而金属丝之间的电阻急剧增加,加热电流急剧下降。此时,测头的温度不仅不能继续升高,反而要降低,结果又使氯化锂吸湿潮解,从固态变为导电的溶液,金属丝之间的电阻又减少,电流增大,测头温度又逐渐升高。如此反复作用,最后使测头在温度 t_2 和水蒸气分压力为 p_1 的情况下达到了热平衡状态,处于平衡状态下的温度 t_2 称为测头的平衡温度。由于水和氯化锂饱和蒸气压力与温度间的特性曲线及其相互关系都是固定不变

的,测头的平衡温度 t_2 与被测空气的露点温度 t_3 也保持着一一对应的函数关系。因此,我们测量出测头的平衡温度 t_2,就可以由图 5-10 求出露点温度 t_3,然后由图 5-11 利用图解方法求得空气的相对湿度,这就是氯化锂露点湿度计的基本原理。氯化锂露点湿度计的测量线路原理如图 5-12 所示。

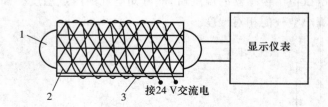

图 5-12　露点湿度计测量线路示意图
1.铂电阻;2.玻璃丝布套;3.铂丝

在测头黄铜套内放置一个测量温度用的铂电阻温度计1,把它接入二次仪表后可测量出平衡温度或直接显示出空气的露点温度。当测头放入被测量的空气中,接通电源,开始对氯化锂加热,因为刚开始加热时氯化锂的饱和蒸气压力低于空气中的水蒸气分压力,所以氯化锂就在空气中吸收水分使其潮解,它的电阻显著减小,加热电流增大,使测头的温度升高,从而使氯化锂的饱和蒸气压力随之上升。当氯化锂的饱和蒸气压力升高到大于 p_2 时,测头上的水汽被蒸发,两电极间就析出氯化锂结晶而使电阻急剧增大,电流减小,温度又随之下降,氯化锂的蒸气压力也相应下降,当氯化锂的饱和蒸气压力低于 p_1 时又重复上述过程,经数次反复,最后使氯化锂的饱和蒸气压力稳定在 p_1 而达到平衡,温度也不再变化。这样在指示仪表上就指示出平衡温度 t_1 的数值,然后再从表中查得空气的露点温度 t_3,最后根据空气温度 t_1 和露点温度 t_3 在湿焓图上求得相对湿度。

这类湿度计是通过测量平衡温度达到对露点温度的测量,因此,测头周围温度(即被测空气的温度)应在被测空气的饱和温度(即露点温度)与平衡温度之间。

图 5-13 所示的为氯化锂检测元件的动作范围和可测露点范围,超出此范围,元件就不能正常工作,因此在选用时应考虑环境温度是否与要求的露点测量范围相适应。

若测头温度超出图中阴影部分,则仪表指示并不代表露点温度。例如,被测空气的露点温度为 0℃,查图 5-13 得相应的平衡温度为 35.3℃,则测头周围温度应在 0～35.3℃之间,一般在使用时应使周围温度距离两条线 5℃为佳。

从理论上讲,可测范围应在氯化锂盐饱和溶液的凝固点到熔点之间,但当测头温度上升到 120℃时,两极间的性能变差,因此,测头的平衡温度一般定在 -40～120℃之间。

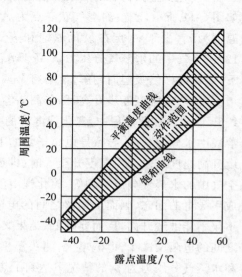

图 5-13　氯化锂检测元件动作范围

农业生物环境因素测试技术

5.1.2.3 饱和盐溶液湿度校准装置

对湿度校准要求为基位准、易恒定,因此,必须创造一个有固定相对湿度值的测试环境。一个常用的方法是将浸满了饱和溶液的软填料放在封闭容器中。因为在密封容器中,在饱和或过饱和溶液的表面上会形成一个严格确定的饱和水蒸气压。在实际应用中,比较倾向于应用过饱和溶液,因为它形成的气压比较稳定。表 5-1 中列出了用于制造标准湿度的盐类,以及在不同温度时在其溶液上的相对湿度。图 5-14 所示的为饱和盐溶液湿度计校准装置的结构。

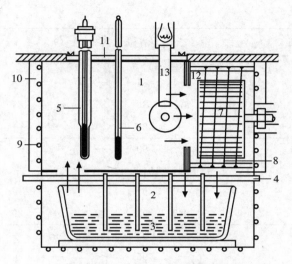

图 5-14 饱和盐溶液湿度计校准装置

1.标定室;2.盐溶液玻璃容器;3.盐溶液;4.搅拌器;5.温度调节器;6.温度计;7.风机;8.电加热器;
9.冷却盘管;10.保温层(羊毛);11.盒盖;12.小室;13.光电式露点湿度计

表 5-1　一些盐类饱和溶液在不同温度时的相对湿度　　　　　%

盐类	温度/℃								
	10	15	20	25	30	35	40	45	50
LiCl	14	13	12	12	12	12	11	11	11
CH_3COOK	21	21	22	22	21	21	20	—	—
$CaCl_2 \cdot 6H_2O$	38	35	32	29	26	—	—	—	—
$MgCl_2$	34	34	33	33	33	32	32	31	30
CrO_3			35	—	—	—	—	—	—
$Zn(NO_3)_2 \cdot 6H_2O$			42						
K_2CO_3	—	44	44	43	43	43	42		
$KNO_2 \cdot 2H_2O$			45						
$NaHSO_4 \cdot H_2O$			52	—	—	—	—	—	—
$Mg(NO_3)_2$	57	56	55	53	52	50	49	48	—

盐类	温度/℃								
	10	15	20	25	30	35	40	45	50
$NaBr \cdot 2H_2O$	63	61	59	57	55	—	—	—	—
NH_4NO_3	73	69	65	62	59	55	53	47	42
$NaNO_2$	—	—	65	65	63	62	62	59	59
$NaCl$	76	76	76	75	75	75	75	75	75
$Na_2S_2O_3 \cdot 5H_2O$	—	—	78						
NH_4Cl	—	—	79.5	79	78	—	—	—	—
$(NH_4)_2SO_4$	82	81	81	80	80	80	79	79	78
KBr	—	—	84						
KCl	88	87	86	85	85	84	82	81	80
K_2CrO_4	—	—	88						
$ZnSO_4 \cdot 7H_2O$	—	—	90						
$Na_2CO_3 \cdot 10H_2O$	—	—	91.5	89	87				
K_2HPO_4	—	—	92						
KNO_3	95	94	93	92	91	89	88	85	82
$Na_2SO_4 \cdot 2H_2O$	—	—	93						
$Na_2SO_4 \cdot 7H_2O$	—	—	95						
K_2SO_4	98	97	97	97	96	96	96	96	96
$Pb(NO_3)_2$	—	—	98						
$CuSO_4 \cdot 5H_2O$	—	—	98						
$NH_4H_2PO_4$	—	—	93	93	93				
$Na_2HPO_4 + Na_2HPO_4 \cdot 2H_2O$	—	27	28	29					
$NaBr + NaBr \cdot 2H_2O$	30	32	34	36	38	—	—	—	—

▶ 5.2　气体成分检测

畜禽舍及温室环境中的空气成分对室内动植物的生长的影响是非常大的,特别是 CO_2,O_2,NH_3 和 H_2S 的浓度。在温室大棚中,CO_2 是绿色植物光合作用必不可少的原料,它的浓度直接影响着植物的生长情况。在畜禽舍中,如果 CO_2 的浓度过高,则会对畜禽的生长产生很大的副作用。在畜禽舍中,NH_3 过量会破坏畜禽的呼吸道黏膜,使细菌容易侵入,从而降低畜禽的抗病能力,同时还会影响畜禽的食欲。H_2S 是畜禽粪便分解的产物,是有毒气体,环境中 H_2S 浓度过高会使畜禽呕吐、恶心,甚至死亡。因此,对畜禽舍或温室里气体成分的检测及调控是环境因素控制中很重要的一部分。

红外线气体分析器是一种新型的分析仪器。由于其具有灵敏度高、选择性好、滞后小的优点,从而得到了广泛的应用。

（1）工作原理　红外线通常是指波长为 $0.76\sim42\ \mu m$ 之间的电磁波,因其与可见光的红外波段相邻且位于可见光之外,故称为红外线。绝对温度为 $0\ K$ 以上的任何物质,都在不断地向外辐射红外线,但各种物质在不同状态下所辐射出的红外线的强弱及波长是不同的。

各种多原子气体（如 CO,CO_2,CH_4,水蒸气等）对红外线都有一定的吸收能力,但不是整个波段内所有的频率部分都能吸收,而是吸收一部分波段。这些波段,称为特征吸收波段。不同气体具有不同的特征吸收波段。例如,CO_2 有 2 个特征吸收波段 $2.6\sim2.9\ \mu m$ 及 $4.1\sim4.5\ \mu m$。双原子气体（如 N_2,O_2,H_2 等）以及惰性气体（He,Ne 等）对 $1\sim25\ \mu m$ 波长的红外线均不吸收。

气体不同,特征波段不同。红外线分析仪正是根据这种选择吸收的性质制成的。当气体分子吸收了红外线后,将把辐射能转换成热能,使气体分子的温度升高,我们通过各种直接或间接的手段,测出这种温度变化,便可求出混合气体中某一组分气体的浓度。

被吸收的辐射能数量与吸收介质浓度有关。气体对红外辐射的吸收可用朗伯-贝尔定律确定。

$$I = I_0 e^{-\mu cl} \tag{5-32}$$

式中:I_0,I 为吸收前、后射线的辐射强度;μ 为介质的吸收系数;c 为介质的浓度;l 为介质的厚度。

式（5-32）表明:当 I_0,μ,l 一定时,I 只是 c 的函数。严格说来,此定律只适于单色光辐射及透过的是一种气体介质时的情况。而实际情况往往比较复杂,这时式（5-32）近似正确。

（2）红外 CO_2 检测设备　根据红外线理论,许多化合物分子在红外波段都具有一定的吸收带。吸收带的强弱及所在的波长范围由分子本身的结构决定。只有当物质分子本身固有的特定的振动和转动频率与红外光谱中某一波段的曲率相一致时,分子才能吸收这一波段的红外辐射能量,将吸收到的红外辐射能转变为分子振动动能和转动动能,使分子从较低的能级跃迁到较高的能级。实际上,每一种化合物的分子并不是对红外光谱范围内所有波长的辐射或任意一种波长的辐射都具有吸收能力,而是有选择性地吸收某一个或某一组特定波段的辐射。这个特定的波段就是所谓分子的特征吸收带。气体分子的特征吸收带主要分布在 $1\sim25\ \mu m$ 波长范围之内的红外区。特征吸收带对某一种分子是确定的、标准的,如同"物质指纹"。通过对特征吸收带及其吸收光谱的分析,可以鉴定识别分子的变型,这是红外光谱分析的基本依据。根据上述原理制成的红外光谱分析仪器——红外分光光度计,是对混合物进行定性分析,并鉴定其中含有哪一种物质组分的理想仪器。

在设施农业环境因素测试中,人们感兴趣的往往是测定畜禽舍、温室或其他农用建筑环境中混合气体的某种已知组分的百分含量。例如,为提高植物生长效率,常常需要测定空气中 CO_2 或 O_2 的含量,作为调控设施环境过程的一个重要依据。在这种情况下,没有必要使用红外分光光度计来确定混合气体中含有哪些成分,只需要选择真正代表混合气体中待测组分的一个特征吸收带,测量这个特征带所在的一个窄波段的红外辐射的吸收情况,就可得到待测组分的含量。

对于一定波长的红外辐射的吸收,其强度与待测组分浓度间的关系可以由贝尔定律来描述。

$$E = E_0 e^{-k_\lambda \cdot c \cdot l} \tag{5-33}$$

式中：E 为透射红外辐射的强度；E_0 为入射红外辐射的强度；k_λ 是待测组分对波长为 λ 的红外辐射的吸收系数；c 为待测组分的摩尔浓度；l 为红外辐射穿过的待测组分的长度。由式(5-33)可见，当红外辐射穿过待测组分的长度 l 和入射红外辐射的强度 E_0 一定时，因为 k_λ 对某一种特定的待测组分是常数，所以透过的红外辐射强度量仅仅是待测组分摩尔浓度 c 的单值函数，其关系如图 5-15 所示。通过测定透射的红外辐射强度，可确定待测组分的浓度。以这一原理为基础发展起来的光谱仪器，称为红外气体分析仪。

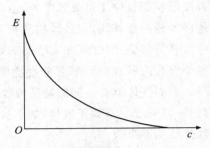

图 5-15　贝尔定律的 E-c 关系曲线

　　红外气体分析仪可根据不同要求设计成各种不同的形式。尽管各种成品的红外气体分析仪器的结构可能有许多差异，但脱离开具体系统，红外气体分析仪的工作原理如图 5-16 所示。单一红外光源产生的红外辐射由抛物面反射镜反射后会聚成平行的红外光，一束通过样品气室，另一束通过参比气室，然后再经过聚光器投射到红外探测器上。聚光器与气室之间有一块干涉滤光片，它只允许某一窄波段的红外辐射通过，该窄波段的中心波长就选取待测组分特征吸收带的中心波长。例如，待测组分是温室中的 CO_2 含量。CO_2 在中近红外光谱区有一个以 $4.35\ \mu m$ 为中心的特征吸收带，可选择这个带中的一个窄波段进行红外辐射测量。分析仪中选用的干涉滤光片，只允许中心波长为 $4.35\ \mu m$ 的一个窄波段内(例如 $4.0 \sim 4.5\ \mu m$)的红外光通过，红外探测器所接收的也仅仅是这个窄波段内的红外辐射。在红外光源与气室之间，有一只切光片。切光片是布有若干开孔的圆盘，由同步电机带动。只要适当地安排样品室、参比室与切光片之间的相对位置，使得红外辐射穿过切光片上的开孔进入样品室时，切光片上未开孔处恰好遮断进入参比室的红外辐射的光路，而当切光片遮断进入样品室的红外辐射光路时，它又恰好使红外辐射通过进入参比气室。这样，红外辐射在切光片的作用下，轮流通过样品气室和参比气室。红外探测器即可交替地接收通过样品气室的红外辐射和通过参比气室的红外辐射。

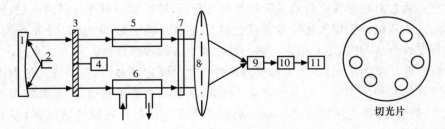

切光片

图 5-16　单组分红外气体分析仪原理示意图

1.反射镜；2.红外光源；3.切光片；4.马达；5.参考气体；6.样品室；
7.干涉滤光片；8.聚光灯；9.红外探测器；10.信号放大器；11.显示器

农业生物环境因素测试技术

参比气室内封有某种不含有待测组分的气体。例如,分析温室中的 CO_2 含量时,参比气室中可封入 N_2。样品气室中通以被分析的混合气体样品[图 5-17(a)]。当被分析的混合气体尚未进入样品气室时,两气室中均无待测组分,红外辐射不会在选定的窄波段上被吸收。因此,红外探测器上交替接收到的红外辐射数量相等,探测器只有直流响应,接在其后的交流选频放大器输出为零[图 5-17(b)]。如果样品气室中通以含有待测组分的混合气体,由于待测组分在其特征吸收带上对相应波段红外辐射的吸收作用,通过样品气室的红外辐射被吸收掉一部分,吸收程度取决于待测组分在混合气体中的浓度。通过参比气室的红外辐射仍保持不变。这样,通过样品气室和参比气室的两束红外辐射的通量不再相等,红外探测器接收到的是交变的红外辐射,交流选频放大器输出信号不再为零[图 5-17(c,d)]。待测组分浓度变化,输出信号也相应地随之变化。经过适当标定,可以根据输出信号的大小换算出待测组分的百分含量。

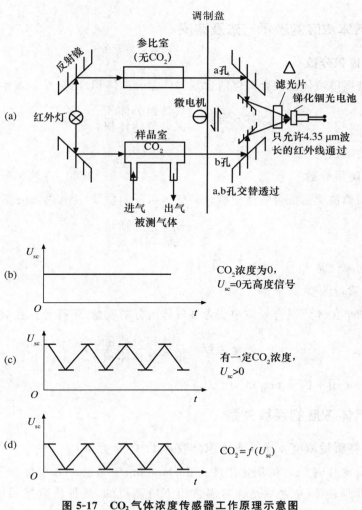

图 5-17　CO_2 气体浓度传感器工作原理示意图

单组分红外气体分析仪是以贝尔定律为分析原理的光谱仪器,严格地讲,贝尔定律只适合于描述在某一波长上红外辐射的吸收。在红外气体分析仪中,测量得到的不是在某一波长上红外辐射的吸收,而是在某一窄波段内红外辐射的吸收。这种情况比原理上的贝尔定律所描述的红外辐射吸收与待测组分浓度之间的关系复杂得多。因此,红外气体分析仪测定的红外辐射吸收与待测组分浓度之间的关系必须通过实际标定确定。

红外气体分析仪除了单原子气体(如 He,Ne,Ar 等)和双原子气体的同核分子(如 O_2,N_2,H_2 等)不能分析外,其他具有偶极矩的气体分子都可以分析。例如,通过更换不同滤光片,可以分析 CO,No_x,SO_2,NH_4,H_2O 等诸多气体。此外,它还具有精度高、灵敏度高、反应迅速等独特的优点。

▶ 5.3 常用气体浓度测量单位的变换

5.3.1 气体浓度的表示方法及意义

5.3.1.1 体积分数
体积分数是指单位体积混合气体所含某气体组分的体积,用符号 φ 表示,其表达式为

$$体积分数 = \frac{气体组分体积}{混合气体体积}$$

体积分数的单位是 1。

5.3.1.2 质量分数
质量分数指单位质量混合气体中所含某气体组分的质量,用符号 w 表示,其表达式为

$$质量分数 = \frac{气体组分质量}{混合气体质量}$$

质量分数的单位是 1。

5.3.1.3 质量浓度
质量浓度指单位体积混合气体中所含某气体组分的质量,用符号 ρ 表示,其表达式为

$$质量浓度 = \frac{气体组分质量}{混合气体体积}$$

质量浓度的常用单位是 mg/m^3,mg/L 等。

5.3.2 气体浓度的换算关系

5.3.2.1 将质量浓度 ρ 换算成体积分数 φ（以 CO_2 为例）

[例 1]某畜禽舍内 CO_2 的质量浓度为 3 994.6 mg/m^3,求 CO_2 的体积分数。

方法 1:通常所测 CO_2 含量是在常温常压下所测得的,故将所取样品设为混合理想气体。由理想气体状态方程:

$$PV = nRT$$

得 $$V=nRT/P$$

式中：n 为物质的量，mol（m_{CO_2}/M_{CO_2}，取 $M_{CO_2}=44$）；R 为理想气体常数 [8.314 J/(mol·K) $=8.314472$ L·kPa/(K·mol) $=0.0820574587$ L·atm/(K·mol)]；T 为绝对温度（取常温 25℃ $=298.15$ K）；P 为大气压（取常压 1 MPa）。

于是质量为 m_{CO_2} 的二氧化碳气体占有的体积为

$$V_{CO_2}=nRT/P=\frac{(m_{CO_2}/44)\times10^{-3}\times0.0820574587\times10^{-3}\times298.15}{1}=0.5560325298\times10^{-6}\cdot m_{CO_2}（m^3）$$

(5-34)

故由式(5-34)可求得该畜禽舍内二氧化碳气体的体积分数：

$$\varphi_{CO_2}=V_{CO_2}\cdot\rho_{CO_2}=0.5660325298\times10^{-6}\times3994.6\approx2221.1\times10^{-6}=2221.1\text{ ppm}$$

方法 2：先求出常温常压下二氧化碳气体的质量浓度 ρ_{CO_2}：

$$\rho_{CO_2}=PM/RT=\frac{1\times44}{0.0820574587\times298.15}\approx1.798（kg/m^3）$$ (5-35)

故由式(5-35)可求得该畜禽舍内二氧化碳气体的体积分数：

$$\varphi_{CO_2}=\frac{3994.6\times10^{-6}}{1.798}\approx2221.1\times10^{-6}=2221.1\text{ppm}$$

5.3.2.2　将质量浓度 ρ 换算成质量分数 w（以 CO_2 为例）

仍用例 1，求 CO_2 的质量分数，先求出常温常压下空气的质量浓度

$$\rho_{空气}（M_{空气}=29）$$

由式(5-35)得

$$\rho_{空气}=PM/RT=\frac{1\times10^3\times29}{0.08205\times298.15}=1.185（kg/m^3）$$

CO_2 的质量浓度 ρ_{CO_2} 较小，与混合气体的质量浓度相差近千倍，因此，可以近似认为空气的质量密度 $\rho_{空气}$ 与混合气体的质量浓度 $\rho_{混合}$ 数值相等。即 $\rho_{空气}=\rho_{混合}=1.185$ kg/m³，故该畜禽舍内 CO_2 的质量分数：

$$w=\frac{\rho_{CO_2}}{\rho_{混合}}=\frac{3994.6\times10^{-6}}{1.185}=3370.97\times10^{-6}$$ (5-36)

5.3.2.3　将体积分数 φ 换算成质量分数 w（以 CO_2 为例）

仍用例 1，由式(5-35)、式(5-36)可得，CO_2 与混合气体的质量浓度比值为

$$\frac{\rho_{CO_2}}{\rho_{混合}}=\frac{1.798}{1.185}=1.517$$

故该畜禽舍内 CO_2 的质量分数为

$$w=\varphi\times\frac{\rho_{CO_2}}{\rho_{混合}}=2221.1\times10^{-6}\times1.517=3370.97\times10^{-6}$$ (5-37)

[**例 2**] CO_2 在空气中的安全浓度为 9 000 mg/m³，求 CO_2 的质量分数 w 和体积分数 φ。

设：环境为常温常压，由式(5-36)得安全浓度下 CO_2 气体的质量分数 $w = 9000/1.185 = 7594.9 \times 10^{-6}$，由式(5-37)得安全浓度下 CO_2 气体的体积分数：

$$\varphi = 7594.9 \times 10^{-6} \times \frac{1.185}{1.798} = 5005.5 \times 10^{-6} \approx 5000 \text{ ppm}$$

综上所述，空气环境检测中气体浓度的常用表示方法有 2 种。

①质量浓度表示法：每立方米空气中所含待检气体的质量，单位为 mg/m³；

②体积浓度表示法：10^6 体积的空气中所含待检气体的体积，单位为 ppm。

大部分气体检测仪器测得的气体浓度都是体积浓度(ppm)，但我国计量法规定，气体浓度以质量浓度的单位(如 mg/m³)表示，原因在于：类似 ppm 这类符号，它们只是英语的缩写，不利于全球各行各业通行，也不如用 10 的负数幂简单明了，便于理解与计算，特别是量值进入量方程的运算。从而，我国在 1993 年修订量和单位的国标时，提出 ppm，ppb 这类缩写不再使用，而应分别代之以 10^{-6}，10^{-9}(或 10^{-12})。但质量浓度与检测气体的温度、压力环境条件有关，其数值会随着温度、气压等环境条件的变化而变化；实际测量时需要同时测定气体的温度和大气压力。而使用 ppm 作为描述待检气体浓度时，由于采取的是体积比，不会出现这个问题。依据阿伏迦德罗定律：在相同的温度和压力下，1 mol 任何气体都占有同样的体积。在 $T_0 = 273.15$ K 和 $P_0 = 1$ MPa 的标准状态下，1 mol 任何气体所占体积为 $V_0 = 22.4 \times 10^{-3}$ (m³/mol)。它也可表述为：在相同的温度和压力下，相同体积的任何气体的分子数(或摩尔数)相等。常用标准状态条件下气体浓度单位 mg/m³ 与 ppm 相互间的换算公式如下(表 5-2)。

$$w = \varphi \frac{M}{22.4} \times \frac{273}{273+t} \times \frac{P}{101.325}$$

式中：M 为气体分子量，kg/kmol；P 为大气压，kPa；t 为大气温度，℃。

常用气体浓度单位 mg/m³ 与 ppm 相互间的换算关系见表 5-3。

表 5-2 在常用标准状态条件下 mg/m³ 与 ppm 的换算公式

采用的状态条件	ppm 与 mg/m³ 的换算公式	适用范围
0℃，101.325 kPa	$w = \varphi \dfrac{M}{22.4}$	公共场所，室内环境污染
20℃，101.325 kPa	$w = \varphi \dfrac{M}{24.04}$	工作场所空气
25℃，101.325 kPa	$w = \varphi \dfrac{M}{24.45}$	国内外多数参考文献

表 5-3　常用气体浓度单位 mg/m³ 与 ppm 相互间的换算关系

常见气体	分子量	换算值	换算值
氧气(O_2)	32	1 ppm＝1.429 mg/m³	1 mg/m³＝0.700 ppm
臭氧(O_3)	48	1 ppm＝2.143 mg/m³	1 mg/m³＝0.467 ppm
氨气(NH_3)	17	1 ppm＝0.759 mg/m³	1 mg/m³＝1.318 ppm
一氧化碳(CO)	28	1 ppm＝1.250 mg/m³	1 mg/m³＝0.800 ppm
二氧化碳(CO_2)	44	1 ppm＝1.964 mg/m³	1 mg/m³＝0.509 ppm
硫化氢(H_2S)	34	1 ppm＝1.518 mg/m³	1 mg/m³＝0.659 ppm
甲烷(CH_4)	66.06	1 ppm＝2.949 mg/m³	1 mg/m³＝0.339 ppm

注:公式为简化公式,把温度默认为0℃,压力默认为常压。温度与压力忽略不计。

❓习题

1. 干空气-蒸汽混合气中蒸汽压力是 1.7659 绝对压强(kPa),将这个压力用毫巴、达因/cm²、毫米水银柱高表示。

2. 绘制 −5℃ 和 5℃ 之间部分空气湿度图。在这个图上包括饱和压力超过冰和过冷水 60%、80% 和 100% 的相对湿度线。2 种状态用不同颜色线区别。

3. 干烧瓶的空气-蒸汽混合气的温度和相对湿度分别为 20℃ 和 50%,试问绝对湿度、湿度比、水汽分压强、露点温度是什么? 以及相对于这个状态的湿烧瓶温度是多少?

4. 绘制高度在 100 m 和 10 000 m 之间,在温度为 0℃ 和 20℃ 时总压力和蒸汽压力(在水平面上)变化图表。

5. 在直径为 0.81×10^{-4} cm 的毛细管中,15℃ 的水能上升多高?

6. 在直径为 0.81×10^{-4} cm 的毛细管中,10% 的 NaCl 溶液和水能上升多高?

7. 用重量分析湿度计测定干烧瓶温度为 20℃、相对湿度为 50% 的空气样品湿度比,为了测定绝对精度为 1% 的湿度比,需要多少立方米的空气样品? (如果我们能得到的天平最近似的测量能力为 10^{-4} g)。

8. 房间体积为 1 000 m³,空气压力 1 bar,温度 300 K,房间内有一个 50 m³ 的气球,气球内空气温度也是 300 K,气球突然炸开,房间内空气压力上升到 1.3 bar,温度不变,计算:(1) 原来房间内的空气质量(不含气球);(2)气球内空气的初始压力;(3)房间内空气的总质量。

第6章
气体压力、流速和流量测量

▶ 6.1 气体压力测量

本节主要介绍测量农用设施环境调控系统风管内空气压力的液柱式压力计及与其配合使用的一种仪表——皮托管。常用液柱式压力计包括 U 形压力计、杯形压力计、倾斜式微压计和补偿式微压计等。

在介绍测量风压的仪器之前,先介绍一下有关压力的基本概念。

6.1.1 压力的基本概念

压力是重要的热工参数之一,如煤气压力、空气压力、炉膛压力、烟道吸力等都一定程度地标志着生产过程的情况。在科研和生产中,准确测定压力往往是必不可少的,因此,压力测量在设施农业环境测量中占有相当重要的地位。

6.1.1.1 基本概念

压力即介质分子对容器内壁碰撞的总作用力,工程上指垂直而均匀作用在物体单位面积上的力(物理学上指压强)。

压力的大小由 2 个因素决定,即受力面积和垂直作用力的大小,用数学式表示为

$$p = \frac{F}{S} \tag{6-1}$$

式中:p 为压力;F 为垂直作用力;S 为受力面积。

工程上也用相当的液柱高度来表示压力。根据压力的概念有

$$p = \frac{F}{S} = \frac{\gamma h S}{S} = \gamma h \tag{6-2}$$

即压力等于液柱高度与液体重度的乘积。式中:γ 为压力计中液体的重度;h 为液柱的高度。

6.1.1.2 压力单位

压力单位的标准实物,到目前为止仍以准确测量面积、质量和当地的重力加速度来实现,即体现压力的理论定义。在国际单位制中,压力的单位是"帕斯卡"(Pascal),简称"帕"

（Pa）。这是一个导出单位，它与基本单位的关系为

$$1\ \mathrm{Pa}=1\ \mathrm{N/m^2}=1\ \mathrm{kg/(m \cdot s^2)}$$

目前并存的几种压力单位之间的换算关系见表 6-1。

表 6-1　压力单位的换算简表

帕（Pa） （N/m²）	工程大气压 （at） （kgf/cm²）	标准大气压 （atm）	巴 （bar）	毫米汞柱 （torr） （mmHg）	毫米水柱 （kgf/m²） （mm H₂O）	磅力每平方英寸 （pai） （ibf/in²）
1	1.01972×10^{-5}	9.86923×10^{-6}	1×10^{-5}	7.50062×10^{-3}	1.01972×10^{-1}	1.45038×10^{-4}
9.8066×10^{4}	1	9.67841×10^{-1}	9.80665×10^{-1}	7.35559×10^{2}	1×10^{4}	1.42233×10^{1}
1.01325×10^{5}	1.03323	1	1.01325	7.60×10^{2}	1.03323×10^{4}	1.46959×10^{1}
1×10^{5}	1.01972	9.86923×10^{-1}	1	7.50062×10^{2}	1.01972×10^{4}	1.45038×10^{1}
1.33323×10^{2}	1.35951×10^{-3}	1.31579×10^{-3}	1.33322×10^{-3}	1	1.35951×10^{1}	1.93368×10^{2}
9.80665	1×10^{-4}	9.67841×10^{-5}	9.80665×10^{-5}	7.3556×10^{-2}	1	1.42234×10^{-2}
6.89476×10^{3}	7.0307×10^{-2}	6.8046×10^{-2}	6.89475×10^{-2}	5.17149×10^{1}	7.0307×10^{2}	1

注：只有帕（Pa）是国家法定计量单位，其余单位均为非法定计量单位，但因它们在工程中常用，所以在本书中保留这些单位，未作修改。

6.1.1.3　几种压力关系

大气压就是由于空气的重量垂直作用在单位面积上所产生的压力。因此，我们所处的环境中到处都有大气压力的作用。

绝对压力：流体的实际压力。

相对压力：流体的绝对压力与当时当地的大气压力之差。

地球上总是存在着大气压，为便于在不同场合表示压力数值，所以使用了绝对压力（P）、表压力（p）、负压力（真空）（p^-）和压力差（Δp）等术语。当绝对压力大于大气压力时，其相对压力称为表压力。当绝对压力小于大气压力时，其相对压力称为真空度或负压力。表压力为正时，简称为压力；表压力为负时，称为负压或真空度。这些术语的概念和关系如图 6-1 所示。工程测量的大多数情况下，通入仪表的压力为绝对压力，而压力表显示的数值是表压力，又称为计示压力。

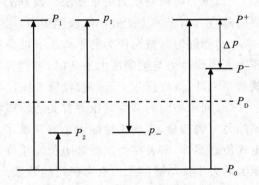

图 6-1　绝对压力和表压力的关系示意图

因为各种热工设备和测量仪表都处于大气之中，所以工程上都用表压力或真空度来表示压力的大小。通常用压力表测得的压力数值都是指表压力或真空度。因此，以后所提到的压力在无特殊说明时，均指表压或真空度，这点需要引起注意。

根据流体力学知识，流体作用在单位面积上的垂直力叫压力，当空气沿风管内流动时，其压力可区分为静压、动压和全压，它们的单位用 mmHg 或 kg/m² 表示。

（1）静压（P_j）　指空气作用于风管壁面上的垂直力。如果以绝对真空为计算零点的静压，称为绝对静压，以大气压力为零点的静压称为相对静压。在农用设施环境调控中所说的空气静压均指相对静压。显然，静压高于大气压力者（例如，在通风机的压出管段中）为正值，低于大气压力者（例如，在通风机的吸入管段中）为负值。

（2）动压（P_d）　指使空气产生流动速度的压力。只要风管内空气流动，就具有一定的动压。动压永远是正值。

在我们日常生活中有这样的感觉，在刮大风的天气里，顺着风走路，我们觉得比较省劲，走得也快些，这是由于风作用于人体上的速度压力推动人们向前。

空气的动压实际上是 1 m³ 气体所具有的动能，它和速度的平方、空气容重的一次方成正比，并按下式计算。

$$p_d = \frac{1}{2}\rho v^2 \tag{6-3}$$

式中：v 为气流的速度，m/s；ρ 为空气的容重，kg/m³；

在工程上，测定风管内的动压主要是为了求出气流的速度。

（3）全压（p）　指静压和动压的代数和，即

$$p = p_j + \frac{1}{2}\rho v^2$$

全压代表 1 m³ 气体所具有的总能量，像静压一样，如果以大气压力作为计算的起点，它可能为正值，也可能是负值。

6.1.1.4　压力测量方法分类

根据测压原理可将压力测量方法进行如下分类：

（1）重力与被测压力的平衡法　该方法按照压力的定义，通过直接测量单位面积上所承受的垂直方向上的力的大小来检测压力。如常见的液柱式压力计与活塞式压力计。

（2）弹性力与被测压力的平衡法　根据弹性感受件受压后产生形变、形成弹性力来检测压力。当弹性力与被测压力平衡时，弹性元件形变的大小即反映了被测压力的大小。如弹簧管压力计、波纹管压力计与波纹管差压计等，这类压力计已在工业上得到了广泛的应用。

（3）利用物质的某些与压力有关的物理特性　当物体在受压的情况下，可产生与压力有关的另一物理量，该物理量的大小即反映了被测压力的大小。如半导体压阻式传感器与压电式传感器等，前者在受压时电阻值发生变化，后者在受压时产生电压输出，且电阻值或电压值的大小都与被测压力有着确定的数量关系。这一类传感器往往具有精度高、体积小、动态特性好等优点，因此，在近年的压力测量中得到了广泛的应用和迅速的发展，尤其在动态压力测量中更是其他形式的压力传感器所不能比拟的。

6.1.2　管式压力计

6.1.2.1　皮托管

皮托管（也称为测压管）是与压力计配套使用的一次仪表，把它插入风管内可将气流的静压、全压传递出来，并通过压力计指示出数值大小。皮托管与压力计之间采用各种不同的

连接方法,可单独测得静压或全压值,也能测得全压与静压之间的差值即动压值,所以皮托管又称为动压管。

皮托管是利用测量流体的全压与静压之差(动压)Δp来测量流速。图6-2所示的为用皮托管测量Δp的原理装置。

目前常用的标准皮托管基本上有3种类型:①锥形头部型;②球形头部型;③椭圆头部型。

构造尺寸参见图6-3。其中,测量管与管柄的外径$d \leqslant 15$ mm,测量管长为$(15 \sim 25)d$。全压(总压)孔开在测量管头部的迎流面的正中,孔径d_z为$(0.1 \sim 0.35)d$(当d较小时应取较大的d_z,以保证用于较低流速时不在孔内发生黏滞效应)。静压孔的开孔位置应在离测量管迎流面头部顶端$(6 \sim 8)d$处,管柄轴线离静压孔不小于$8d$。静压孔直径d_j应为$(0.1 \sim 0.3)d$,且不得大于1.6 mm,其深度应大于$0.5d_j$,孔数不应少于6个,且均匀分布在测量管圆周的一个截面上。

必须指出:

①使用中应使测量管的轴线与流速方向的夹角为零,否则所得Δp的示值有误差;

②在管路中选择插入皮托管的横截面位置,应保证其有足够长的上、下游直管段。一般对直径为D的圆管,上游直管段应不小于$20D$,下游直管段应不小于$5D$;对于非圆管,上游直管段应不小于80倍的水力半径,下游直管段应不小于20倍的水力半径。否则就要加装整流器。

③测量处的流速应不小于雷诺数$Re > 200$所对应的流速值,也不能大于相当于马赫数$Ma = 0.25$的流速。

④流体应为牛顿流体,且是稳定流动的。

⑤为了能忽略速度梯度和管柄阻塞的影响,要求$d/D \leqslant 0.02$。

满足以上条件后,被测流体流速即可按式(6-4)、式(6-5)进行计算。

$$v = (1 - \varepsilon) \sqrt{\frac{2\Delta p}{\rho}} \tag{6-4}$$

式中:$1 - \varepsilon$为校正系数,当流体为液体时,$\varepsilon = 0$;当$Ma < 0.25$时(即流速小于当地音速的1/4)

$$1 - \varepsilon \approx \left[1 - \frac{1}{2\chi} \times \frac{\Delta p}{p} + \frac{\chi - 1}{6\chi^2} \left(\frac{\Delta p}{p} \right)^2 \right]^{1/2} \tag{6-5}$$

式中:χ为被测流体的绝热系数;p为测量点的静压力;Δp全压与静压之差。

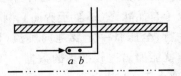

图6-2 皮托管测量动压Δp的原理装置

a.全感应点;b.静压感应点

第6章 气体压力、流速和流量测量

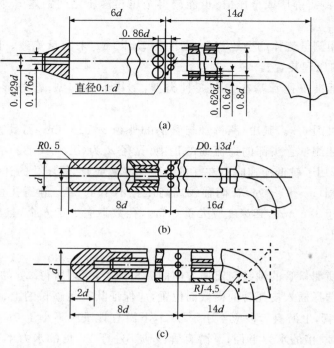

图 6-3　标准皮托管的构造尺寸

(a)锥形头部型；(b)球形头部型；(c)椭圆头部型

普通皮托管是用一根内径为 3～5 mm 和另一根内径为 6～8 mm 的紫铜管同心套接在一起焊制而成的。内管为全压管，外管为静压管，其头部呈半球形，用黄铜制成。中间小孔为全压孔，在离测头不远处的外管上有一圈小孔为静压孔，构造如图 6-4 所示。

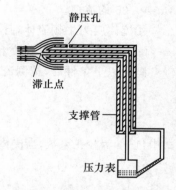

图 6-4　皮托管测量示意图

普通皮托管有长 0.5 m，1 m 和 1.5 m 三种规格，不同长度的 3 根皮托管组成一套。

皮托管的扶持方法正确与否，对测量压力的准确程度有很大的影响。初学者对如何正确扶好皮托管往往不大重视，片面地认为扶皮托管没有啥，只要随便一拿插入风管内就行了，岂不知这将给测量结果带来很大的误差，甚至要返工。

根据专家的经验，皮托管的扶持方法是：一手托起管身，一手轻轻托起连接接头处前面的 2 根橡皮管，以保证橡皮管处于自然状态(不至于弯曲)。将量柱部分插入风管内，管身与风管壁垂直，量柱与气流方向平行，全压管一定要迎向气流(切勿背向气流)，保持皮托管平稳地在风管内推进或拉出，这样就能测出比较准确的数据。实验证明，量柱部分与气流轴线间允许有小于 16°的角度，若角度大于 16°就会带来很大的测量误差。因为皮托管是用铜管制成的，其材质软，体形细长，所以易弯曲变形，尤其是量柱与管身之间的直角不易保持。在使用运输过程中应轻拿轻放，防止挤压和弯曲，并保持全压孔和静压孔畅通无堵塞。使用完毕可用塑料管检测头套住，防止磨损和泥沙堵塞小孔。

皮托管在使用前,与标准皮托管在风洞中进行校准,得出校准曲线或求出修正系数值。

6.1.2.2 液柱式压力计的原理和结构

液柱式压力计结构简单,使用方便,尤其在低静压下,这些优点更为突出。因此,在现场和实验室中广泛用来测量小于 1 000 mmHg 的压力、压差和负压。它的优点是制造简单,价格便宜,使用方便等;缺点是测量范围较窄,不能自动记录,玻璃管易损坏等。

液柱式压力计是以一定高度的液柱所产生的静压力来平衡被测压力的方法进行测压的。因为它价格低廉,且在 ±1 MPa 范围内测量精度较高,所以常用于低压、负压和压力差的测量,如湿帘降温系统的湿帘内外压力差的测量等。

(1)U形压力计　图 6-5 所示的是液柱式压力计最基本的结构形式。U 形连通管内有封液,标尺用来测量液柱的高度。

封液的作用是隔离 U 形管两边的介质和形成一定高度的液柱来平衡被测压力,所以要求封液不会与被测介质发生物理反应和化学反应,流动性好,并具有清晰的液面。封液的密度应不同于被测介质的密度,并根据被测压力的上限适当选择。由式(6-6)可以看出,对一定长度的 U 形管,封液的密度越大则测量上限越高;密度越小则灵敏度越高,测量上限变小。常用的封液有汞、水、酒精和四氯化碳等。封液若用单质,应达到化学纯,若用混合液(如酒精加水),应保证规定的混合比例。这样才能使计算式中密度数值准确。

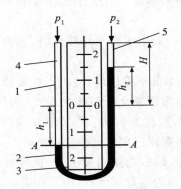

图 6-5　液柱式压力计的结构

1.U 形管;2.封液;3.高度标尺;4.左管封液
上面的介质;5.右管封液上面的介质

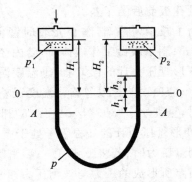

图 6-6　U 形管测微压示意图

测量压力时(图 6-5),将被测压力经接头与 U 形管接通,另一端与大气相通;测压差时(图 6-6),两被测压力分别接在 U 形管的两端。这样玻璃管内两液面差所形成的压力与被测压力相平衡,于是被测压力 p 可用下式求出:

$$p_2 - p_1 = \gamma \cdot g \cdot h \tag{6-6}$$

由式(6-6)可知,用 U 形压力计测压时,被测压力的大小可用工作液体的液柱高度来表示。在空调系统测试中工作液体是水,所以测得的压力就代表多少 mm H_2O。由于刻度尺存在刻度误差,加上工作液的容重也有误差,这就需要从零点起对两液面高度进行 2 次读数(即一次是从"0"向下读,另一次是从"0"向上读),然后将液柱高度相加。显然用眼睛观察刻度尺数值会产生误差,读 2 次数就产生 2 次误差。因此,用 U 形管测量压力准确性不高,且不能灵敏地反映出微小压力的变化。在风机测试过程中,多用来测量风机压出端和吸入端的全压和静压值。

U 形管压力计是用来测量正、负压力和压差的仪表。U 形管内盛水银、水或酒精等工作液体。如上所述,在被测压力 p 的作用下,U 形管内产生一定的液位差,这一段液柱的重量与被测压力及被测流体的重量相平衡。

值得注意的是,这里的 γ 是被测流体的重度。当被测流体是气体时,可以忽略不计;若是液体时,则不能忽略。

①p 与 h 成正比。因此,我们可以直接用 U 形管两侧液位差的高度 h 来表示压力值。

②工作液体的重度 γ 越大,同一压力下所得液位差越小。因此,当被测压力大时,应选用重度大的工作液体(如水银),不使液位差太大(U 形管压力计内液柱的高度不超过1.5 m)。相反,测较小的压力时(如炉膛压力、动头),应选重度小的工作液体(如水、酒精),使反应灵敏。显然,选用的工作液体不应与被测介质发生化学反应或互相溶解。

在使用 U 形管压力计时,由于毛细管和液体表面张力的作用,会引起管内的液面呈弯状。若工作液体对管壁是浸润的(如水-玻璃管)则在管内形成下凹的曲面,读数时须读凹面的最低点。若工作液体对管壁不浸润(如水银-玻璃管)则在管内形成上凸的曲面,读数时须读凸面的最高点。

当 U 形管的两端分别接 2 个被测压力时,就可以用来测量 2 个压力之差(简称压差),如测流量孔板前后的压差。

为了减少误差,制作 U 形管时管径不能选得太细:一般用水做工作液体时,管内径不小于 8 mm;用水银做工作液体时,管内径不小于 5 mm。

U 形管压力计的误差有:①温度误差。温度变化将引起刻度标尺长度、工作液体重度发生变化,前项误差可以忽略。温度误差主要是工作液体重度变化所引起的误差,例如,水在10 ℃时,重度 $\gamma = 9\,806\ \text{N/m}^3$,而 35 ℃时 $\gamma = 9\,747\ \text{N/m}^3$,变化了 0.6%;②安装位置误差。应保证 U 形管压力计的 2 根管子处于严格的铅垂位置,否则将产生安装位置误差。

测量压力时,若将 U 形管一端密闭,完全抽掉空气,另一端接被测压力,这样玻璃管内两液面差所形成的压力与被测压力相平衡,p 测出的压力为绝对压力,可用下式表示:

$$p_{\text{绝}} = \rho \cdot g \cdot h \tag{6-7}$$

(2)斜管式压力计 在测量很小的压力、压差和负压时,液柱升高很小,因此读数相对误差和毛细现象相对误差都较大。若设法把液柱 h_2 拉长,读数和毛细现象的绝对误差不变,则压力测量的相对误差可以减小。倾斜式微压计就是采用这种工作原理制成的,它可以测 0~200 mmHg 的压力,最小读数可达 0.2 mmHg,使用方便,价格也不贵。这种微压计是一种具有倾斜测量管的杯形压力计,它将垂直放置的测量管改为倾斜角度可调的斜管,对于同样的液柱高度,在微压计上可使液柱长度增加,因而其灵敏度和精确度均有所提高。

图 6-7 所示的为倾斜式微压计的工作原理。当被测压力与截面积较大的容器接通时,容器内液面下降了 h_1,工作液体沿倾斜管向上移动距离为 l,在垂直方向升高 h_2,设外管与水平面的倾斜角度为 α;则液柱上升的实际高度为

$$h = h_1 + h_2 = h_1 + l\sin\alpha \tag{6-8}$$

实际应用中,由于 $h_1 \ll h_2$,略去 h_1 不计,认为

$$h \approx h_2 = l\sin\alpha$$

于是所测量的压力

$$p = h\gamma = l\gamma\sin\alpha \qquad (6\text{-}9)$$

式中 l 为测量管的指示值，mm。

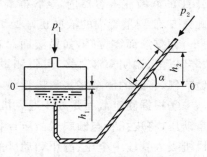

从式(6-9)可以看出，斜管压力计实际上就是把测量管做成倾斜角为 α 的单管压力计。倾斜管上的读数比在杯形压力计上的读数放大了 $1/\sin\alpha$ 倍，从而提高了读数的准确性。倾斜度越小，对于同一液柱高度增加了测量管上的指示长度，读数的准确度越高，但其测量范围也就越小。当倾斜角小于 $15°$，管内液面拉得很长，且极易冲散，反而不易读准确。

图 6-7　斜管微压计示意图

在制造倾斜式微压计时，通常把倾斜测量管固定在 5 个不同的倾斜角度位置上，从而可以得到 5 种不同的测量范围，同时采用表面张力比较小的酒精($\gamma = 0.81$ g/cm)作为工作液体，因此 $\gamma\sin\alpha$ 是一个常数，称为倾斜微压计常数(或应乘因数)，用 K 表示，这样式(6-9)可以改写为

$$p = lK \qquad (\text{mmH}_2\text{O}) \qquad (6\text{-}10)$$

仪器常数 K 有 $0.2,0.3,0.4,0.6$ 和 0.8 等 5 个数据，并直接标在仪器的弧形支架上。因此，只要读出倾斜管中的示值 l，再乘上相应的 K 值，就是所测量的压力 p。

典型倾斜式微压计的结构如图 6-8 所示，其组成部件名称已示于图上，下面主要介绍它的使用方法。

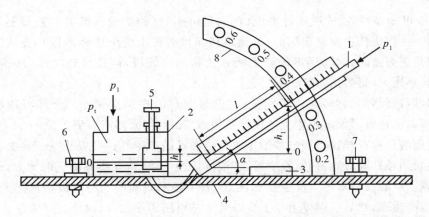

1.斜管；2.大容器；3.水平仪；4.底座；5.调零装置；6,7.底座调水平螺丝；8.调斜管倾角支架

图 6-8　倾斜式微压计

其使用方法如下：

①使用时将仪器放在桌子上或仪表箱上，大致放平，然后调节底座 4 两端的定位脚螺丝 6,7，使底板上的水平仪 3 的气泡居中，使仪器处于水平状态。

②将倾斜测量管 1 固定在弧形支架 8 上任一 K 值位置上。

③将金属容器 2 上的多向阀的手柄扳向"校准"位置，拧开容器 2 上的加液盖，将容重为

0.81 的酒精注入容器内,至容器高度的 2/3 处为止,再拧紧加液盖。调整容器上的零位调节旋钮 5,使测量管中的液面正好处于零位。

调整液面零位时,如果液面总在"零"以下,说明酒精过少,应再注入一些酒精;如果在"零"以上,说明充液过多,可将测量管顶端的橡皮管拔掉,从"＋"接头处的外接橡皮管轻轻地吹气,多余的酒精将从测量管顶端接头处吹出去。

④根据测定截面是处于通风机吸入管段还是压出管段,以及所测的压力是全压、静压还是动压,将皮托管与倾斜式微压计按照图 6-9 那样进行连接。图中 1,2,3 分别表示测量通风机吸入管段中全压、静压和动压的情形。

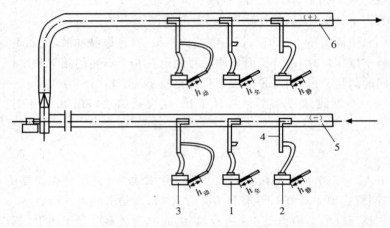

图 6-9 在正压及负压风道中标准皮托管与压力计的连接
1.测全压表;2.测静压表;3.测动压表;4.皮托管;5.呈负压状态通道;6.呈正压状态风道

由图 6-9 可知,对倾斜式微压计来说,在测量负压时(如测通风机吸入管段上的全压和静压),要从"－"接头接在测量正压时(如通风机压出管段上的全压和静压),要从"＋"接头接入。在测量压力差时,如动压不论处于吸入还是压出管段,都是将较大压力(指全压)接"＋"接头,较小压力(指静压)接"－"接头。

待一切准备就绪后,将多向阀手柄扳向"测量"位置,在测量管标尺上即可读出液柱长度,再乘以倾斜测量管所固定位置上的仪器常数 K 值,即得所测压力值。

⑤在使用前应检查与仪器相连接的橡皮管接头处的严密性。可以从"＋"接头处外接橡皮管将液柱吹到最高处,然后握紧橡皮管,若液柱缓慢下降,则说明有漏气的地方,须查明原因,进行处理。有时仪器对压力反应较迟钝,这多半是多向阀内的通道被堵塞造成的,可拆卸多向阀,清洗通道,然后在阀体上涂上少许凡士林再装回原位,以保证其严密性。

⑥仪器使用完毕,要将多向阀手柄扳到"校准"位置,以免酒精从"＋"接头处溅出来。若长期不用时,可将酒精从仪器中全部排除。方法同③。

⑦倾斜式微压计可用补偿式微压计校验,或用几台倾斜式微压计进行互校。

(3)液柱式压力计的误差及其修正 除输入压力外,还有很多影响液柱式压力计输出的因素,如大气压力、重力加速度、封液密度和封液上面的介质密度等,其中任何一个因素发生变化,都会造成输出误差。另外,还有其他的影响因素,如毛细现象、环境温度和压力计安装歪斜等,也会影响输出值的大小。在具体情况下,测量者可以考虑忽略某些因素的影响,以使用较小的代价得到有预期精确度的测量结果。

①毛细现象的影响：封液在管内的毛细现象，将使液柱产生附加的升高或降低。变化的大小取决于封液种类、温度和管内径等。因此希望细管内径不要小于 10 mm。用水作封液时，单管压力计的毛细现象误差，在常温下一般小于 2 mm；用汞作封液时，则不会超过 1 mm。此误差并不随液柱高度变化而改变，是可以修正的系统误差。

②温度变化的影响：当环境温度和封液温度偏离规定值时，则毛细现象、标尺长度和封液密度等都会变化。其中封浓密度改变所造成的附加误差最大，应着重考虑。前两项变化在一般工业测量中可以不予考虑，但在精密测量中应该进行修正。

测量值 h 修正到标准温度 t_0（20℃）下的值 h_0，可用下式计算

$$h_0 = h\{1 - [\beta(t - t_0) - \alpha(t - t_0)]\} \tag{6-11}$$

式中：α 为标尺所用材料的膨胀系数，℃$^{-1}$；β 为工作液体的膨胀系数，℃$^{-1}$。

③重力加速度影响：定义压力单位时使用的标准重力加速度 $g_0 = 980.665$ cm/s^2。重力加速度和测量地点纬度 φ 及海拔高度 H 的关系由下式给出：

$$g = 978.049(1 + 0.005\,288\,4\sin^2\varphi - 0.000\,005\,9\sin^2 2\varphi) - 0.000\,308\,6H$$

故测量值 h 修正到标准重力加速度 g_0 时的值可用下式计算：

$$h_0 = \frac{g}{g_0}h \tag{6-12}$$

④读数误差：液柱式压力计的液柱高度，一般按照封液弯月面顶点位置在标尺上读取，如图 6-10 所示。标尺最小分格多为 1 mm，较精密的分格有 0.5 mm 的。因此，目测可估计到 ±0.5 mm。若用游标读数装置或一般的光学读数装置可达（±0.1～±0.02）mm 的精度。

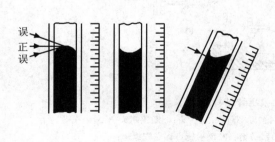

图 6-10　液柱式压力计的读数

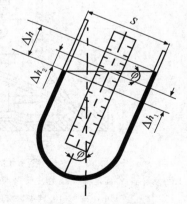

图 6-11　位置误差示意图

⑤位置误差：液柱式压力计使用时，应保持仪器处于铅垂位置，否则将产生位置误差。误差大小与倾斜角 φ 和两液柱距离 S 有关。φ 和 S 的意义如图 6-11 所示，位置误差为

$$\Delta h = S\tan\varphi$$

6.1.3　补偿式微压计

前边介绍的 3 种液体压力计,由于受到毛细管的作用和 Δh 的影响,加上读数误差大,它们的测压精度不能进一步提高。补偿式微压计从 3 个方面对此做了改进。图 6-12 所示的是补偿式微压计的结构。扩大两边压力管的截面面积,消除毛细管作用。将一端液面在测压时保持固定位置,消除 Δh。利用测微机构,使读数精度提高到 ±0.01 mm。

该仪器是根据 U 形管连通器的原理,借助光学仪器进行指示,用补偿的方法测量空气压力,其读数精确,测量范围是 0～150 mmHg,最小读数为 0.01 mmHg(最大误差为 ±0.2 mmHg)。该仪器惰性较大,反应慢,使用不太方便,但由于精度高,可用来校准其他压力计。在环境因素测试技术中主要应用于测量农用设备的正、负压通风和管道送风等场合的压力测量。

如图 6-12 所示,该仪器主要是由可动容器 1 和固定容器 2 组成,两容器之间用橡皮管 3 连通,其功能相当于一个 U 形管。

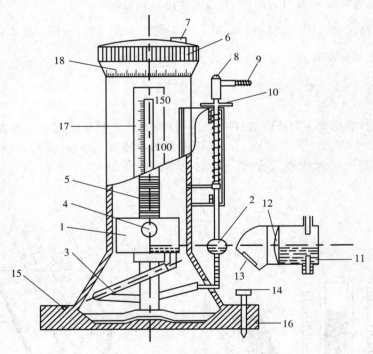

图 6-12　补偿式微压计结构图

1.可动容器;2.固定容器;3.橡皮管;4.负压接头;5.微动螺杆;6.旋转头;7.圆顶塞头;8.封闭螺丝;
9.正压接头;10.调零螺帽;11.顶针;12.透镜;13.反射镜;14.底脚螺丝;
15.水准泡;16.底座;17.标尺;18.微调盘

在可动容器 1 的中心装一个螺帽并套在微动螺杆 5 上,转动该精密丝杠顶部的微调盘 18,可动容器 1 可以沿该丝杠做上下运动。螺杆的下端用铰链与仪表底座相连,而它的上端固定连接在旋转头(又称为帽盖)6 上。转动旋转头 6 可使可动容器 1 沿着螺杆 5 升降,而移动的高度可在标尺 17 和微调盘 18 上读出来,它的精度可以达到 ±0.01 mm。

在固定容器 2 内装有金属顶针 11,因为在固定容器 2 的前面装有透镜 12 和反射镜 13,

所以通过反射镜可以清晰地看到顶针及其在工作液中的倒影。测压时,转动旋转头 6,即移动可动容器 1 的位置。使固定容器 2 的液面停留在顶针的尖端上,这可以从反射镜上观察顶针尖端和它在水平面上的倒影是否相接触来判断。

当可动容器 1 和固定容器 2 两边压力相等时,两边液面在同一个水平面上。如果调整可动容器 1 和固定容器 2 中的液体量,使液面刚好位于顶针尖上,记下标尺 17 和微调盘 18 的读数,即零读数。

当可动容器 1 和固定容器 2 两边接上压力时,固定容器 2 接高压(＋),可动容器 1 接低压(－)。可动容器 1 中液面上升,固定容器 2 中的液面下降。旋转微调盘,使可动容器 1 上升,直到固定容器 2 液面恢复到原位,即水准头恰好位于液面下时,可动容器 1 上升的高度就是用工作液体的液柱高表示的压力差,即

$$\rho g h = \rho g (\alpha - \alpha_0) \tag{6-13}$$

可动容器 1 和固定容器 2 直径很大,因此,可以消除毛细管的作用。通过微调盘 18、标尺 17 准确地读出液柱的高度。这种微压计的精度主要决定于丝杠的精度。它的缺点是惯性大,操作时要小心。其使用的方法如下:

①使用仪器前,把各部位擦拭干净,放在平坦的台面上,调节底脚螺丝 14,使水准泡 15 居中,这时仪器就处于水平位置。

②将负压接头 4 上的刻线和微调盘 18 的"0"位对准。打开正压接头 9 上的封闭螺丝 8,将工作液——蒸馏水缓慢地注入固定容器 2 中,同时观察反光镜 13 中顶针的图像。当顶针尖端及其在液面上的倒影将要接触时,便停止加水,并将封闭螺丝拧紧。待倒影稳定后,调节调零螺帽 10,使固定容器 2 略为上升或下降,使反射镜中顶针与液面倒影接触,说明零位已经调好,便可测量。

③根据所需测量压力的情况,将皮托管与微压计正确连接。当测量正压(即被测压力高于大气压力)时,与正压接头 9 相连;测量负压(即被测压力低于大气压力)时,与负压接头 4 相连;测量压力差(如动压)时,高压侧与正压接头 9 连通,而低压侧与负压接头 4 连通。

④在测量正压和压力差时,在被测压力作用下,固定容器 2 内的液面下降,可动容器 1 内的液面上升,此时原先那种平衡状态消失,表现为反射镜中的图像被破坏,即顶针的尖端露出液面。这时一边观察反射镜,一边用手指顶住旋转头 6 上的圆顶塞头 7,顺时针方向轻轻地旋转,可动容器 1 将随着微动螺杆的转动而升高位置。当可动容器 1 内液面升高到新的位置,所产生的压力恰好与被测压力相平衡时,固定容器 2 中的液面又重新回升到原位,反射镜中的图像又出现了顶针与液面倒影接触的新的平衡状态,此时读出标尺 17 和微调盘 18 上的读数(先读标尺 17,后读微调盘 18),便是所测的压力值(mmHg)。所谓补偿法就是用提高可动容器 1 液面的办法去平衡被测压力值,从而使固定容器 2 中液面恢复到原位,达到新的平衡状态。

⑤该仪器采用手动补偿的方法,在测量波动较大的压力(如通风机前后的压力)时,往往难以跟踪,加上仪器本身惰性较大,对压力变化反应较慢,因此,难以在短时间内补偿到使反射镜中的顶针与液面倒影接触的位置。当出现这种情况时,测试人员应保持冷静沉着,正确地进行操作。有时由于操作不熟练,压力补偿过高时,会出现固定容器 2 内液面高出顶针尖端部分的现象,这时须按逆时针方向转动旋转头 6,用降低可动容器 1 位置的办法使图像恢

复到顶针与液面倒影接触的位置,再读取压力值。

6.1.4　电测压力传感器

随着固体物理学的发展,固体材料的各种效应逐渐被发现。1954 年史密斯(C. S. Smith)等发现了硅和锗等半导体材料的电阻率随外力作用发生显著变化,该效应被称为压阻效应。

半导体材料硅有良好的弹性形变性能和显著的压阻效应。利用硅的压阻效应和集成电路技术制成的力传感器,具有灵敏度高、动态响应快、工作温度范围宽、稳定性好、易集成化等一系列优点,因此应用日益广泛。早期的硅压力传感器是半导体应变片式的,是金属应变片的延伸;其利用半导体比金属高的灵敏系数,代替合金材料,把硅片或其制成的芯片粘贴在弹性体上,但没脱离应变片的模式。20 世纪 70 年代,采用集成电路技术,制成了周边固定支承的电阻条与硅(受力)膜片一体化的硅杯,即扩散型压阻式传感器。它克服了粘贴带来较大的滞后和蠕变、固有频率较低以及集成化困难的缺点,而且把应变电阻条、误差补偿和信号调整等电路集成在一块硅片上。

压阻式压力传感器是由平面应变传感器发展起来的一种新型压力传感器,它以硅膜片作为弹性敏感元件,在该膜片上用集成电路扩散工艺制成 4 个等值半导体电阻,组成惠斯登电桥,当膜片受力后,由于半导体的压阻效应,电阻值发生变化,电桥输出从而测得压力的变化。

6.1.4.1　硅杯的结构与材料

扩散型压阻式传感器的核心器件是一个周边固定支承的硅敏感膜片,即硅压阻芯片,上面扩散有被应变电阻条。硅压阻芯片常采用 2 种结构:周边固定支承的圆形硅杯和矩形硅杯。采用周边固定支承硅杯结构,使硅膜片与固定支承环构成一体,既可提高灵敏度,减少非线性误差和滞后,又便于集成化和批量生产。因为圆形硅杯的加工工艺最为成熟,所以圆形硅杯最为常用。以下讨论以圆形硅杯为例。如图 6-13 所示,(a)为扩散型硅压阻式传感器的结构;(b)为硅膜片尺寸;(c)为应变电阻条排列方式。

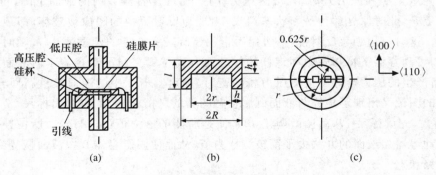

图 6-13　压阻式压传感器

从前面半导体材料压阻系数的分析中,已知通常选用 N 型硅作膜片,在其上扩散成 P 型硅,形成应变电阻条。P 型电阻条的压阻系数比 N 型大,灵敏度也高,而温度系数又小,也易制造。N 型硅膜片晶向选取,既要考虑灵敏度,又要考虑各向异性腐蚀形成硅杯的工艺。一般选取〈100〉或〈110〉晶向硅膜片。上腔通大气,下腔通被测压力,中间以硅膜片隔开。硅膜片 2 由 0.1 mm 厚 N 型单晶硅制成,直径为 8 mm,安装在硅杯支体 4 上(图 6-14)。

N 型硅膜片的电阻率,通常选取 8～15 Ω·cm。经扩散成 P 型硅电阻条所形成的 PN 结隔离作用有足够的耐压性。4 个等值电阻 R_1,R_2,R_3,R_4 按膜片受力的大小和方向,用集成工艺扩散到硅膜片上,如图 6-14(a)所示。硅膜片上 4 个半导体电阻的晶面晶向不同,其压阻系数也不同。图中选⟨110⟩晶面和⟨110⟩晶向,其中 R_2,R_4 位于膜片中心位置,受正的径向应力,R_1,R_3 在边缘,受负的径向应力。

膜片的厚度要严格控制,为保证信号的线性输出,硅膜片应变不应超过 500 μm,对这种平膜片的应变分布见图 6-15。

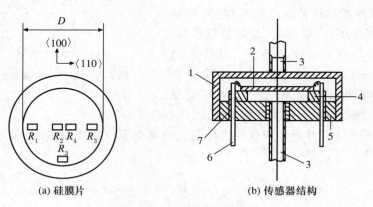

(a) 硅膜片   (b) 传感器结构

图 6-14　压阻压力传感器图
1.基体;2.硅片;3.通压管;4.硅环支座;5.基体层;6.导线;7.绝缘管

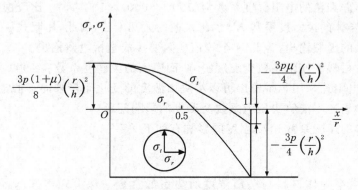

图 6-15　膜片的应力分布图

6.1.4.2　压阻式传感器的温度补偿

由于半导体材料对温度的敏感性,压阻式传感器受到温度变化影响后,将产生零位漂移和灵敏度漂移。

零位温度漂移是由扩散电阻的阻值随温度变化引起的。扩散电阻的温度系数因扩散表面杂质浓度不同,导致薄层电阻大小各异而不一样。但工艺上难以做到 4 个 P 型桥臂电阻的温度系数完全相同,不可避免产生温度变化时,无外力作用仍有电阻值变化的现象。提高表面杂质浓度,可减小薄层电阻,减小电阻的温度系数,从而提高温度稳定性,减小零位漂移。但提高杂质浓度会降低传感器的灵敏度。

灵敏度温度漂移是由压阻系数随温度变化引起的。压阻系数变化会改变灵敏度大小。温度升高时,压阻系数变小,则灵敏度下降。提高表面杂质浓度,压阻系数随温度变化要小些,但灵敏度直接受杂质浓度的影响也会降低。

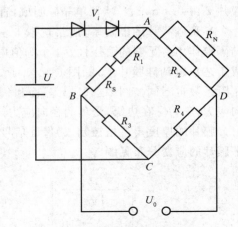

图 6-16　零位温度漂移的补偿电路

考虑对温度引起零位漂移和灵敏度漂移两个方面的控制,扩散杂质表面浓度为 $3\times10^{18}\sim$ $3\times10^{20}/cm^3$ 之间为宜。

(1)零位温度漂移的补偿　图 6-16 中,串联电阻 R_S 起调零作用;并联电阻 R_N 起补偿作用。零位温漂时,D 与 B 两点电势不等。假设 R_2 增加较大,则 D 点电位低于 B 点电位。消除 D 与 B 两点电势不等,可在 R_2 处并联一个 NTC 热敏电阻 R_N 使 AD 间等效电阻基本保持不变,达到补偿目的。

扩散到硅膜片上的半导体应变等值电阻与金属电阻应变片相似,由温度的影响引起的电阻相对变化为

$$\frac{\Delta R}{R} = \alpha_t \Delta t + K_S(\beta_e - \beta_S)\Delta t \tag{6-14}$$

式中:α_t 为扩散半导体的电阻温度系数;Δt 为温度变化量;β_e 为膜片材料的线膨胀系数;β_S 为扩散半导体的线膨胀系数;K_S 为扩散半导体的灵敏度系数。

由于半导体硅和锗的电阻温度系数为 $(700\sim7\,000)\times10^{-8}℃^{-1}$,比康铜的电阻温度系数大上千倍,而半导体的灵敏度系数 K_S 也比康铜的大几十倍,因此,压阻式压力传感器受温度影响后会有更大的虚假输出,为此,4 个等值电阻要接成全桥电路输出。

由于半导体材料的压阻系数受温度影响,而康铜的灵敏度系数在 100℃ 以下不受温度影响,对于康铜丝电阻片采用全桥输出可以解决由温度的变化而带来的虚假输出,但半导体材料只采用全桥输出还不能解决压阻系数受温度的影响问题。

半导体晶体的压阻系数 π_L 受温度的影响有如下关系。

$$\pi_L = At^{-\alpha}$$

式中:A 和 α 为由半导体材料与杂质浓度所决定的常数。从上式可知,π_L 随温度上升而下降,即半导体晶体的灵敏度系数 K_S 随温度上升而下降。

解决这一问题的方法之一是采用 6 个二极管对称地串接在电源回路上。当温度升高,K_S 下降,使传感器输出下降时,由于二极管的负温度特性,二极管压降减小,电桥 AB 两端供电电压 U 上升,这样就弥补了 K_S 的下降,达到了补偿的目的。

(2)灵敏度温度漂移的补偿　传感器的灵敏度温度漂移(温漂),通常采用改变电源电压大小的办法进行补偿。图 6-17 给出 2 种补偿电路:(a)是用 PTC 热敏电阻 R_P 随温度升高阻值增加,经运算放大器输出电压增大,提高电桥输入电压,补偿因温度漂移造成的灵敏度下降;(b)是利用三极管基极与发射极间 PN 结的负温度特性,随温度升高,正向压降减少;而供电桥电压增大,提高电桥输出电压以补偿因温度漂移引起的灵敏度下降。

农业生物环境因素测试技术

图 6-16 所示的电桥电源回路中串接的二极管 V_i 的作用同图 6-17(b)所示的,都是利用 PN 结的负温度特性。这三种方式的供电电源均为恒压源。

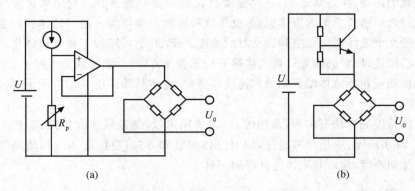

图 6-17　灵敏度温度漂移的补偿电路

6.1.4.3　压阻式传感器的特点

压阻式压力传感器随着半导体工业和集成电路的迅速发展,在航空、宇航、风洞及其他领域得到广泛的应用。这种传感器有以下特点:

①结构简单、可微型化。国内研制的硅杯直径为 1 mm 的传感器。国外有直径为 0.8 mm 的,量程为 0.686 MPa,其输出为 40 mV。还有直径为 1 mm、厚度为 0.4 mm 的扁型传感器,大量用于宇航和医学领域中。

②可测高频。压阻式传感器小而轻,因此,膜片刚度大,自振频率高,如某型压阻压力传感器自振频率可达 90 kHz,也有直径 2 mm、厚 0.025～0.075 mm 的传感器,可直接装于测压管内。可测 300～500 kHz 以下的脉动压力。

③灵敏度高。半导体的灵敏度系数比金属电阻应变片高 35～70 倍,因此,传感器输出信号大,可达 200 mV,可不经放大而直接用记录仪记录。

④精度高。其非线性误差与滞后误差都较小,目前一般可达 0.1％～0.05％,最高可达 0.01％。

⑤受温度影响大。国内只用于 100℃ 以下。

⑥量程小。一般用于 0.686 MPa 以下。

⑦不耐腐蚀。受腐蚀性气体或液体影响较大。

⑧工艺复杂,要求严格,制作困难。

总之,扩散型压阻式压力传感器主要存在的问题是半导体工艺问题;还有一个突出的问题是温度影响问题,这种传感器对温度变化极为敏感,一般以零点漂移与灵敏度漂移 2 种形式表现出来,因此,必须有可靠的温度补偿措施。

6.2　气体流速测量

气体速度指的是气体质点(或微团)的速度,不是气体分子的速度。它是描绘气流场的重要参数。流体速度有 2 种表示方法,即欧拉法和拉格朗日法。欧拉法取空间控制体作为研究对象,流体速度指的是流体流过这个空间控制体时所具有的速度。过空间这点的流体速度随时间变化的运动,叫非定常运动,这时速度是时间和空间坐标的函数。过空间这点的流体速度不随时间变化的运动,叫定常运动,这时速度只是空间坐标的函数。利用风速管(皮托管)、热线风速仪或激光测速仪测量的流体速度,就是这种速度。拉格朗日法以流体质点为研究对象,流体速度是指这个流体质点在空间运动时的速度。例如,把示踪粒子放到流体里,用高速摄影机拍它的运动轨迹,用它的轨迹计算流体的平均速度和方向,得到的就是这种速度。

流体速度测量包括流体质点的平均速度和方向、流体脉动速度的均方根值、脉动速度的相关等。

测量流体速度的方法有多种,常用的有:旗式风速仪,测量风速和风向;旋桨式测速仪,测量河流流速、海水流速;皮托管测速仪,测量流体速度和方向;热线流速仪和激光测速仪,测量平均速度和脉动速度,是研究流体的良好的工具。

6.2.1　探头选择

0～100 m/s 的流速测量范围可以分为 3 个区段:低速,0～5 m/s;中速,5～40 m/s;高速,40～100 m/s。热敏式探头用于 0～5 m/s 的精确测量;转轮式探头测量 5～40 m/s 的流速效果最理想;利用皮托管则可在高速范围内得到最佳结果。

正确选择流速探头的一个附加标准是温度,通常热敏式传感器的使用温度约达 70℃。特制转轮探头的使用温度可达 350℃,皮托管一般用于 350℃ 以上(图 6-18)。

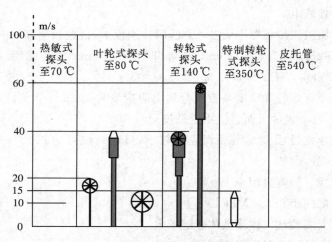

图 6-18　流速探头的测量和应用范围

6.2.1.1　热敏式探头

热敏式探头的工作原理:基于冷冲击气流带走热元件上的热量,借助一个调节开关,保持温度恒定,调节电流和流速成正比关系。

当在湍流中使用热敏式探头时,来自各个方向的气流同时冲击热元件,从而会影响测量结果的准确性。在湍流中测量时,热敏式流速传感器的示值往往高于转轮式探头的示值。

热敏式热球探头(图 6-19)测量流速时与方向无关;热敏式热线探头(图 6-20)测量流速时,具有辨别风向的功能。

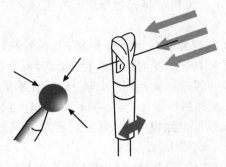

图 6-19　热敏式热球探头

图 6-20　热敏式热线探头

紊流现象可以在管道测量过程中观察到。根据管道设计方案的不同,有的甚至在低速时也会出现紊流现象。因此,测量应在管道的直线部分进行(图6-21)。直线部分的起点应至少在测量点前 $10D$(D 为管道直径)外;终点至少在测量点后 $4D$ 外。流体截面不得有任何遮挡。

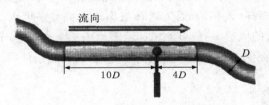

图 6-21　流速测量位置示意图

6.2.1.2　转轮式探头

转轮式探头的工作原理:基于把转动转换成电信号,先经过一个临近感应开关,对转轮的转动进行计数,并产生一个脉冲系列,再经检测仪转换处理,即可得到转速值。

大口径探头(60 mm,100 mm)适合于测量中、小流速的紊流(如在管道出口)。小口径探头更适于测量管道横截面大于探头横截面积 100 倍以上的气流。

转轮式探头使用时应使气流流向平行于转轮轴。在气流中轻轻转动探头时,示值会随之发生变化。当读数达到最大值时,即表明探头处于正确测量位置。

在管道中测量时,管道平直部分的起点到测量点的距离应大于 $10D$,紊流对热敏式探头和皮托管的影响相对较小。

6.2.2　常见国产风速仪介绍

目前,国内生产的直接测量风速的仪表(即在仪表盘上能直接读出风速值的仪表)有叶轮风速仪、转杯风速仪和热电风速仪等。

6.2.2.1　叶轮风速仪

叶轮风速仪(图6-22)是由叶轮和计数机构所组成的。目前,最常见的是内部自带计时装置的,在仪表盘上可以直接读出风速(m/s)值,叫作自记式叶轮风速仪。

该仪表的灵敏度为 0.5 m/s 以下,可测 0.5～10 m/s 范围内的较小风速。

叶轮受到气流动压力作用产生旋转运动,其转数由轮轴上齿轮传递给指针和计数器,便指示出风速的大小,且叶轮的转数是与气流的速度成正比的。

使用前须检查风速仪长、短指针是否在零位,若不在零位可轻轻地顶压回零压杆,使其回到零位。

手提仪表或将它绑在短木杆上置于测点处,气流方向应垂直于叶轮平面。当叶轮旋转正常后,再按启动压杆,手指应随按随放(按放时间不要大于 1 s),这时计时红针开始走动,当它走过 30 s 后,可听到轻微"喀嚓"声,表示传动机构已经与风速指针接触,风速指针便开始走动。待时间过 60 s 后,又可听到"喀嚓"声,内部脱离接触,风速指针停止走动(再过 30 s 红针也自行停止)。此时大、小指针的示值之和即为风速(m/min),再除以 60 即可得到所测的风速值(m/s)。测试完毕,按回零压杆,使指针归回零位为下一次使用做好准备。

叶轮是该仪表的关键部件,其裸露在外部,易受到损伤,因此,使用中严禁用手触及和受到其他器物的碰撞,防止摔跌。用后擦拭干净放入木盒中保管。使用时注意不得超过测量风速上限,否则将造成螺丝松动、叶轮片扭曲的严重后果。

6.2.2.2 转杯式风速仪

转杯式风速仪(图 6-23)的作用原理、构造与叶轮风速仪基本相似,只是将风速感应元件叶轮换成了 3 个半球形的转杯(风杯)。因为转杯结构牢固机械强度大,能承受速度较大气流的压力,所以能够测量较大的风速,一般可测风速范围为 1～20 m/s,也有 1～40 m/s 的。

转杯和叶轮风速仪在使用前须经标准风洞校验,若没有此条件可用几只风速仪互相校验。

图 6-22　叶轮风速仪

图 6-23　转杯式风速仪

6.2.2.3 热电风速仪

热线(线、膜)流速仪的主体是一根加热的金属丝,或加热的金属膜,流体流过金属丝时,由于对流散热,金属丝的温度(或电阻)发生变化。其温度变化的大小和流体速度的大小与方向有关,也和流体的性质有关。热线流速仪就是根据这种原理来测量流体速度的。

热线流速仪是一种接触式测量仪器,但是,由于热线很细(一般直径为 0.5～10 μm),对流场的扰动比较小,空间分辨率高,惯性小,能测量频率为几百千赫兹的脉动速度。另外,热线的输出信号是连续的,在不可压缩流体里,测速的灵敏度比较高,因此,热线流速仪得到了广泛的应用。

热电风速仪是一种新型的测量风速的仪表,感应速度快,时间常数只有百分之几秒,在小风速时灵敏度较高,其特点是使用方便,灵敏度高,反应速度快,最小可以测量 0.05 m/s 的微风速;宜应用于室内和野外的大气湍流实验,同时也是农业气象测量的重要工具。

该类仪表一般包括测头和指示仪表两部分,其中测头由电热线圈(或电热丝)和热电偶组成。热电偶焊接在电热电丝中间的,称为热线式热电风速仪;电热线圈和热电偶不相接触,用玻璃球固定在一起的称为热球式热电风速仪。

图 6-24 所示的为热球式热电风速仪的原理(热线式热电风速仪除了电热丝与热电偶相连外,其他的与热球式热电风速仪基本相同)。如图 6-24 所示,该仪器有 2 个独立的电路:一是在电热线圈回路里,串联-直流电源 E(一般为 2~4 V)和 1 个可调电阻 R。在电源电压一定时,用调节电阻 R,达到调节电热丝的温度。二是在测量电热丝温度的热电偶回路里,串联一只微安表,该表指示出与热电势相应的热电流大小。

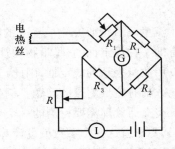

图 6-24　定电流热线风速仪测量电路

当电热线圈通以额定电流时,其温度升高,加热了玻璃球(由于玻璃球体积很小,球体的温度可认为是电热线圈的温度),热电偶便产生热电势,由此产生的热电流由表头指示出来。玻璃球的温升、热电势的大小与气流速度有关。气流速度越大,球体散热越快,温升越小,热电势值也就越小;反之气流速度越小,球体散热越慢,温升越大,热电势值也就越大。玻璃球的散热率与风速的平方根呈线性关系。通常在加热电流不变的情况下,测出被加热物体的温度,就能推算出风速。根据这个关系在指示仪表盘上直接标出风速值,将测头放在气流中即可直接读出气流速度。

仪表的校验工作是在标准风洞内进行的,每台仪器都有一张风速校正曲线图,从图中可以看出热电风速仪的灵敏度随着风速的增大而降低,并适用于低风速(小于 2 m/s)的测量。

使用前应熟悉仪表的各个旋钮和开关的作用,按照一定的步骤进行操作,否则将带来测量误差。下面来介绍 QDF 型热球式热电风速仪的使用方法。

①将与测杆相连的插头按其"＋""－"号或标记,插在面板上的插座内,须插紧。

②测杆宜垂直放置,头部朝上,滑套向上顶紧,即保证测头在零风速下进行仪表的校准工作。

③将工作选择开关由"断"旋转到"满度"位置,调节标有"满度"的旋钮,使指示表针指在刻度盘上限刻度线上,若达不到上限刻度线,应更换箱内的单节电池。

④将工作选择开关旋转到"零位"的位置,相继调节标有"粗调""细调"字样的 2 个旋钮,使表针处于零位,若调不到零位时,应更换箱内串联的 3 节电池。

⑤将滑套拉下来,测头上的热电偶及热电丝平面对准风向(通常用测端小红点对准迎风面),表针即指示出风速,若表针左右摆动可读取中间数值。如果要求更加准确的风速,可从校正曲线图上查出。

⑥每次测量 5~10 min 后,须重复步骤②~④进行校准。

⑦测量完毕,将滑套顶紧,工作选择开关转到"断"的位置,拔下插头,整理装箱。

该仪表虽然优点较多,但最大的缺点是测头易损坏,一旦损坏在现场不易修复(在现场也不具备校验条件)。因此,使用中须特别注意以下几点:

a. 时刻注意保护测头,禁止用手触摸,防止与其他器物发生碰撞。

b. 仪表应在清洁、没有腐蚀性的环境中测量和保管。保管中要保持仪表干燥,并将箱内的电池取出,防止电池外皮腐烂后损坏仪表。

c. 在搬运仪表过程中,防止摔跌和剧烈震动,以免损坏仪表。

　　流量测量是研究物质量变的科学,质量互变规律是事物联系发展的基本规律,量是事物所固有的一种规定性,它是事物的规模、程度、速度以及它的构成成分在空间上的排列组合等等可以用数量表示的规定性,因此,其测量对象不限于传统意义上的管道流体,凡需要掌握量变的地方都有流量测量的问题。例如,城市交通的调度,需掌握汽车的车流量的变化,它是现代化城市交通管理需要检测的一个参数。流量、压力和温度并列为三大检测参数,对于一定的流体,只要知道这三个参数就可计算该流体具有的能量。在能量转换的测量中必须检测这三个参数,而能量转换是一切生产过程和科学实验的基础,因此,流量和压力温度仪表得到最广泛的应用。

　　流量是自然界不存在实物标准的导出量,它由基本量(长度、质量、时间和温度)在特定条件下综合得出,量值的实物标准(称为原始标准)实际上就是一座流量标准装置,在装置上把各基本量综合为导出量,然后把量值传递给一台或一组流量计,它称为工作基准或传递标准,用传递标准(量值的载体)向下一级标准(亦为流量标准装置)传递流量量值。借助传递标准把全国的流量量值统一起来。国际间的流量量值的统一是用国际间的装置比对来达到的。

　　在各类检测参数量值传递系统中,流量的量值传递系统是较困难建立的一类,因为流量量值有以下特点:

　　①流量是自然界不存在实物标准的导出量,须在特定条件下由基本量(长度、质量、时间、温度等)合成。

　　②流量是一个动态量,它是一个只有当流体发生运动时才实际存在的物理量,因此,它不仅是基本量的静态组合,而且由于其动态性质,流量量值受到许多复杂因素的影响,例如,流体内微观分子之间的相互作用,宏观的湍流、旋涡运动等,在具体的管道中还受到边界条件(管壁)的制约。

　　③流量量值需要通过流体介质的物理变化得以反映,因此,用于校验的介质最好就是使用介质,但介质有千万种,不可能都按此原则选用介质,只好采用模拟媒介,然后通过介质换算把流量量值传递到工作介质中。

　　④存在于不同工作状态的流体介质表现出不同的物理性质,因此,流量量值在不同工作状态时必须考虑该因素的影响。

　　⑤流量量值基准与工作仪表的准确度差别不可能太大(如目前基准为 10^{-4},而工作仪表可达 10^{-3}),它们的数量级差别不像基本量或其他导出量那么大,量值传递时标准的误差一般不能忽略,校准流量计时误差的估算较复杂。

　　⑥由基准向工作仪表传递量值由于参比工作条件难以维持,影响量渐趋复杂,误差估算困难程度逐渐加大。

　　⑦流量量值准确度不高(目前最高准确度不高于 10^{-4})的原因在于其导出动态的性质。

　　在讨论流量测量方法之前,先介绍一下流量的概念及单位。

　　瞬时流量(简称流量)是指单位时间内通过管道某有效截面的流体量,有体积流量 Q 和质量流量 M。前者的单位为 m^3/h,m/s 等;后者的单位为 kg/h,t/h 等。它们之间的关系是 $M = Q\rho$,式中 ρ 为流体的密度,kg/m^3。

累计流量(简称总量)是指在一段时间(如天、月)内流经管道的流体总量。它主要用于统计,常用的单位有 m^3,kg,t 等。

流量计有许多分类方法。按测量值的单位分有质量流量计与体积流量计;按测量流体运动的原理分有容积式流量计、速度式流量计等;按测量方法分有直接测量式流量计与间接测量式流量计。由于目前使用的流量计已超过百种,测量原理、测量方法和结构特性多种多样,严格地予以分类比较困难。正确地测量流量,事先要充分研究测量条件,选用测量方法适合于这些条件的流量计,这要求测量人员必须很好地了解各种流量测量方法、流量计的特性和整个测量系统的有关知识。

6.3.1 节流变压降流量计

6.3.1.1 概述

节流变压降流量计是根据安装于管道中流量检测件产生的差压、已知的流体条件以及检测件与管道的几何尺寸来测量流量的仪表。节流变压降流量计由一次装置(检测件)和二次装置(差压转换和流量显示仪表)组成,既可用于测量流量参数,也可测量其他参数(如压力、物位、密度等)。

节流变压降流量计的检测件按其标准化程度分为标准型和非标准型两大类。所谓标准节流装置是指按照国际标准 ISO 5167 标准文件设计、制造、安装和使用,无须经实流校准即可确定其流量值并估算流量测量误差的检测件。非标准节流装置的成熟程度较差,尚未列入标准文件中的检测件。应该注意,非标准节流装置不仅仅是指那些节流装置结构与标准节流装置相异的,如果标准节流装置在偏离标准条件下工作也应称为非标准节流装置,例如,标准孔板在混相流下或标准文丘里喷嘴在临界流下工作时都是非标准装置。

目前非标准节流装置种类有:

①低雷诺数用 1/4 圆孔板、锥形入口孔板、双重孔板、双斜孔板、半圆孔板等;

②脏污介质用圆缺孔板、偏心孔板、环状孔板、楔形孔板、弯管节流件等;

③低压损节流装置用罗洛斯管、道尔管、道尔孔板、双重文丘里喷嘴、通用文丘里管、Vasy管等;

④小管径节流装置用整体(内藏)孔板;

⑤端头节流装置,如端头孔板、端头喷嘴、Borda 管等;

⑥宽范围度节流装置,如弹性加载可变面积可变压头流量计(线性孔板);

⑦毛细管节流装置,如层流流量计;

⑧脉动流节流装置;

⑨临界流节流装置,如音速文丘里喷嘴;

⑩混相流节流装置。

6.3.1.2 节流变压降流量计工作原理

充满管道的流体,当它流经管道内的节流件时,如图 6-25 所示,流速将在节流件处形成局部收缩,因而流速增加,静压力降低,于是在节流件前后便产生了压差。流体流量越大,产生的压差越大,这样可依据压差来衡量流量的大小。这种测量方法是以流动连续性方程(质量守恒定律)和伯努利方程(能量守恒定律)为基础的。压差的大小不仅与流量有关,还与其他许多因素有关,例如,当节流装置形式或管道内流体的物理性质(密度、黏度)不同时,在同样大小的流量下产生的压力差也是不同的。

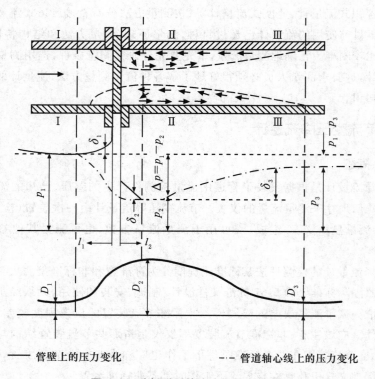

—— 管壁上的压力变化　　　　　**–·– 管道轴心线上的压力变化**

图 6-25　孔板附近的流速和压力分布

根据流动连续性方程(质量守恒定律)和伯努利方程(能量守恒定律),设截面Ⅰ、截面Ⅱ处压力分别为 p_1,p_2,则有

$$\Delta p = p_1 - p_2$$

$$q = \frac{C}{\sqrt{1-\beta^4}} \varepsilon \frac{\pi}{4} d^2 \sqrt{\frac{2\Delta p}{\rho}} \qquad (6\text{-}15)$$

式中:q 为体积流量,m^3/s;C 为流出系数;ε 为可膨胀性系数;β 为直径比,$\beta = d/D$;d 为工作条件下节流件的孔径,m;D 为在工作条件下上游管道内径,m;ΔP 为差压,Pa;ρ 为流体密度,kg/m^3。

由式(6-15)可见,流量为 $C,\varepsilon,d,\rho,\Delta p,\beta(D)$ 6 个参数的函数,此 6 个参数可分为实测量 $[d,\rho,\Delta p,\beta(D)]$ 和统计量(C,ε)两类。

6.3.1.3　节流装置

ISO 5167 或 GB/T 2624—2006 中所包括的节流装置称为标准节流装置,它们是标准孔板、标准喷嘴、经典文丘里管和文丘里喷嘴。在设计、制造、安装及使用方面皆遵循标准规定,可不必个别校准而直接使用。

(1)标准孔板　又称为同心直角边缘孔板,其轴向截面如图 6-26 所示。孔板是一块加工成同心圆形的具有锐利直角边缘的薄板。孔板开孔的上游侧边缘应是锐利的直角。

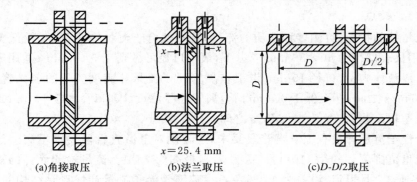

(a)角接取压   (b)法兰取压   (c)D-D/2取压

x=25.4 mm

图 6-26　孔板的三种取压方式

标准孔板有 3 种取压方式:角接、法兰及 $D\text{-}D/2$ 取压(图 6-26)。从 2 个方向的任一个方向测量流量可采用对称孔板,节流孔的 2 个边缘均符合直角边缘孔板上游边缘的特性,且节流孔厚度应在孔板外径的 $0.05\sim0.02$ 倍之间,孔板的厚度应在节流孔厚度与 0.05 倍孔外径之间。

(2)标准喷嘴　ISO 1932 喷嘴(图 6-27)为上游面由垂直于轴的平面、廓形为圆周的 2 段弧线所确定的收缩段、圆筒形喉部和凹槽组成的喷嘴。ISO 1932 喷嘴的取压方式仅角接取压一种。

(3)经典文丘里管　由入口圆筒段 A、圆锥收缩段 B、圆筒形喉部 C 和圆锥扩散段 E 组成,如图 6-28 所示。根据加工方法的不同,有以下不同的结构形式:①具有粗铸收缩段的;②具有机械加工收缩段的;③具有铁板焊接收缩段的。

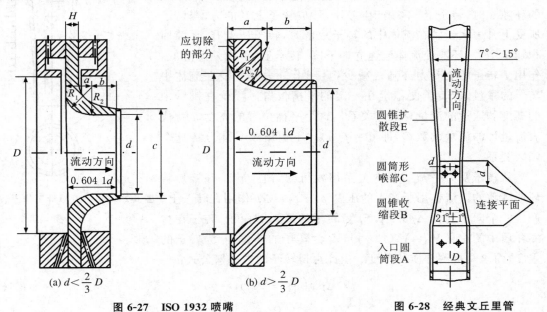

(a) $d<\dfrac{2}{3}D$ (b) $d>\dfrac{2}{3}D$

图 6-27　ISO 1932 喷嘴　　　　　　**图 6-28　经典文丘里管**

6.3.2　转子流量计

转子流量计是以浮子在垂直锥形管中随着流量变化而升降,改变它们之间的流通面积来进行测量的体积流量仪表,又称为浮子流量计。

6.3.2.1　特点

转子流量计的特点:可测多种介质的流量,特别适合于测量中小管径、较低雷诺数的中小流量;常用仪表口径为 40～50 mm 或以下,最小口径可做到 1.5～4 mm;适用于测量低流速小流量。以液体为例,口径 10 mm 以下玻璃管浮子流量计满度流量的名义管径,流速只在 0.2～0.6 m/s 之间,甚至低于 0.1 m/s;金属管浮子流量计和口径大于 15 mm 的玻璃管浮子流量计流速稍高些,在 0.5～1.5 m/s 之间。

大部分浮子流量计没有上游直管段要求,或者说对上游直管段要求不高。浮子流量计有较宽的流量范围度,一般为 10∶1,最低为 5∶1,最高为 25∶1。流量检测元件的输出接近于线性。压力损失小且恒定,误差为 ±2% 左右。玻璃管浮子流量计优点是结构简单,使用维护简便,价格低廉。缺点是玻璃管易碎,尤其是无导向结构浮子用于气体。另外,该种仪表精度易受介质的重度、黏度、温度、压力、纯净度及安装位置的影响。金属管浮子流量计无锥管破裂的风险。与玻璃管浮子流量计相比,金属管浮子流量计使用温度和压力范围宽。

使用流体和出厂标定流体不同时,要进行流量示值修正。液体用浮子流量计通常用水标定,气体用空气标定,如实际使用流体密度、黏度与之不同,流量要偏离原分度值,要进行换算修正。

6.3.2.2　原理和结构

转子流量计的流量检测元件是由一根自下向上扩大的垂直锥形管和一个沿着锥管轴上下移动的转子所组成的。其工作原理如图 6-29 所示,被测流体从下向上经过锥管 1 和转子 2 形成的环隙 3 时,转子上、下端产生差压,形成转子上升的力,当转子所受上升力大于浸在流体中的转子重量时,转子便上升,环隙面积随之增大,环隙处流体流速立即下降,转子上、下端差压降低,作用于转子的上升力亦随之减少,直到上升力等于浸在流体中转子的重量时,转子便稳定在一定的平衡位置。浮子在锥管中的高度和通过的流量有对应关系。这个平衡位置的高度 h 就代表流量计的流量读数 Q,即 $Q=f(h)$。下面就来具体分析这个函数关系。

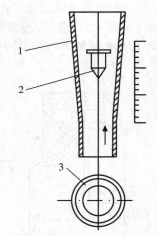

图 6-29　转子流量计工作原理
1. 锥形管;2. 浮子;3. 流通环境

从转子受力平衡的基本关系出发可知:由于转子和锥形管环形缝隙的节流作用所产生的压差 $p_1-p_2=\Delta p$ 作用在转子上,产生一个向上的力 $\Delta p \times F_f$,F_f 为转子的最大截面积,转子在被测介质中的重量 $W_f=V_f(\gamma_f-\gamma)$,V_f 为转子的体积,γ_f 为转子的重度,而 γ 是被测介质的重度。由此可得转子的力平衡公式:

$$\Delta p \times F_f = V_f(\gamma_f - \gamma) \tag{6-16}$$

$$\Delta p = \frac{V_f}{F_f}(\gamma_f - \gamma) \tag{6-17}$$

由式(6-17)可见,不管流量为多少,Δp 总是一个常数,因此转子流量计又称为恒压降流量计。

将 Δp 之值代入流量基本方程式得

$$Q = \alpha F \sqrt{\frac{2g}{\gamma} \times \frac{V_f(\gamma_f - \gamma)}{F_f}} \tag{6-18}$$

式中:α 是仪表的流量系数,因浮子形状而异,按设计标准选取。而浮子最大横截面和锥管间的环隙面积 F 与转子的高度 h 之间的关系为 $F = ch$,系数 c 取决于转子和锥管的几何形状及尺寸。因此,体积流量为

$$Q = \alpha ch \sqrt{\frac{2g}{\gamma} \times \frac{V_f(\gamma_f - \gamma)}{F_f}} \tag{6-19}$$

虽然 F 与 h 的函数关系不是绝对线性的,但对大口径小锥度锥管而言,刻度是接近线性的。大部分金属管转子流量计都采用线性化机构,使刻度线性化。

玻璃管转子流量计有转子和锥管 2 个主要组件,转子用金属或非金属材料制成,可在锥管内上下自由浮动,也可在转子中间串装导向杆。锥管用膨胀系数小且耐温度剧变的硬质玻璃制成。

远传转子流量计有电动和气动 2 种类型。被测介质流量的变化将引起转子的移动,它又带动差动变压器中的铁芯做上下运动,实现流量→电压转换。发送差动变压器与接收差动变压器通过电子放大器及凸轮机构等组成一个自动平衡线路。因此,流量的变化即转子的位移可以远传和显示。

转子的几何形状是决定其使用特性的主要因素。不同形状转子的流量系数 α 和雷诺数 Re 之间的关系不同。转子材料常用铜、铝、塑料和不锈钢等材料制造,根据需要,有空心转子和实心转子之分。

转子流量计的刻度是单独制作的,制造厂一般都是在常温常压($20℃$,9.8×10^4 Pa)下以水或空气为介质进行刻度的,所以测量时若情况有变化,就要对刻度曲线进行校对。

6.3.2.3 安装使用注意事项

应根据被测介质是液体还是气体、介质透明度、工作压力、工作温度、腐蚀性、测量范围、精度、使用场合等,选择合适的转子流量计。

仪表应安装在环境温度低于 $60℃$ 条件下,防震、防晒、防雨淋且便于操作的地方。流量计锥管必须垂直安装,若倾斜 $10°$,将造成 0.8% 的误差。安装时,在仪表前后应有 5 倍于仪表内径的直管段,以消除涡流的影响。仪表前主管道上应装过滤器,以避免脏污物质黏附在转子上而影响测量精度。转子流量计必须安装在垂直管道上,被测介质的流向应由下向上,不得相反。

6.3.3 涡轮流量计

随着工业生产的发展,人们对流量测量也提出了更高的要求,即要求测量精度高、反应快、适用范围广。涡轮流量计就具有这些优点。

6.3.3.1 结构

一般来说,速度式流量计是以测量管道内流体的流速为依据的流量计。涡轮流量计是一种速度式流量计,它由变送器(表体、导向体、涡轮、轴与轴承及信号检测器等,见图 6-30)

和显示仪表组成。

（1）表体　是传感器的主体部件，它起到承受被测流体的压力，固定安装检测部件，连接管道的作用。表体采用不导磁不锈钢或硬铝合金制造。对于大口径传感器，可采用碳钢与不锈钢组合的镶嵌结构，表体外壁装有信号检测器。

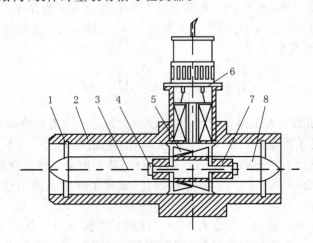

图 6-30　涡轮流量计变送器结构
1.紧固件；2.壳体；3.前导向件；4.止推片；5.叶轮；6.电磁感应信号检出器；7.轴承；8.后导向件

（2）导向体　在传感器进出口装有导向体，由导向环（片）及导向座组成，使流体到达涡轮前先导直，以避免因流体的自旋而改变流体与涡轮叶片的作用角，从而保证仪表的精度。在导向体上还装有滚珠轴承，用以支承涡轮。通常选用不导磁不锈钢或硬铝材料制作。

（3）涡轮　又称为叶轮，是传感器的检测元件，它由高导磁性材料制成。涡轮芯上装有螺旋叶片，当流体作用于叶片上时，使之旋转。叶轮有直板叶片、螺旋叶片和丁字形叶片等几种，也可用嵌有许多导磁体的多孔护罩环来增加一定数量叶片涡轮旋转的频率，叶轮由支架中摩擦力很小的轴承支撑，与表体同轴，其叶片数视口径大小而定。叶轮几何形状及尺寸对传感器性能有较大影响，要根据流体性质、流量范围、使用要求等设计，叶轮的动平衡很重要，直接影响仪表性能和使用寿命。

（4）轴与轴承　支撑叶轮旋转，需有足够的刚度、强度、硬度、耐磨性、耐腐蚀性等。它决定着传感器的可靠性和使用期限。传感器失效通常是由轴与轴承引起的，因此，它的结构与材料的选用以及维护是很重要的。

（5）信号检测器　国内常用变磁阻式信号检测器，由永久磁钢、导磁棒（铁芯）、线圈等组成，可用来产生与叶片转速成正比的电信号。输出信号有效值在 10mV 以上的可直接配用流量计算机，配上放大器则可输出伏级频率信号。

6.3.3.2　测流原理

当流体流过涡轮流量变送器时，推动涡轮转动，高导磁性的涡轮叶片周期性地扫过磁钢，使磁路的磁阻发生周期性的变化，线圈中的磁通量也就跟着发生周期性的变化，使线圈中感应出交流信号，此交流信号的频率与涡轮的转速成正比，与流量成正比。也就是说，流量越大，线圈中感应出的交流电频率越高。

被测流量 Q 与脉冲频率数 f 之间的关系为

$$Q = \frac{f}{\xi}$$

式中 ξ 为流量系数。

它们之间的理想关系是线性关系,即流量系数 ξ 保持为常数。但实际上,当涡轮开始旋转时,为了克服轴承中的摩擦力矩有一最小流量,小于它时仪表无输出。当流量比较小时,即流体在叶片间是层流时,ξ 随流量的增加而增加;达到紊流状态后 ξ 的变化很小,其变化值在 $\pm 0.5\%$ 以内。同时涡轮流量计的特性与被测介质的精度有关。黏度低时 ξ 值几乎是一个常数,而黏度变大以后,ξ 值随着输出频率(流量)的变化有很大的变化。因此,涡轮流量计适于测量低黏度的紊流流动。当涡轮流量计用于测量较高黏度的流体,特别是较高黏度的低速流动时,必须用实际使用的流体对仪表进行重新标定。

涡轮流量计的显示仪表,实际上是一个脉冲频率测量和计数的仪表。根据单位时间的脉冲数和一段时间的脉冲计数,分别指出瞬时流量和累计流量。

6.3.3.3　涡轮流量计的优点

涡轮流量计的优点如下:

①精度高,可以做到 0.5 级以上,在小范围内误差可不超过 $\pm 0.1\%$,可作为流量的准确计量仪表。

②反应迅速,可测脉动流量。被测介质为水时,其时间常数一般只有几到几十毫秒。

③量程范围宽,$Q_{max}/Q_{min} = 10 \sim 20$,刻度线性。

④使用温度范围广,为 $-200 \sim 400 ℃$。

⑤输出的是频率信号,易实现流量计算和定量控制,便于自控,且仪表抗干扰能力强。

涡轮流量计的缺点:制造困难,成本高,又因涡轮高速转动,轴承易磨损,降低了长期运转的稳定性和缩短了使用寿命。

因此,涡轮流量计主要用于测量精度要求高,流量变化迅速的场合,或者作为标定其他流量计的标准仪表。

▶ 6.4　热流量测量

6.4.1　测量原理

在热能工程和材料科学的研究和生产过程中,只测量温度有时是不够的,还要求进行热流量的测量。例如,测量燃烧火焰在单位时间内辐射到某处单位面积上的热辐射能(热辐射强度),用辐射热流计;测量炉墙或保温层以导热方式为主的散热,用热阻式热流计;测量流入或流出某设备的流体所携带的热量,用热水或蒸汽热量计。

热流计的种类很多,根据其工作原理可以分为如下几种。

①导热式:利用导热的基本定律——傅立叶定律来测量吸热元件所吸收的热量。

②辐射式:将落到小圆孔上的全部辐射用椭球形反射镜聚焦到差动热电偶上,其热电势与接收能量呈线性函数关系。

③量热式:将测热元件吸收的热量传给冷却水,然后计算冷却水带走的热量。

④潜热式:利用容器中充填物融化潜热来测量热流。

⑤热容式:通过对测热元件在加热过程中温升速度的测量来确定测热元件上所接受的热流密度。

6.4.2　热阻式热流计

热阻式热流计是一种测量以一维空间导热为主的热流计,主要用来测量固体材料的导热热流或板材的热量散失。其基本理论依据是傅立叶定律。

$$q = -\lambda \frac{\partial T}{\partial x} \qquad (6\text{-}20)$$

式中:q 为热流密度;λ 为热流计材料的导热系数;$\frac{\partial T}{\partial x}$ 为垂直于等温面方向的温度梯度。

如果测得已知距离 Δx 的 2 个等温面的温差 ΔT,q 就可以方便地得到了。根据使用要求,选择不同的材料作为热阻层,以不同的方式测量温差就可做出不同结构的传感器。

传感器的基板材料可以是硬塑料片或层压板,也可以用塑料和橡胶压模成型。可分别做成适用于测量平面热流或弯曲表面热流的传感器,如测量较高温度条件下的热流可用陶瓷片做成基板,基板外表绕上热电堆,热电堆可以焊接而成,也可以用电镀、涂镀等工艺制作而成,其材料可根据测温高低而定。

使用热阻式热流计可以埋入被测对象中,也可以粘贴在被测对象表面。不管哪种使用方式,都会因加入热流计而改变原有材料的热阻而扭曲其温度场,导致测量误差。由于热阻式热流计的时间常数较大,不适用于动态温度测量。热阻式热流计的精度很大程度上取决于对它的标定。其标定系数 C 由下式决定,即

$$C = \frac{q}{E} \qquad (6\text{-}21)$$

式中:q 为标定设备的已知热流;E 为热流计热电堆的热电势。

显然,标定系数 C 是传感器的固有性能,它不应随标定设备和外界条件而改变。使用的标定设备应能产生一个一维的均匀热流,其热流和温度均可调节且保持恒定。

❓习题

1.说明下述各项的工作原理:

(a)静重试验器;

(b)压电式压力传感器;

(c)绝对压力计。

2.当测量较大的压力时,应采用(　　　)。

A.柱式弹性元件　　　　　　　　　　B.梁式弹性元件

C.环式弹性元件　　　　　　　　　　D.轮辐式弹性元件

3.惯性式速度传感器,不失真测试条件为(　　　)。

A.$w/w_n = 1$,$\zeta = 0.5 \sim 0.6$　　　　　　B.$w/w_n = 1$,$\zeta = 0.6 \sim 0.7$

4.压电式加速度计,灵敏度与固有频率间的关系为(　　　)。

A.灵敏度高,固有频率高　　　　　　B.灵敏度低,固有频率高

C.灵敏度高,固有频率下降　　　　　　　　D.灵敏度低,固有频率下降

5.阻抗头是测量振动系统(　　)的拾振器。

A.振动位移　　　B.振动加速度　　　C.激振力　　　D.激振力及响应

6.有一杯式压力计,要求其测量精度在 10 kg/cm² 的压差时不超过 0.01%。如果忽略面积这一项,压差取为 Δp,那么管面积对槽面积的比值应当是多少?

7.在一个密封的直径为 8 m 的水箱内盛有 3 m 深的水。在靠近水箱的顶部连接一个水银压力计,水面处的真空度为 0.25×10^5 Pa。那么连接到水箱底部的波登管会指示多少压力?

8.用一环形压力计测量差压力,$p_1 = 360$ kg/cm²,$p_2 = 370$ kg/cm²,需要多大的质量才能获得 10° 的 θ 角?

已知:$r = 10$ cm,$d = 12$ cm,$h = 100$ mmHg。管子的横截面积为 0.758 cm²。

9.如果一个倾斜式压力计的灵敏度是垂直式压力计的 8 倍,那么它的倾斜角是多少才能达到这个灵敏度?

10.一个圆筒形水箱的底面积为 60 cm²,其中充满 3 m 深的水。若水的密度为 1 000 kg/m³,则水作用于水箱底面的压力为多少?

11.若自制一个膜片压力传感器,使其适用于测定 1 000 kg/cm² 的压力。设膜片材料的允许应力为 60 000 kg/cm²,泊松比为 0.3,试求传感器的膜片厚度及固有频率。

12.将下列流量计按照是计数量的还是计数率的流量计进行分类。再按照是测定容积的还是测定质量的进行分类:

(a)水槽;

(b)孔板;

(c)文氏管流量计;

(d)热力流量计;

(e)激光多普勒系统;

(f)声波多普勒系统;

(g)磅秤和量筒装置;

(h)翻斗式雨量器;

(i)化学稀释示踪剂;

(j)化学制剂速度;

(k)涡流散发流量计;

(l)力-变位流量计。

13.工厂排出的废水经过处理,出售用于灌溉某种作物。直径为 60 cm 的管道装有螺旋桨式流量计。在灌溉淡季期间,常常将一部分经处理过的废水分流进同样尺寸的管道,通过自由排放口注入废水渠道。分流处在螺旋桨式流量计的下游,必须进行测定并从总流量中扣除。由于这是一项低预算的试验性装置,要求使用不太贵的流量计。一个建议是采取分流测量方式,其分路中大部分流量通过管端盖帽上孔板而流出。那么装上一个简单的家庭用水表,利用孔板上游一侧和自由排放之间的压力差使其运转。孔板的一般方程为 $Q = C_2 H^{\frac{1}{2}}$,经家庭用水表的损耗相当于 $f_1 = C_2 V^2$ (式中 f_1 为摩擦系数),这是否能使得水表与孔板流量之间成为线性的关系? 假设全部流量通过管端盖帽上孔板期间与大型螺旋桨式流

量计进行比较。

14. 某会议室有 105 人,每人每小时呼出的 CO_2 为 22.6 L。设室外空气中 CO_2 的体积浓度为 400 ppm,会议室内空气中 CO_2 的允许体积浓度为 0.1%;用全面通风方式稀释室内 CO_2 浓度,则能满足室内的允许浓度的最小通风量是下列哪一项?(   )

    A. 3 700~3 800 m^3/h   B. 3 900~4 000 m^3/h

    C. 4 100~4 200 m^3/h   D. 4 300~4 400 m^3/h

第7章
数据监测系统

数据监测是现代微电子技术、计算机技术应用的重要领域。以监测为主的农业生物环境，应用数据采集系统，可实现环境的实时监测，为农作物的生长发育和产品的贮藏保鲜创造良好的环境，充分发挥农业生物的遗传潜力，促进农业生产的丰产丰收。

数据监测系统与普通的测控系统的区别在于：利用微型计算机代替人工对被测试参数进行数据采集、控制、处理和记录，直接提供不同要求下所需的测试结果的数值和曲线；实验与数据处理几乎是同时完成的，所有的复杂运算和曲线的绘制全由微处理机来完成，只要数据采集完了，全部测试结果也就都出来了。

本章介绍数据监测系统的功能、构成及其在农业生物环境中的应用，同时也讨论它们在设计、应用中的一些问题。

▶ 7.1 计算机进入测试技术领域引起的变革

计算机以其微型、价廉得以在测试技术领域中广泛普及与应用，但引起测试技术面貌的巨大变化是依赖于计算机强而灵活的控制功能、快速又准确的运算能力以及易于实现的复杂逻辑处理功能。它们使测试技术领域得以实现信号检测的自动化、检测仪表的智能化、电子系统的软件模拟和信号处理系统实时化等。

7.1.1 信号测试的自动化

信号测试的全过程应包括信号变换、拾取、存储、处理、记录与显示。在没有引入计算机时，这些过程往往是在不同的系统中，在不同的场合下完成的，甚至还需要人工参与。但是，在由计算机组成的一个自动调试系统中，人们预先编制好测试过程控制程序，启动后在计算机控制下，即可自动完成测试全过程。例如，一个人工气候室环境参数自动测试系统，启动后在计算机控制下自动完成初始化状态调整、零状态测试处理，然后按照事先规定好的顺序，在各个测试点上自动进行多点巡回采集、实时处理、结果分析、存储、判断指示等。极大地节约了人力与时间，且避免了人工参与引起的误差。

计算机控制的自动测试系统除了测试过程的自动控制外，还可以解决许多古典测试系统所不能解决的检测技术难题。

（1）动态参数测量　　在古典的非电量电测量系统中，通常只能对静态参量或极缓慢变化的参量进行测量。对动态参量，特别是快速过程或单次猝发过程只能借助于图形记录分析。在计算机组成的测试系统中，利用计算机控制高速模/数转换部件对动态信号或单次猝发信号过程进行快速采集、转换、记录，然后进行运算、处理。这样，过去难以测量的一些动态过程，如冲击应力、电机启动特性、振动、振动过程参数等都能进行测量分析。

（2）多点自动巡回采集　　在许多科学研究和工程试验中，需要对场参数进行动态测量。例如，在温室环境测试试验中，对温室的温度分布的测量、气流场的测量等。在这些情况下，被测信号的特点是多测量点与动态。要完成被测信号的测量工作，必须保证在有限时间（即场状态变化不超过允许误差的时间）内，采集完所有测量点数据。当场状态改变时，不断地采集场状态下的各测量点数据。每个测量点安放有传感器，将被测量转换成电压或电流信号。为了降低系统成本，后续电路如数据放大、采样/保持、模/数转换只设置一路，各个测量点的信号接入电子多路开关，在计算机控制下依次接通各测量点进行数据采集、存储。为了减少非同一状态误差（即采集第一点与采集到最后一点时由状态参数变化引起的误差），要提高多路开关切换速度以及模/数转换速度。为了保证快速巡回采集，测量数据的处理常常放在全部数据采集以后进行，故这种系统往往要求有较大的数据存储容量。

（3）测量过程的实时控制　　在某些测量过程中，往往要根据测量结果对被测对象、测量条件、测量状态等进行控制。例如，在温室环境测控系统中，往往要根据测量结果来控制环境调节设备的动作，这就要求对被测信号边测量边进行处理，根据处理结果决定对后续测量过程进行选择与控制。

由计算机构成的测试系统利用计算机的快速运算、处理能力，对一些复杂条件进行判断与处理的实质，是把一切判断过程以数学模型表达成一连串算术或逻辑公式的求值，以程序的形式输入计算机，要改为某种新的条件测量时，只需要编制一个新的测量程序，而无须对控制硬件作修改。这种可编程测量控制的思想已经越来越广泛地体现在各种计算机构成的测试系统中。

（4）测量系统的自动校正与定标　　在测量系统中，为了减少设备内部元件参数性能的变化或外部工作条件（如温度、电源电压等）变化引起的误差，设置了一些调节元件，如电桥平衡电阻、放大器的偏流电阻、电源调节电位计等，进行人工调节，以减少测量误差。而在使用计算机构成的测试系统的过程中，不仅可以自动校正零点误差，而且经过对测量数据的处理还可以修正非线性误差，抑制噪声干扰等。例如，数字电压表采用微处理器控制时，每次测量都有 4 个工作周期。在第一个工作周期里将输入端接地进行测量，获得零漂值 V_0 并送入内存；在第二个工作周期里将输入端接至表内的标准电压端进行测量，获得标准电压值 V_p 并送入内存；在第三个工作周期里将输入端接至待测电压输入端进行测量，获得初值 V_x；在第四个工作周期里对 3 个测量数据（V_0，V_p，V_x）进行处理，以求得被测电压的精确值 V_{x0}：

$$V_{x0} = \frac{V_x - V_0}{V_p - V_0} V_p$$

这种自校正、自定标的功能可使测量设备的系统精度大大提高。

（5）数据的自动分析与处理　　在计算机构成的测试系统中，利用计算机的快速分析、处理能力，可使测试系统具有许多实时功能；如在测量过程中，不断分析测量数据，根据被测量的变化来控制全部测量过程。对测量数据进行实时预处理,如滤波、线性化、误差修正等;测量结果也可实时显示与打印。

计算机测试系统可以配置适当的内存容量,以完成全部数据的分析、处理任务。这样,在这种测试系统中,即可独立完成测量与数据处理工作。

利用计算机的运算功能还可以实现一些在检测技术中常见的处理内容,如测量结果的量纲换算,将周期转换成频率,测量结果的扩展,从频率推算出转速,从转数推算出流量,对测量结果进行坐标变换等,以便从有限的信号中获得最多的测量结果。

7.1.2　测试仪表的智能化

计算机系统构成的测试仪表通常称为智能仪表,具有智能特点,它体现在仪器的多功能化、虚拟化、调控结合以及可进行二次开发等方面。

智能仪表的多功能表现在:除了具有记录、打印功能外,还可利用计算机的存储功能实现存储、记忆;利用计算机的控制功能实现实时测量、状态变换,如单次测量、连续测量、定时测量、连续显示、定时显示等;利用计算机的运算能力实现量程自动扩展;进行相关参数显示,如频率、周期、转速变换显示。这些功能都是依靠软件设置来实现的。

智能仪表的虚拟化体现在可以不改变仪器的硬件结构,换接不同的传感器并配置不同的应用软件后就可以构成不同的测量仪器。"虚拟"的含义实际上是强调了软件在该仪器中的作用和核心地位,提出了"软件就是仪器"的概念,也体现了虚拟仪器与传统仪器的主要不同点(表7-1)。例如,用单片机构成一个智能频率计,当配接光电转速传感器,并配以转速测量应用软件时,可以测量转速、转数、频率、周期等。当配接涡轮流量转子传感器,并配以流量测量软件时可测量流量、总流量;如果配以电压-频率转换接口芯片,那么只要配置相应的模拟量传感器及其应用软件,即可测量相应的物理量。

表7-1　虚拟仪器与传统仪器对比较

虚拟仪器	传统仪器
功能由用户定义,可变	功能由仪器厂定义,不可变
软件是关键	硬件是关键
平均成本低,资源可共享	价格昂贵
数据可编辑、存储、分析、打印	数据难以处理
技术更新快,通过软件升级	技术更新慢,通过硬件升级
系统扩展性好,通用性强,可构成多种仪器	系统封闭,功能固定,可扩展性差
可以与网络及周边设备连接	功能单一,只能连接有限的器件
开发维护费用低	开发维护费用高

智能仪表的测控结合充分利用了计算机的控制功能,根据测量结果分析、判断,给出控制信号。智能仪表对外部的控制可以是开关阵列控制,也可以是模拟伺服控制,在本质上可以是阈值控制、时序控制、逻辑控制或函数控制。

智能仪表具有二次开发能力,因为智能仪表中的许多功能都是靠软件实现的,这样就为厂家或用户改进测量功能带来了极大的方便。用户可以根据自己的特殊环境及特殊用途委托厂家或自行修改应用软件。例如,在频率测量中,测量精度与响应时间是矛盾的。智能频率计在出厂前设定了满足一般场合需要的精度与响应时间,然而一些特殊用户宁肯牺牲高精度要求快速响应;而有些用户要求高精度,对响应时间指标可放宽,这时,用户可委托厂家或自行修改软件中的相应参数。

用户还可以通过二次开发来增添一些其他功能,如按键显示、时钟显示等。

7.2　检测信号的测量

被测物理量经过传感器变换后,成为各种电路性参数(如电阻、电容和电感)或电源性参数(如电压、电荷)。一般来讲,这些参数是不能直接推动显示记录仪、控制器,或输入计算机进行信号的分析和处理的。例如,将电阻、电容及电感等电路性的参数的变化转换成可供传输、显示和运算的电压及电流信号;若转换后的电压及电流信号过小,则需要放大;若信号中混有噪声,则须排除噪声;若信号需要输入计算机进行处理,则要对信号的输入和输出进行特殊处理。

从传感器获取的测试信号中大多数为模拟信号,进行数字信号处理之前,一般先要对信号进行预处理和数字化处理。数字式传感器则可直接通过接口与计算机连接,将数字信号送给计算机(或数字信号处理器)进行处理。测试中的数字信号处理系统如图7-1所示。

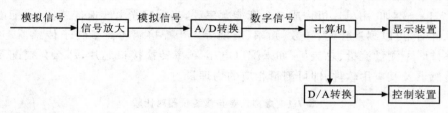

图 7-1　数字信号处理系统

①预处理是指在数字处理之前对信号用模拟方法进行的处理。预处理把信号变成适于数字处理的形式,以减小数字处理的困难。如对输入信号的幅值进行处理,使信号幅值与A/D转换器的动态范围相适应;减小信号中不感兴趣的高频成分,减小频混的影响;隔离被分析信号中的直流分量,消除趋势项及直流分量的干扰等。

②A/D转换将预处理以后的模拟信号变为数字信号,存入指定的地方,其核心是 A/D转换器。信号处理系统的性能指标与其有密切关系。

③对采集到的数字信号进行分析和计算,可用数字运算器件组成信号处理器完成,也可用通用计算机。目前处理器的分析计算速度很快,已近乎达到"实时"。

④结果显示一般采用数据和图形显示结果。

电桥电路是将参量型传感器的电参量电阻、电容及电感变换为电压或电流信号的电路。其输出既可以推动记录仪直接记录,也可以输入放大器进行放大。电桥电路结构简单、可靠并可获得高精度和高灵敏度,在实际测量中得到了广泛的应用。

电桥线路由连接成环形的 4 个电阻组成,如图7-2所示,电阻 R_1,R_2,R_3 和 R_4 称为桥臂,C,D 对角线接仪表或负载,其阻值为 R_L,u_E 是电桥的激励直流电源,u_e 是电桥的输出电压。

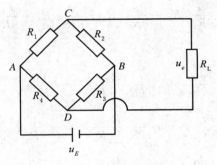

图 7-2　直流电桥

图 7-2 中,设 $R_L = \infty$,由电路分压定理可得

$$u_e = u_{CD} = u_{AD} - u_{AC} = \frac{R_4}{R_3 + R_4} u_E - \frac{R_1}{R_1 + R_2} u_E \tag{7-1}$$

由式(7-1)可知,电桥的输出电压 u_e 是电桥激励电压 u_E 的线性函数,但一般说来却是电阻 R_1,R_2,R_3 及 R_4 的非线性函数。

显然,若 $R_1 \cdot R_3 = R_2 \cdot R_4$,即 $u_e = 0$,则电桥处于平衡状态。所以,电桥的平衡条件为 $R_1 \cdot R_3 = R_2 \cdot R_4$ 或

$$\frac{R_1}{R_2} = \frac{R_4}{R_3} = n \tag{7-2}$$

式中 n 为桥臂的比例常数。

当桥臂 1 的电阻发生变化时,即 R_1 变为 $R_1 + \Delta R$ 时,则式(7-2)所示的平衡条件被打破,此时 $u_e \neq 0$,由式(7-1)和式(7-2)有

$$u_e = -\frac{(R_1 + \Delta R)R_3 - R_2 R_4}{(R_1 + R_2 + \Delta R)(R_3 + R_4)} u_E = -\frac{\dfrac{\Delta R}{R_1} \cdot \dfrac{1}{n}}{\left(1 + \dfrac{\Delta R}{R_1} + \dfrac{1}{n}\right)\left(1 + \dfrac{1}{n}\right)} \cdot u_E \tag{7-3}$$

在实际应用中,ΔR 很少超过 R_1 的 1%,即 $\Delta R / R_1 \leqslant 1$,上式中 $\Delta R / R_1$ 可忽略,式(7-3)变为

$$u_e = -\frac{n}{(1+n)^2} \cdot \frac{\Delta R}{R_1} \cdot u_E \tag{7-4}$$

令

$$S = \frac{u_e}{\Delta R / R_1} = \frac{n}{(1+n)^2} \cdot u_E \tag{7-5}$$

根据式(7-5)的含义,S 为电桥电压灵敏度。令 $dS/dn = 0$,电桥灵敏度 S 为最大,求得 $n = 1$。因此,在电桥设计中常取 $R_1 = R_2 = R_3 = R_4 = R$。

若 4 个桥臂的电阻都发生变化,变化量为 ΔR_i,由式(7-1)可知,输出电压 u_e 是各桥臂电阻的函数,即可写成 $u_e = f(R_1, R_2, R_3, R_4)$,此时对于微小变化量 ΔR_i,则 u_e 的变化量为

$$\Delta u_e \approx \frac{\partial u_e}{\partial R_1}\Delta R_1 + \frac{\partial u_e}{\partial R_2}\Delta R_2 + \frac{\partial u_e}{\partial R_3}\Delta R_3 + \frac{\partial u_e}{\partial R_4}\Delta R_4 \tag{7-6}$$

式中：

$$\frac{\partial u_e}{\partial R_1} = u_E \frac{R_2}{(R_1+R_2)^2} = \frac{1}{4R_0}u_E \tag{7-7}$$

$$\frac{\partial u_e}{\partial R_2} = -u_E \frac{R_1}{(R_1+R_2)^2} = -\frac{1}{4R_0}u_E \tag{7-8}$$

$$\frac{\partial u_e}{\partial R_3} = u_E \frac{R_4}{(R_3+R_4)^2} = \frac{1}{4R_0}u_E \tag{7-9}$$

$$\frac{\partial u_e}{\partial R_4} = -u_E \frac{R_3}{(R_3+R_4)^2} = -\frac{1}{4R_0}u_E \tag{7-10}$$

将式(7-7)、式(7-8)、式(7-9)和式(7-10)代入式(7-6)，有

$$\Delta u_e = \frac{1}{4R_0}u_E(\Delta R_1 - \Delta R_2 + \Delta R_3 - \Delta R_4) \tag{7-11}$$

若取 $\Delta R_1 = -\Delta R_2$，$\Delta R_3 = -\Delta R_4$，$\Delta R_1 = \Delta R_3 = \Delta R$，则式(7-11)变为

$$\Delta u_e = \frac{\Delta R}{R_0}u_E \tag{7-12}$$

此时，电桥灵敏度为

$$S = \frac{u_e}{\Delta R/R_0} = u_E \tag{7-13}$$

此电桥结构称为全桥差动。

当仅有 2 个相邻臂电阻变化，且变化趋势相反，即 $\Delta R_1 = -\Delta R_2 = \Delta R$，$R_3 = R_4 = R$ 时。由式(7-11)得

$$\Delta u_e = \frac{1}{2R_0}u_E(\Delta R_1 + \Delta R_2) = \frac{u_E}{2R_0} \cdot \Delta R \tag{7-14}$$

此时电桥灵敏度为

$$S = \frac{u_e}{\Delta R/R_0} = \frac{1}{2}u_E \tag{7-15}$$

此电桥结构称为半桥差动。

当仅有 1 个臂电阻变化，其余为固定电阻，即 $\Delta R_1 = \Delta R$，$R_2 = R_3 = R_4 = R$ 时。由式(7-11)得

$$\Delta u_e = \frac{u_E}{4R_0} \cdot \Delta R \tag{7-16}$$

此时电桥灵敏度为

$$S = \frac{1}{4}u_E \tag{7-17}$$

由式(7-13)、式(7-15)和式(7-17)可知,全桥差动电桥灵敏度最大,半桥次之,单臂电桥最小。

7.3 模拟信号的放大

在测控系统中,由传感器转换输出的电信号,往往幅值很小,很难直接用来显示、记录或进行 A/D 转换。例如,输出的电压信号为 $0\sim40$ mV,必须放大到 $0\sim5$ V 才能与 A/D 转换器匹配。因此,在数据采集和计算机控制系统中首先必须解决信号放大问题。

目前,广泛采用的放大电路是由集成电路组成的高放大倍数的直接耦合多级放大器。外接一些反馈元件组成运算放大器,可完成电流—电压转换、电压放大、缓冲器、有源滤波器、采样/保持以及对线性和非线性模拟量信号处理等工作。

图 7-3 所示的是运算放大器的代表符号。有 1 个输出端、2 个输入端——同相端 U_p 和反相端 U_n,其输出电压为

$$U_o = -A_d(U_n - U_p) \tag{7-18}$$

式中 A_d 为放大器的开环增益。

若两输入端相连后加上电压为 U_i,则有共模增益 $A_c = U_o/U_i$。

对集成放大器的基本要求如下:

①低噪声,零点漂移较小;

②精度高,反应快;

③输入阻抗高,输出阻抗低,共模抑制能力强;

④频带宽。

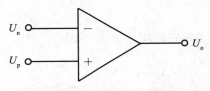

图 7-3 运放符号示意图

7.3.1 反相放大电路

图 7-4 所示的为反相放大器电路图。输入信号 U_i 经输入端电阻 R 送至反相输入端,同相输入端接地。R_f 为反馈电阻,它跨接在输出端与反相端之间,形成深度电压并联负反馈,这种电路称为反馈型放大电路。这种放大器中,带(+)号的输入端接地,即 $U_p = 0$。又由开环增益 $A_d = \infty$,可得 $U_n \approx U_p \approx 0$。带(-)号的输入端近似地为接地电位,即同相端与反相端近似短路,$I_i \approx 0$ 而不为零,故称反相端为"虚地"。虚地的存在是反相放大器闭环工作的重要特性。

由电路图可知,$I_i = I_f$;$I_i = U_i/R$;$I_f = -U/R_f$,则反相放大器的增益(又称为电压闭环放大倍数)为

$$A_{U_f} = \frac{U_o}{U_i} = -\frac{R_f}{R} \tag{7-19}$$

式(7-19)表明,输出电压与输入电压的相位相反,并且呈一定(近似)比例关系,其大小决定于外部电阻 R_f 与 R 之比,与放大器内部参数无关。

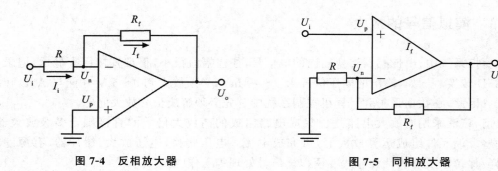

图 7-4 反相放大器   图 7-5 同相放大器

7.3.2 同相放大电路

图 7-5 所示的为同相放大器电路图。输入信号送至同相输入端,反馈仍通过 R_f 送回反相输入端。此时形成的反馈型放大电路是电压串联负反馈。输入电压 U_i 接(+)输入端;(一)输入端通过电阻 R 与 R_f 成反馈电路。(一)输入端电压为

$$U_n = \frac{R}{R + R_f} U_o \tag{7-20}$$

又由于开环增益 $A_d = \infty$,可得 $U_n \approx U_p$,$U_i \approx U_n$。由同相端和反相端输入电压近似相等,则引入共模电压,这是同相放大器闭环工作的重要特征。此时的输出电压为

$$U_o = (1 + \frac{R_f}{R}) U_i \tag{7-21}$$

同相放大器的增益(又称为闭环电压放大倍数)为

$$A_{U_f} = \frac{U_o}{U_i} = 1 + \frac{R_f}{R} \tag{7-22}$$

式中 A_{U_f} 为正值,表明输出电压与输入电压同相,并且放大倍数不小于1。同相放大器引入了共模电压,因此,需要高共模抑制比的放大器才能保证精度。从减少误差的角度来看,同相放大器的应用不如反相放大器应用广泛。

同相放大器的增益也与内部参数无关。当取 $R_f = 0$ 和 $R = \infty$ 时,$A_{U_f} = 1$;此时电路称为电压跟随器。其重要特点是具有高输入阻抗和低输出阻抗,因此在信号处理中用作阻抗变换器。使用时应注意其输入电压幅度不能超过其共模电压输入范围。因此,选用集成放大器时,也应考虑其输入端要有较高的允许共模输入电压。

7.3.3 测量放大器

被测量由传感器转换为电信号,在没有干扰情况下,信号源为单一有效信号,直接加到放大器上将微弱信号放大。但在许多场合中,传感器输出的微弱电信号还包含有工频、静电和电磁偶合等干扰信号(噪声),有时甚至是与有效信号相同频率的干扰信号。上述噪声称

为共模干扰。对这种含有共模干扰的信号的放大,需要放大电路具有很高的共模抑制比,以及高增益、低噪声和高输入阻抗的特点。习惯上,将具有上述特点的放大器称作测量放大器。

测量放大量电路由 3 个放大器构成,见图 7-6。差动输入端 U_1 和 U_2 是 2 个输入阻抗和电压增益对称的同相输入端,由于性能对称,其漂移将大大减少;加上高输入阻抗和高共模抑制比,对微小差模电压很敏感,并适于测量远距传输信号,因而适宜与传感器配合使用。测量放大器具有高输入阻抗、较低失调电压和低漂移以及稳定的放大倍数和低输出阻抗等优点,广泛应用于热电偶、应变电桥以及微弱输出信号有较大共模干扰的场合等。

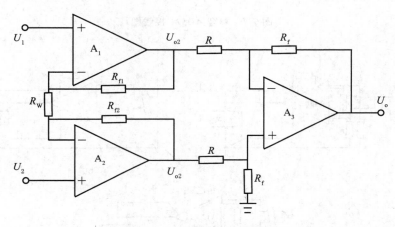

图 7-6　测量放大器结构图

在某些只需要简单放大的场合,采用一般放大器组成测量放大器作为传感器输出信号放大是可行的。但为保证精度常需要采用精密匹配的外接电阻,才能保证最大的共模抑制比,否则增益的非线性比较大。此外,还需要考虑放大器的输入电路与传感器的输出阻抗的匹配问题。综上所述,在要求较高的场合中,常采用集成测量放大器。集成测量放大器多数采用厚膜工艺制成模块形式,其外接元件少,无须精密匹配电阻,能处理微伏级至伏级的电压信号;可对差分直流和交流信号进行精密放大,可快速采样,能抑制直流及频率至数百兆的交流(噪声)干扰信号。常用集成测量放大器有 AD521,AD522 等型号。

7.3.3.1　AD521 放大器

AD521 放大器是第二代测量放大器,具有高输入阻抗、低失调电压、高共模抑制比等特点。其增益可在 $0.1\sim10^3$ 之间调整,增益调整无须精密外接电阻,各种增益参数已进行了内部补偿。其有输入输出保护功能,有较强的过载能力。其使用温度在 $-25\sim85℃$ 之间,常用于 $0\sim70℃$。图 7-7 所示的为 AD521 典型接线图。

在使用 AD521(或其他任何测量放大器)时,要特别注意为偏置电流提供回路,防止放大器输出饱和。图 7-8 所示的为不同耦合方式的输入信号采用不同的偏置电流回路接线方式。图 7-8(a)所示的为电容器耦合方式,通过电阻 R 为偏置电流提供回路,输入端与电源地构成回路;图 7-8(b)所示的为变压器耦合方式,输入端与电源地相连构成回路;图 7-8(c)所示的为热电偶直接耦合。

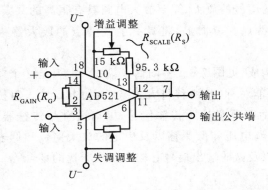

增益	R_G
0.1	1 MΩ
1	100 kΩ
10	10 kΩ
100	1 kΩ
1 000	100 Ω

图 7-7　典型 AD521 接线图

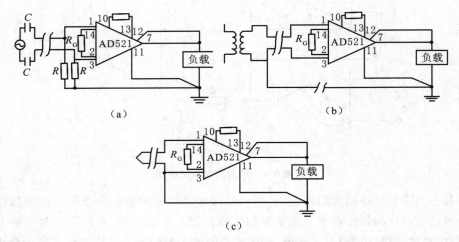

（a）　　　　　　　　　　　　　（b）

（c）

图 7-8　偏置电流回路接线图

7.3.3.2　AD522 放大器

AD522 放大器主要指标如下：低电压漂移，2 μV/℃；低非线性，增益 $G=100$ 时为 0.005％；高共模抑制比，增益 $G=1\,000$ 时大于 110 dB；低噪声，带宽 0.1～100 Hz 间为 1.5 μV；低失调电压，100 μV。AD522 放大器主要用于恶劣环境下高精度数据采集（12 位采集位数）系统中。

AD522 的一个主要特点是设有数据防护端。图 7-9 所示的为 AD522 典型接线图。图 7-10 所示的是 AD522 的典型应用，用于电桥放大器。设有数据防护端的作用是提高交流输入时的共模抑制比。对于远距传感器输入的电信号，通常采用屏蔽电缆传送到测量放大器。电缆分布参量 R_G 会使输入信号产生相移。当出现交流共模信号时，这些相移将使共模抑制比下降。利用数据防护端，可提供输入

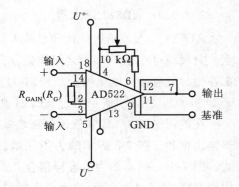

图 7-9　AD522 放大器典型接线图

信号的共模分量,用来驱动同轴输入电缆的屏蔽层,从而克服上述影响。如图 7-10 所示,数据防护端 13 接到屏蔽罩上;输入端 1 与 3 为高阻抗输入端对;端 2 与 14 接增益调整电阻,调整放大倍数;采样端 12 与输出端 7 相连,基准(参考)端 11 与电源公共端相连,则负载两端(输出端与电源公共端间)得到输出电压。图 7-10 中信号地与电源公共端(电源地)必须相连,以便放大器的偏置电流构成通路,负载电流经基准端流回电源地。

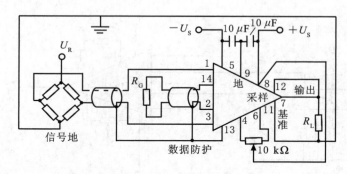

图 7-10 AD522 放大器典型应用

7.3.4 程控增益放大器

经过处理的模拟信号送入计算机前,必须进行量化,即 A/D 转换。为减少转换误差,在 A/D 输入的允许范围内,输入的模拟信号尽可能达到最大值。在另一种情况下,被测量的在较大的范围内变化,如果较小的模拟信号也放大成较大的信号,显然只使用一个放大倍数的放大器是不行的。因此,在模拟系统中,为放大不同的模拟信号,需要使用不同放大倍数。

为了解决上述问题,工程上采用改变放大器放大倍数的方法解决。在计算机控制的测试系统中,希望用软件控制实现增益的自动变换。具有上述功能的放大器称为程控增益放大器。利用程控增益放大器与 A/D 转换器组合,配合软件控制实现输出信号的增益或量程变换,间接地提高输入信号的分辨率。程控增益放大器应用广泛,与 D/A 转换电路配合构成减法器电路;与乘法 D/A 转换器配合构成程控低通滤波器电路,用以调节信号和抑制干扰等。

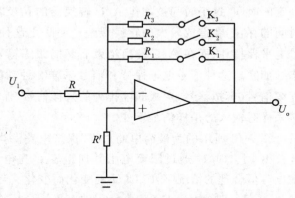

图 7-11 程控增益放大器原理图

图 7-11 所示的为利用改变反馈电阻实现量程变换的可变换增益放大器电路原理图。当开关 K_1, K_2, K_3 之一闭合时,其余 2 个则断开。放大器增益为

$$A_{U_i} = -\frac{R_i}{R} \qquad (i = 1, 2, 3)$$

利用软件对开关闭合进行选择,实现程控增益变换。集成测量放大器具有高共模抑制

比、高输入阻抗、低漂移等优点,只需要改变一两个电阻即可调整增益而不影响其性能。因此,可利用模拟开关与测量放大器组合成程控增益放大器。下面介绍一种利用集成测量放大器与模拟开关组合而成的程控增益放大器应用电路。

图 7-12 所示的为利用 AD521 测量放大器与 4052 模拟开关组合。软件控制 D_0,D_1 选择不同的外接电阻 R_G 调整增益。

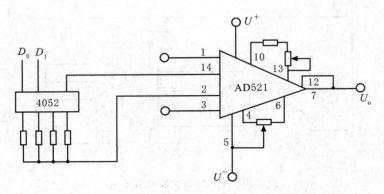

图 7-12　利用 AD521 构成的程控增益放大器

▶ 7.4　采样/保持电路

当被测量转换成电信号时,并经放大、滤波等一系列处理后,需要经 A/D 转换成数字量才能送入计算机。当对模拟信号进行 A/D 转换时,从启动转换到转换结束输出数字量需要一定的时间,这个时间被称作 A/D 转换器的孔径时间。当输入信号频率较高时,由于孔径时间的存在,会造成较大的转换误差。要防止这种误差产生,必须在 A/D 转换开始时将信号电平保持住;而在 A/D 转换结束后又能跟踪输入信号的变化,即对输入信号处于采样状态。能完成这种信号电平保持和信号采样 2 种功能的器件称为采样/保持器。采样阶段将连续信号(模拟信号)变成间隔排列的采样信号,保持阶段相当于一个"模拟信号存储器",维持采样时输入的采样信号不变。

图 7-13 所示的为最简单的采样/保持电路。当开关 K 闭合时,U_i 通过限流电阻并向电容 C 充电。在电容值合理的情况下,U_o 随 U_i 的变化而变化。当开关 K 断开时,由于电容 C 有一定的容量,此时,输出信号 U_o 保持在开关 K 断开瞬间的输入信号 U_i 的电平值。

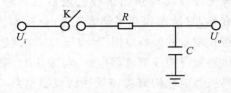

图 7-13　采样/保持原理电路

采样/保持器的作用:在采样期间,其输出跟随输入变化而变化;在保持期间,使其输出保持不变,见图 7-14。在 t_1 时刻前,开关 K 闭合,处于采样状态,输出信号 U_o 与输入信号 U_i 同步;在 t_1 时刻,开关 K 断开,处于保持状态,输出电压值 U_o 不变;在 t_2 时刻,开关 K 重新闭合,保持结束,下一个采样状态到来,U_o 再次随 U_i 变化;直至 t_3 时刻,开关 K 再断开,新的保持状态到来,U_o 保持不变。

采样/保持器的 2 个阶段(或称 2 种状态)对应 2 种工作方式:采样方式和保持方式。采样/保持电路是根据指令来决定工作方式的。通常用逻辑电平"1"代表采样指令,用逻辑电平"0"代表保持指令。

图 7-15 所示的为 AD582 集成采样/保持器原理及外引脚图。它适用于 12 位 A/D 转换信号采集系统。保持电容取 1000 pF。引脚功能如下:

①±IN,采样/保持器的模拟信号输入端,输入接+IN 时,输入与输出同相,接−IN 时反相;

②NULL,调零,使用时要外接一个电位器,以调整第一级差动放大器的工作电流;

③±U_s,电源电压,为±15 V;

④CH,外接保持电路;

⑤OUTPUT,输出,由于采样/保持器增益为 1,输出始终跟随输入,但有相位变化;

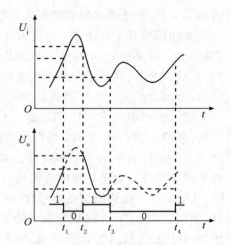

图 7-14　采样/保持原理

⑥LOGIC IN±,逻辑控制差动输入端,IN+相对于 IN−在−6～0.8 V 之间,AD582 处于采样工作状态,在 2～12 V 之间为保持工作状态;

⑦NC,空脚。

AD582 的采样精度为 0.001 时,捕获时间小于 6 μs,断开时间为 200 ns。无论采样还是保持状态均为高输入阻抗。图 7-16 所示的为 AD582 应用于数据采集电路,由 R_1 和 R_f 组成增益调整电路。

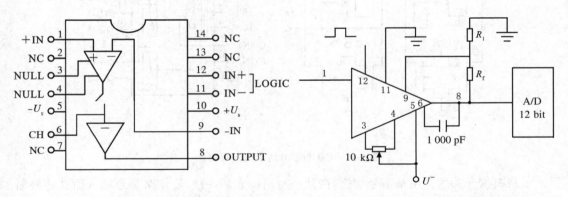

图 7-15　AD582 原理及外引脚图　　　　图 7-16　AD582 应用电路

7.5　多路模拟开关

模拟开关的作用是切换模拟信号。用来切断和接通模拟量信号传输的器件称为模拟开关。用来切换多路信号源与一个 A/D 转换器之间通路的器件称为多路模拟开关。

在测试系统中,经常需要多路和多参数的采集和控制。如果每一路都单独拥有各自的输入回路——都有放大、采样/保持、A/D 转换等环节是不必要和不现实的,会导致系统庞大和成本提高。因此,除特殊情况下采用多路输入回路,通常采用公共采样/保持和 A/D 转换电路。为此,要采用多路模拟开关切换。

集成模拟开关是指在一个芯片上包含多路模拟开关。目前,已研制出的多种类型集成模拟开关,以采用 CMOS 工艺的多路模拟开关应用最广。多路模拟开关主要有四选一、八选一、双四选一、双八选一和十六选一等 5 种,它们除通道数和引脚排列有些不同外,其电路结构、电源组成及工作原理基本相同。下面以四双向模拟开关 CD4066 为例,说明多路模拟开关的工作原理。图 7-17 所示的为 CD4066 的电路原理及引脚图。4 路中每路都是相互独立的,见图 7-17(a)。当 U_{C1} 为低电平时,D_1 导通,D_2 与 D_3 截止;此时反相控制电平 U_{C1} 为高电平,D_4 截止,开关处于断开状态。当 U_{C1} 为高电平时,D_1 截止,D_2 与 D_3 导通,D_4 导通,开关处于接通状态。由于场效应管漏源对称,开关是双向的。CD4066 的控制电压应满足 $U_{ss} \leqslant U_i \leqslant U_{dd}$ 条件。在传输交流信号时,应用双电源供电,一般情况下也可用单电源供电,图 7-17(b)为引脚图。CD4066 的导通电阻 $R_{ON} \leqslant 500\ \Omega$,截止电阻 $R_{OFF} \geqslant 50\ M\Omega$,路间偏差电阻小于 $50\ \Omega$。如果只用部分开关,其余不使用的开关控制端 CON1 应接到 U_{dd} 或 U_{ss} 上。否则,悬空状态有可能受高压静电感应而击穿。

各类多路模拟开关的功能基本相同,只是通道、开关电阻、漏电流、输入电压及切换方向等参数有所不同。

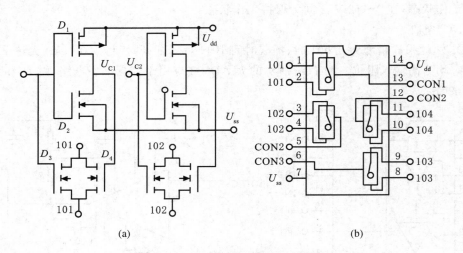

(a) (b)

图 7-17 CD4066 电路原理及引脚图

多路模拟开关的作用是信号切换,在某一时刻接通某一路,使该路信号输入而其他路断开。在选择多路模拟开关时,应对各参数做如下考虑。

①通道数目:其对切换开关传输被测信号精度和切换速度有直接影响。通道数目越多,寄生电容和泄漏电流越大。断开的通道只是处于高阻状态,仍有漏电流影响导通那一路。通道越多,漏电流越大,通道间干扰也越大。

②泄漏电流:一般希望泄漏电流越小越好。

③切换速度:对传输速度快的信号,要求切换速度高。切换速度要与采样/保持和 A/D 转换速度综合考虑,取最佳性能/价格比。

④开关电阻:理想状态的导通电阻为零,断开电阻无穷大,而实际上无法实现。但应尽量使导通电阻足够低,尤其在与开关串联的负载为低阻抗时。

▶ 7.6　A/D 和 D/A 转换及其接口

在自动测试系统中,被测试的物理量,如温度、压力、流量、速度、位移等都是模拟量,而在计算机内部,所有信息均以数字信号形式传递和处理。因此,在以计算机为核心的自动测试系统中,必须设置相应的模拟量输入通道。首先将被测物理量转换成电信号,再经过输入通道将表示这些物理量的模拟电压或电流转换成计算机能够接受的数字量,最后送入计算机进行运算处理。一般来说,一个被测物理量送入计算机要经过传感器、放大滤波、采样保持、A/D 转换以及接口电路等。

7.6.1　A/D 转换器

7.6.1.1　概述

A/D 转换器是一种把模拟量转换为数字量的器件。在使用 A/D 转换器时,最关心的是它的位数、速度及精度。A/D 转换器有 4 位、6 位、8 位、10 位、12 位、16 位和 BCD 码的 $3\frac{1}{2}$ 位、$4\frac{1}{2}$ 位、$5\frac{1}{2}$ 位等。其转换速度有超高速(转换时间 ≤1 ns)、高速(转换时间 ≤1 μs)、中速(转换时间 ≤1 ms)、低速(转换时间 ≤1 s)几种。

经放大、滤波及采样/保持电路得到的连续变化的模拟量,必须转换成离散的数字代码,才能输入计算机处理,然后再将处理结果(数字量)转换成模拟量输出,实现控制。能完成模拟量转换成数字量的器件称为模数转换器(ADC),简称 A/D。根据不同的转换原理,有多种 A/D 转换器。为正确合理地选用这些器件,有必要了解 A/D 转换原理和 A/D 转换器的主要技术指标。

A/D 转换器可分成两大类:直接型和间接型。直接型 A/D 转换器将输入的电压信号直接转换成数字代码。间接型 A/D 转换器将输入的电压信号先转换成中间变量(如时间、频率、脉冲宽度等),再把中间变量转换成数字代码。图 7-18 列出了 A/D 转换器的分类。

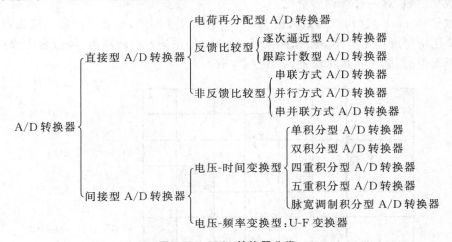

图 7-18　A/D 转换器分类

按照器件结构分类,A/D 转换器有组合型、混合集成型、单片集成型等几种。单片集成型 A/D 转换器具有体积小、成本低、精度高、速度快等特点,在一块芯片内集成了多种高性能模拟和逻辑部件,且控制逻辑大多与微处理机相兼容,故在数据采集与控制系统中得到了广泛的应用。目前,比较常用的 A/D 转换器有 8 位的 ADC0804/ADC0809/ADC0816/AD570,10 位的 AD571,12 位的 AD574,$3\frac{1}{2}$ 位的 ICL7106,$4\frac{1}{2}$ 位的 ICL7135 等。

7.6.1.2 转换过程

把连续时间信号转换为与其相对应的数字信号的过程称之为 A/D(模拟-数字)转换过程,反之则称为 D/A(数字-模拟)转换过程,它们是数字信号处理的必要程序。一般在进行 A/D 转换之前,需要将模拟信号经抗频混滤波器预处理,变成带限信号,再转换成为数字信号,最后送入数字信号分析仪或数字计算机完成信号处理。如果需要,再由 D/A 转换器将数字信号转换成模拟信号,去驱动计算机外围执行元件或模拟式显示、记录仪等。

A/D 转换包括了采样、量化、编码等过程,其工作原理如图 7-19 所示。

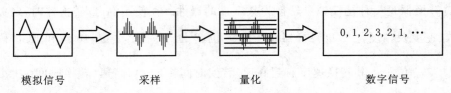

模拟信号　　　采样　　　量化　　　数字信号

图 7-19　A/D 转换过程

(1)采样　又称为抽样,是利用采样脉冲序列 $p(t)$,从连续时间信号 $x(t)$ 中抽取一系列离散样值,使之成为采样信号 $x(nT_s)$ 的过程。$n = 0,1\cdots$;T_s 称为采样间隔,或采样周期;$1/T_s = f_s$,称为采样频率。

由于后续的量化过程需要一定的时间 τ,对于随时间变化的模拟输入信号,要求瞬时采样值在时间 τ 内保持不变,这样才能保证转换的正确性和转换精度,这个过程就是采样保持。正是有了采样保持,实际上采样后的信号是阶梯形的连续函数。

(2)量化　又称为幅值量化,把采样信号 $x(nT_s)$ 经过舍入或截尾的方法变为只有有限个有效数字的数,这一过程称为量化。

若取信号 $x(t)$ 可能出现的最大值 A,令其分为 D 个间隔,则每个间隔长度为 $R = A/D$,R 称为量化增量或量化步长。当采样信号 $x(nT_s)$ 落在某一小间隔内,经过舍入或截尾方法而变为有限值时,则产生量化误差,如图 7-20 所示。

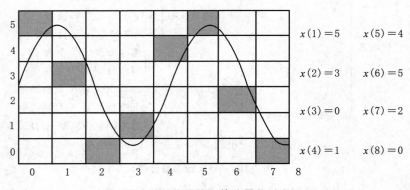

$x(1)=5$　　$x(5)=4$

$x(2)=3$　　$x(6)=5$

$x(3)=0$　　$x(7)=2$

$x(4)=1$　　$x(8)=0$

图 7-20　信号的 8 等分量化过程

一般又把量化误差看成是模拟信号进行数字处理时的附加噪声,故而又称之为舍入噪声或截尾噪声。量化增量 D 越大,则量化误差越大,量化增量大小一般取决于计算机 A/D 卡的位数。例如,8 位二进制为 $2^8 = 256$,即量化电平 R 为所测信号最大电压幅值的 1/256。

(3)编码 即将离散幅值经过量化以后变为二进制数字的过程。

信号 $x(t)$ 经过上述变换以后,即变成了时间上离散、幅值上量化的数字信号。

7.6.1.3 技术指标

(1)分辨率 A/D 转换器的位数决定分辨率高低:8 位以下的为低分辨率;10 位和 12 位的为中分辨率;14 位和 16 位的为高分辨率。位数越多,则量化增量越小,量化误差越小,分辨率越高。常用的有 8 位、10 位、12 位、16 位、24 位、32 位等。

例如,某 A/D 转换器输入模拟电压的变化范围为 $-10 \sim +10V$,转换器为 8 位,若第一位用来表示正、负符号,其余 7 位表示信号幅值,则最末一位数字可代表 80 mV 模拟电压($10 \text{ V} \times 1/2^7 \approx 80 \text{ mV}$),即转换器可以分辨的最小模拟电压为 80 mV。而在同样情况下,用一个 10 位转换器能分辨的最小模拟电压为 20 mV($10 \text{ V} \times 1/2^9 \approx 20 \text{ mV}$)。

对 A/D 转换器的位数选择还要考虑所采用的单片机的位数。对于 8 位微处理器(如 51 系列单片机),采用 8 位以下的 A/D 转换器,接口简单。因为绝大部分集成 ADC 的数据输出都是 TTL 电平,而且数据输出寄存器有可控三态功能,可直接挂在微处理机的总线上。例如,采用 8 位以上的 A/D 转换器,就要加缓冲器,数据分 2 次读取;对于 16 位微处理器,采用多少位的 A/D 转换器都一样。

(2)转换精度 一个测试系统的精度受多个环节的影响。作为其中之一,A/D 转换器的位数选择,至少要比总精度要求的最低分辨率高 1 位。总精度对于 A/D 转换器的转换精度的要求不等于对分辨率(位数)的要求,但转换精度包括分辨率大小所决定的量化误差及相关的偏移误差。选择位数过多没有意义,且价格过高。

具有某种分辨率的转换器在量化过程中采用了四舍五入的方法,因此,最大量化误差应为分辨率数值的一半。如上例 8 位转换器最大量化误差应为 40 mV(80 mV × 0.5 = 40 mV),全量程的相对误差则为 0.4%(40 mV/10 V × 100%)。可见,A/D 转换器数字转换的精度由最大量化误差决定。实际上,许多转换器末位数字并不可靠,实际精度还要低一些。

含有 A/D 转换器的模数转换模块通常包括模拟处理和数字转换两大部分,因此,整个转换器的精度还应考虑模拟处理部分(如积分器、比较器等)的误差。一般转换器的模拟处理误差与数字转换误差应尽量处在同一数量级上,总误差则是这些误差的累加和。例如,一个 10 位 A/D 转换器用其中 9 位计数时的最大相对量化误差为 $2^{-9} \times 0.5 \approx 0.1\%$,若模拟部分精度也能达到 0.1%,则转换器总精度可接近 0.2%。

(3)转换速度 是指完成一次转换所用的时间,即从发出转换控制信号开始,直到输出端得到稳定的数字输出为止所用的时间。转换时间越长,转换速度就越低。转换速度与转换原理有关,如逐位逼近式 A/D 转换器的转换速度要比双积分式 A/D 转换器高许多。除此以外,转换速度还与转换器的位数有关,一般位数少的(转换精度差)转换器转换速度高。目前,常用的 A/D 转换器转换位数有 8 位、10 位、12 位、14 位、16 位等,其转换速度依转换原理和转换位数不同,一般在几微秒至几百毫秒之间。

由于转换器必须在采样间隔 T_s 内完成一次转换工作,转换器能处理的最高信号频率就受到转换速度的限制。如果选用转换时间为 $100~\mu s$ 的集成 ADC,其转换速率为 10^4 次/s。如果在一个周期内对波形采样 10 个点,这个转换器最高可处理 $1~kHz$ 的信号。如转换时间为 $10~\mu s$,对于一般的微处理器,在 $10~\mu s$ 时间内要完成转换以外的读取数据、再启动、存数据等是比较困难的。继续提高采集数据的速度,就不能采用 CPU 来实现控制,必须采用直接存贮器访问(DMA)技术。

7.6.1.4 逐位逼近型 A/D 转换器

逐位逼近型 A/D 转换是一种反馈比较转换。将被测的输入电压 U_i 与一个推测电压 U_a 相比较,根据比较结果增大或减小推测电压的值,使之向输入电压逼近。推测信号由 D/A 转换器输出,当推测电压等于输入电压时,输入 D/A 的数码就是输入电压对应的数字量。这里决定推测电压的数据是由所谓记忆电路产生的。逐位逼近型的记忆电路是一个寄存器。转换过程从寄存器的预置最高位开始,依次向低位逐位比较,逐位取舍确定数码的逼近程度,使推测电压与输入电压逐步达到一致,这种方法为逐位逼近转换方法。

图 7-21 所示的为逐位逼近型 A/D 转换器的组成框图,逐位逼近的过程如下:寄存器首先清零,然后从最高位触发器开始置成 1(见图 7-22,逐位逼近的变换顺序,假定寄存器为 4 位),测试对应数码(如 1000)的推测电压 U_a 与输入电压 U_i 比较结果;若 $U_a < U_i$,比较器输出为零,并使最高位清零;反之,寄存器最高位保持为 1。以下各位均按此顺序进行,直到末位为止。此时,寄存器的二进制数码对应输入电压 U_i,输出该数字量,完成 A/D 转换。

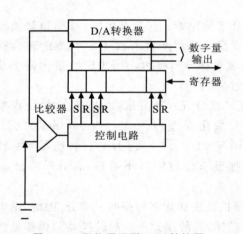

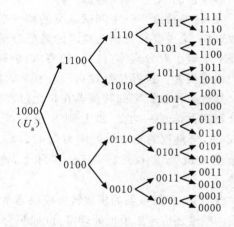

图 7-21 逐位逼近型 A/D 转换器　　　　图 7-22 逐位逼近型 A/D 转换器变换顺序

逐位逼近型 A/D 转换器兼顾了转换频率和转换位数 2 个方面,是目前种类最多、数量最大、应用最广的 A/D 转换器件。有单片集成和混合集成 2 种模块,混合集成模块的主要技术指标均高于单片集成模块。

7.6.1.5 ADC0809 与 MCS-51 单片机的接口

ADC0809 是美国国家半导体公司研制的单片集成 8 位 A/D 转换器,采用 CMOS 工艺及逐位逼近转换原理。芯片具有 8 路模拟输入通道,且通道的地址输入能够进行锁存和译码,控制逻辑与微处理机兼容,转换后的数据具有三态输出和锁存功能,与微处理机可直接相连,是应用较广的一种 A/D 转换芯片。

(1)管脚功能　ADC0809 共有 28 只管脚,采用双列直插封装,排列如图 7-23 所示。其各管脚功能如下：

①IN0～IN7 模拟输入端，可接 8 通道模拟输入信号。

②ADDA，ADDB，ADDC 为模拟输入通道地址选择线。各通道对应的地址线状态如表 7-2 所示。

表 7-2　ADC0809 通道状态与地址线状态的对应关系

地址线	被选通的模拟输入通道	地址线	被选通的模拟输入通道
C B A		C B A	
0 0 0	IN_0	1 0 0	IN_4
0 0 1	IN_1	1 0 1	IN_5
0 1 0	IN_2	1 1 0	IN_6
0 1 1	IN_3	1 1 1	IN_7

③ALE 为输入、地址锁存允许信号，由低电平到高电平的正跳变有效。在该信号有效期间，地址锁存器锁存地址线的状态，并通过译码接通所选中的模拟输入通道。

④START 为输入、A/D 转换启动信号，正脉冲有效。START 的上升沿复位内部寄存器，下降沿启动 A/D 转换。

⑤EOC 为输出、转换结束信号，高电平有效。EOC 信号可用作 A/D 转换装置对微处理器的中断申请信号。

⑥OE 为输入、输出允许信号，高电平有效。该信号有效时，打开芯片的输出锁存器，将 A/D 转换结果送至数据总线。

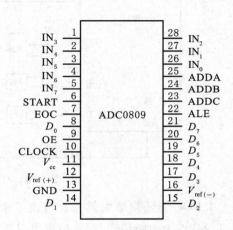

图 7-23　ADC0809 管脚图

⑦CLOCK 为工作时钟输入端。要求时钟频率在 10～1 280 kHz 之间，典型值为 640 kHz。

⑧D_0～D_7 为 8 位数字量输出端。

⑨V_{cc} 为电源电压，+5 V；$V_{ref(+)}$、$V_{ref(-)}$ 为外接基准电压的正极和负极；GND 为数字部分接地端。

(2)接口电路　ADC0809 与 MCS-51 单片机接口可以采用多种方法，现介绍 2 种常用方法。

①ADC0809 与 8031 单片机接口的第一种方法如图 7-24 所示。

a. IN_0～IN_7 是 8 路模拟信号输入端。

b. 数据输出端 D_0～D_7 与 8031 总线口 $P_{0.0}$～$P_{0.7}$ 直接相连。

c. 地址线 ADDA，ADDB，ADDC 分别与 $P_{0.0}$，$P_{0.1}$，$P_{0.2}$ 相连。ADC0809 有内部地址锁存器，因此不需要外加地址锁存器。要注意的是，ADC0809 的通道选择地址不是利用 8031

总线上的地址信号,而是利用总线上的输出数据。

d. START 是 ADC0809 的启动信号,ALE 是通道地址锁存信号。这两个信号都受 8031 写信号 $\overline{WR}$ 和地址线 $P_{2.7}$ 的控制。当 $P_{2.7}=0$ 时,写信号 $\overline{WR}$ 经过或非门输出一个正脉冲,使 8031 总线上的通道地址锁存到 ADC0809 内部地址锁存器,同时启动 A/D 转换。

e. OE 是输出允许端,它受 8031 读信号 $\overline{RD}$ 和 $P_{2.7}$ 控制。当 $P_{2.7}=0$ 时,读信号 $\overline{RD}$ 经过或非门输出一个正脉冲,把 ADC0809 转换后的数字量送到 8031 总线口 $P_{0.0}$ 上,使单片机可以读取转换数据。

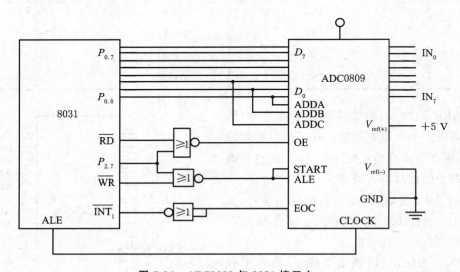

图 7-24 ADC0809 与 8031 接口之一

f. EOC 是转换结束信号。转换结束后,EOC 上升为高电平。它经非门连到单片机的 $\overline{INT_1}$ 端,作为中断请求信号,但也可以连到 8031 其他 I/O 线,用查询方式来判断 A/D 转换器转换是否结束。

g. START,ALE,OE 都受 8031 单片机 $P_{2.7}$ 地址线的控制。可以说 $P_{2.7}$ 是 ADC0809 的片选信号。只有当 $P_{2.7}=0$ 时,才能实现对 ADC0809 的操作。为此 ADC0809 的地址可认为是 0000H～7FFFH 中的任何一个。假如单片机除 ADC0809 以外,没有其他的扩展 RAM 和 I/O,则 $P_{2.7}$ 也可以不接。

h. 采集程序。

采用查询方式编制的一段数据采集程序如下。

```
MOV DPTR,♯7FFFH       ;   ADC0809 地址
MOV A,♯CNN            ;   通道号 CNN＝00～07H
MOVX @DPTR,A          ;   输出通道号
MOV R7,♯DL            ;   延时 20 μs,等待启动后 EOC 变低
HERE:DJNZ R7,HERE
WAIT:JB P3.3 WAIT     ;   等待 EOC 变高
MOVX A,@DPTR          ;   读转换后数据
```

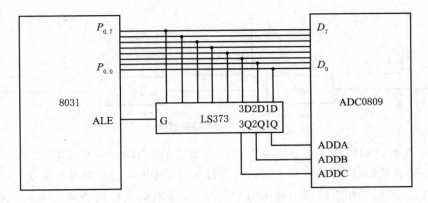

图 7-25　ADC0809 与 8031 接口电路之二

②图 7-25 所示的是 ADC0809 同单片机 8031 的另一种接口方法。这种方法同前一种方法的唯一差别是 ADC0809 的通道地址利用了单片机总线 P_0 上的地址信号,而不是数据信息。在这种情况下,对 ADC0809 操作的地址为

0XXX,XXXX,XXXX,XCBA

其中 CBA＝000～111B 为 ADC0809 的通道地址,X 为任意值。

7.6.2　D/A 转换器

为了实现对模拟量的测试,在数据采集与控制系统中必须设置相应的模拟通道,把模拟量转换成数字量,然后送入计算机进行数据的传输和各种处理。但在测控系统中,还要利用计算机的处理结果对外部设备及工业过程实施控制,大部分情况又必须用模拟量来控制,因此必须把数字量转换成模拟量。为此,在本小节介绍 D/A 转换器接口技术。

7.6.2.1　概述

D/A 转换器是一种把数字量转换为模拟量的器件。为满足各种不同的需要,D/A 转换器设计有多种类型。

按照输入端的结构,D/A 转换器可分为两大类:一类输入端带有数据锁存器,其数据线可直接与计算机的数据总线相接。另一类数据输入端不带数据锁存器,需要另外配接数据寄存器,或者与带输出锁存器的微处理机端口相连。

按照输出形式,D/A 转换器可分为电流输出型和电压输出型。对于以电流方式输出的 D/A 转换器,使用时一般外接运算放大器,以把电流输出转换为电压输出。

按照转换器的位数,D/A 转换器可分为 4 位、8 位、10 位、12 位、14 位和 16 位等,目前常用的有 8 位、10 位、12 位和 16 位。芯片有 8 位的 DAC0808/DAC0832,10 位的 AD7520,12 位的 DAC1210,16 位的 AD7546。

7.6.2.2　D/A 转换过程

D/A 转换器是把数字信号转换为电压或电流信号的装置,其过程如图 7-26 所示。

D/A 转换器一般先通过 T 型电阻网络将数字信号转换为模拟电脉冲信号,然后通过零阶保持电路将其转换为阶梯状的连续电信号。只要采样间隔足够密,就可以精确地复现原信号。为减小零阶保持电路带来的电噪声,还可以在其后接一个低通滤波器。

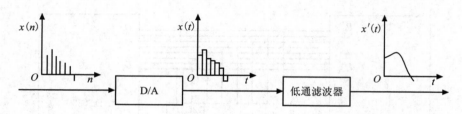

图 7-26　D/A 转换过程

实现 D/A 转换的简单方法是用 n 个与位权对应的标准电池(参考电压)来代表相应位的数码为 1 时的模拟电压,如果对应数码的位权为 2^0,其相应的模拟电压为 2^0 V,如果对应数码的位权为 2^{n-1},其相应的模拟电压为 2^{n-1} V。n 个数码按位组合成一个数字量,对应模拟电压组合成一个模拟量,即由数字量转成与之成正比的模拟量。

7.6.2.3　主要技术指标

(1)分辨率　D/A 转换器的分辨率可用输入的二进制数码的位数来表示。位数越多,则分辨率就越高。常用的有 8 位、10 位、12 位、16 位等。12 位 D/A 转换器的分辨率为 $2^{-12}=0.024\%$ 。

(2)转换精度　为实际输出与期望输出之比。以全程的百分比或最大输出电压的百分比表示。理论上 D/A 转换器的最大误差为最低位的 $1/2$,10 位 D/A 转换器的分辨率为 $1/1\,024$,约为 0.1%,它的精度为 0.05%。如果 10 位 D/A 转换器的满程输出为 10 V,则它的最大输出误差为 10 V$\times 0.000\,5=5$ mV。

(3)转换速度　是指完成一次 D/A 转换所用的时间。转换时间越长,转换速度就越低。

7.6.2.4　DAC0832 与 MCS-51 单片机的接口

DAC0832 是双列直插式 8 位 D/A 转换器。它内部具有 2 个数据寄存器,可直接与微处理机相接,是一种使用方便、应用广泛的数模转换器。

DAC0832 的原理框图如图 7-27 所示。

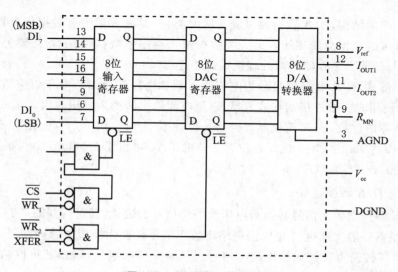

图 7-27　DAC0832 原理框图

农业生物环境因素测试技术

如图 7-27 所示，DAC0832 内部具有 2 个寄存器，即 8 位输入寄存器和 8 位 DAC 寄存器。$\overline{LE}$ 是寄存器命令，当 $\overline{LE}=1$ 时，寄存器输出随输入变化；当 $\overline{LE}=0$ 时，输入数据被锁存在寄存器中，输出不再随输入而变化。当 ALE=1，$\overline{CS}=0$ 与 $\overline{WR_1}=0$ 时，$\overline{LE}=1$，此时 8 位输入寄存器的输出随输入信号变化；$\overline{WR_1}$ 变为高电平时，$\overline{LE}=0$，输入数字信号被锁存于输入寄存器中。当 $\overline{XFER}$ 和 $\overline{WR_2}$ 同时为低电平时，LE=1，将输入寄存器中的数字信号传送到 8 位 DAC 寄存器中，$\overline{WR_2}$ 上升沿将输入寄存器中的数据锁存于 DAC 寄存器中，从而可以进行 D/A 转换。

数模转换的结果以模拟电流的方式从 I_{OUT1}，I_{OUT2} 端输出，一般在 D/A 转换器电流输出端加一运算放大器，以把模拟电流变为模拟电压信号。

（1）工作方式　由 DAC0832 的原理图（图 7-27）可见，DAC0832 可以有 3 种工作方式，即双缓冲工作方式、单缓冲工作方式和直通方式。

①双缓冲工作方式适用于要求多个模拟信号同时输出的场合。首先使各个 DAC0832 的 $\overline{CS}$ 线分时有效，与 $\overline{WR_1}$ 信号一起将各路数据分别输入每片 DAC0832 的输入寄存器；其次使各片的传送控制信号 $\overline{XFER}$ 和写信号 $\overline{WR_2}$ 同时有效，将各输入寄存器中的数字信号同时传送到对应的 DAC 寄存器，并在 $\overline{WR_2}$ 上升沿将数字信号锁存在 DAC 寄存器中。与此同时，各片 DAC0832 同时进行数模转换，达到同步模拟输出的目的。

②单缓冲工作方式是使 DAC0832 内部 2 个寄存器之一始终处于直通状态，而使另外一个寄存器工作在锁存器状态。将 DAC0832 的 $\overline{XFER}$ 或 $\overline{CS}$ 之一接地，即构成单缓冲工作方式。

③直通工作方式是使 DAC0832 内部 2 个寄存器都处于直通状态。将 $\overline{CS}$，$\overline{WR_1}$，$\overline{WR_2}$ 和 $\overline{XFER}$ 都接地，ILE 接高电平即实现直通工作方式。

（2）接口电路　DAC0832 内部有数据锁存器，故与微处理机接口时，其数据线可直接与微处理机的数据总线相连接，但控制信号的连接要根据所要求的 DAC0832 的工作方式来决定。

MCS-51 单片机与 2 片 DAC0832 构成的两路模拟量输出的接口电路，如图 7-28 所示。

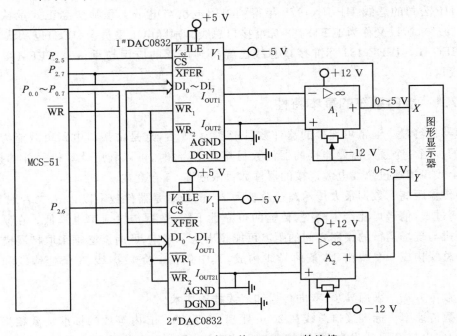

图 7-28　MC-51 与 2 片 DAC0832 的连接

①1[#]DAC0832 的 $\overline{\text{CS}}$ 与单片机的 $P_{2.5}$ 相连,当 $P_{2.5}=0$ 时,其输入寄存器被选通,地址可认为是 DFPFH。2[#]DAC0832 的 $\overline{\text{CS}}$ 与单片机 $P_{2.6}$ 相连,当 $P_{2.6}=0$ 时,其输入寄存器被选通,地址可认为是 BFFFH。2 片 DAC0832 的 $\overline{\text{XFER}}$ 端都与单片机的 $P_{2.7}$ 相连,当 $P_{2.7}=0$ 时,其 DAC 寄存器被选通,地址可认为是 7FFFH。

②DAC0832 的数据输入线与单片机的总线 P_0 口直接相连。

③DAC0832 的 $\overline{\text{WR}_1}$,$\overline{\text{WR}_2}$ 与单片机的 $\overline{\text{WR}}$ 相连。

④运算放大器 A_1,A_2 用来把 DAC0832 的电流输出转换为电压输出。

7.7 数据通信与接口

接口系统是组建自动测试系统的关键。接口的标准化可以使这种组建工作大为简化。当仪器配备了标准接口后,就可像搭积木一样任意组合成所要求的测试系统。这样组成的系统方便灵活,适应性强,不仅大大降低了组建系统的成本,提高了效率,而且使每台仪器的功能和作用获得了充分的发挥,极大地提高了它们的使用价值。

使用标准接口可以使整个系统具备较高的兼容性及灵活的配置,从而给系统提供在原设计的基础上以最小的变动来适应市场需求变化的可能性。通过使用标准总线连接现成的模板,系统的设计工作变得非常简单。改变或改进系统的功能都只要更换功能板或对原功能进行少量改动或增加功能板即可,而不需要改变整个系统的结构。正因为如此,标准总线在计算机测试及控制领域得到了广泛的应用。

为了使不同厂家生产的不同的仪器设备能方便地组成一个自动测试系统,必须使这些仪器设备配置有一个标准的连接接口。IEEE-488 就是实现这一目标的标准接口总线,它源于美国 HP 公司的总线 HP-IB,1975 年得到美国电机与电子工程师协会正式承认(IEEE-SN488-1975),所以又称为 IEEE-488 标准接口总线。国际电工委员会(IEC)也承认它,因此又称为 IEC-IB。IEEE-488 标准接口总线已经得到广泛的应用与承认。IEEE-488 也称为 GP-IB 接口。

7.7.1 接口系统的基本特性

(1)器件容量 通常可连接的器件数目最多为 15 台,这是由接口电路负载能力的限制所决定的。当一个系统需要连接的器件数目超过 15 台时,可以利用计算机另外的接口槽,使每一个接口槽通过总线电缆连接的器件数目限制在 15 台之内。

(2)传输距离 数据最大传输路径总长为 20 m,或者是器件数乘以 2 m,二者取其小者。如果距离过长,信号可能产生畸变,传输的可靠性下降,数据传输速率也降低。在某些应用中,计算机与现场运行的仪器之间的距离可能超出这个规定,此时就必须采取扩展措施。

(3)总线构成 总线由 16 条信号线构成,其中包括 8 条数据线、3 条挂钩线和 5 条管理线。

(4)数传方式 采用异步、双向传递和三线挂钩技术。

(5)数传速率 标准接口总线在 20 m 距离内,若每 2 m 内等效的标准负载相当于使用 48 mA 的集电极开路式发送器,则最高工作速率为 250 kb/s;若采用三态门发送器,则一般速率为 500 kb/s,最高可达 1 Mb/s。

(6)消息逻辑　在总线上采用负逻辑,一般规定:

①高电平(>+2.0V)为"0";

②低电平(<+0.8V)为"1"。

(7)使用场合　一般适用于电气干扰轻微的实验室及生产测试环境中。

7.7.2　GP-IB 接口的应用

GP-IB 标准接口系统从一问世就得到人们的重视,其应用得到了迅速的发展。作为 GP-IB 发源地的美国 HP 公司,它们生产的仪器几乎都装备有通用接口,比如信号源、频率合成器、程控电源、数字电压表、计数器、频谱分析仪、绘图仪、打印机、计算机等。

作为一种自动测试手段,通用接口系统已经深入到各个领域。

GP-IB 总线由 16 根双向传送信号的通信线构成,其中有 8 根数据总线、3 根挂钩总线和 5 根管理总线(图 7-29)。

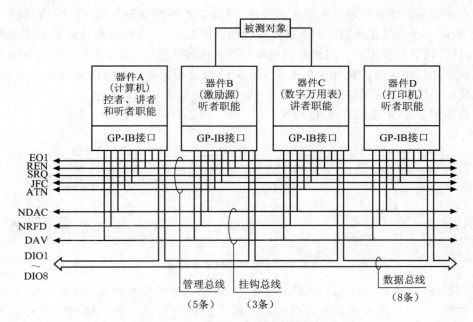

图 7-29　用 GP-IB 总线联成的测试系统

①数据总线(8 条)用来传送命令和数据,采用并行或串行传送的方式进行。

②挂钩总线(3 条)用来传递挂钩消息。在一个自动测试系统中,各器件传送数据的速率通常是不相同的。为了保证数据准确可靠地传送,在 GB-IB 中使用 3 根挂钩线利用三线挂钩技术实现不同速率的器件之间的数据传送。

③管理总线(5 条)用来传送管理消息,利用它们实现对 GP-IB 接口的管理。

7.8 数据处理

7.8.1 测试系统的自校准

在计算机控制的自动测试系统中,利用计算机的控制、记忆、判断和运算能力,加上专门设计的校准程序以及增加必要的功能部件,便能在很大程度上对系统自身进行检验,以消除系统误差对测量结果的影响。这种功能称为系统的自校准。

系统的自校准一般采用比较法。即首先将一些标准件接入系统进行测量,测量结果与标准件所给出数值的差别即是系统本身固有的误差。将此误差作为误差信息存储起来,以后测试时,通过计算机的数据处理,对测试结果用自测误差信息加以补偿,便可得到扣除了系统误差的准确的测量结果;再配合以大量的多次重复测量和计算机对大量数据进行系统处理,可将随机误差的影响减至最小。

鉴于系统误差并非是绝对不变的恒定量,诸如放大器增益不稳、温漂、时漂等引入的系统误差,实际上系统误差是随时间而缓慢变化的。因此,对标准件的测量和被测件的测量应该同时进行,或者在极短的时间内分别对标准件和被测件进行测量,这样才能认为两者测量中的系统误差是相等的。在具有高速采样开关的自动测试系统中可以做到这一点,因而测量结果能达到标准实验室的精度。

下面用图 7-30 来说明自校准原理。

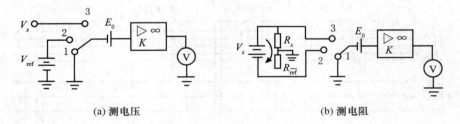

图 7-30　系统自校准原理图

图 7-30(a) 是测电压的校准方案,图 7-30(b) 是测电阻的校准方案。测非电量,也可采用这两种方案(其不包含传感器本身的校准在内),这正是校准方案的通用性所在。图 7-30 中,我们将所有引起系统误差的因素归结为两大部分,即系统的增益 K 的不稳定和其他因素引起的偏移误差 E_0,而把 E_0 归算到系统的输入端,这样有利于分析而不影响实质问题。

7.8.1.1 测电压

V_x 是检测电压,V_{ref} 是标准参考电压(其值是已知的)。$V_n (n=1,2,3)$ 是电压示值。测量时,开关高速切换。如图 7-30 所示,对应于开关所接通的每个通道,电压示值如下:

开关位置	电压 V_n
1	$V_1 = K E_0$
2	$V_2 = K(V_{ref} + E_0)$
3	$V_3 = K(V_x + E_0)$

由于

农业生物环境因素测试技术

$$\frac{V_3 - V_1}{V_2 - V_1} = \frac{K(V_x + E_0) - KE_0}{K(V_{ref} + E_0) - KE_0} = \frac{V_x}{V_{ref}} \qquad (7\text{-}23)$$

可得自校准方程

$$V_x = \frac{V_3 - V_1}{V_2 - V_1} V_{ref} \qquad (7\text{-}24)$$

式(7-24)的推导中,认为 3 次测量中的 K, E_0 为同一数值。在 K, E_0 随时间的漂移相对于开关切换的速度慢得多的情况下,这一假设是成立的。从式(7-23)可以看到 V_3 与 V_1 相减的结果消去了 E_0 的影响,同样 V_2 与 V_1 相减也消去了 E_0 的影响,而分子与分母的共同作用消去了 K 值的影响,从而式(7-24)由 V_1, V_2, V_3 和 V_{ref} 所表达的被测电压 V_x 已扣除了 E_0, K 值所引起的误差。但是,从式(7-24)看到,测量的精度受参考电压 V_{ref} 影响,这就要求 V_{ref} 有足够高的精度和稳定性。V_{ref} 是固定值,因而这点要求很容易办到。

7.8.1.2　测电阻

如图 7-30(b)所示,R_x 是被测电阻,R_{ref} 标准参考电阻,V_x 是电源电压(不是标准电压)。同样,测量时开关进行高速切换。

开关位置	电压 V_n
1	$V_1 = KE_0$
2	$V_2 = K(E_0 - IR_{ret})$
3	$V_3 = K(E_0 + IR_x)$

由于

$$\frac{V_3 - V_1}{V_2 - V_1} = \frac{K(IR_x + E_0) - KE_0}{KE_0 - K(E_0 - IR_{ref})} = \frac{R_x}{R_{ref}} \qquad (7\text{-}25)$$

可得自校准方程

$$R_x = \frac{V_3 - V_1}{V_1 - V_2} R_{ref} \qquad (7\text{-}26)$$

和测电压一样,测电阻的自校准方案也扣除了增益和漂移之类所引起的误差。比较式(7-24)和式(7-26),可以看到,测电压的精度受参考电压 V_{ref} 的影响,而测电阻的精度受参考电阻 R_{ref} 的影响。通常电阻的精度和稳定性比电压的精度和稳定性高得多,因此,测电阻的误差比测电压的误差小得多。在测电阻方案中,V_x 是精度要求不很高的电源,因为它的漂移在自校准中也被扣除了,所以在校准方程中,R_x 与 V_x 无关。

实时自校准要测 3 次,用增加测量次数来换取测量精度,这对高精度测量来说是值得的。必须指出,实时自校准只能在自动化测量系统中才能实现。一般手动测量不可能高速切换开关通道,如果开关切换速度低,那么 3 次测量中各种偏差就不能认为是相等的,上述自校准方程就存在一定误差。在自动化测量中,开关切换速度可达每秒几千次至几百万次,在这样高的速度下,3 次测量中各种偏差认为是恒定量,上述自校准方程才有十分高的准确性。

系统在进行自校准前,首先将选定的标准参考电压值(或电阻值)存于计算机中。测量时,计算机控制开关切换相应通道,获得各实时电压 V_1, V_2, V_3,然后计算机按照自校准方程进行计算,从而得到一次测量结果。

必须指出,上述系统自校准只能消除系统误差,而不能消除随机误差,因为 3 次测量中的电压示值所包含的随机误差并非相等。要消除随机误差,只能像前面所说的进行多次等精度测量,然后将各次测量取平均值,该平均值在很大程度上消除了随机误差。这里,所谓"等精度测量"是指对同一被测量,以同样的仪器、同样的方法,在同样的条件下进行的多次测量。注意同一被测量和同样条件的含意。当被测量是一个恒定直流量时,多次测量时被测量自然是同样的。如果被测量是一个缓变量,当采样速度很高时,也可认为被测量在多次重复测量中是同一量,并且认为各次测量条件是相同的。这就是说,高速采样为消除随机误差创造了条件。还须指出,用于取算术平均值的各次测量结果必须消除了系统误差。因此,多次等精度测量是在系统自校准的基础上进行的。以测电压为例,在图 7-30(a) 中,开关合于"1"和"2"时得到 V_1 和 V_2 值,开关合于"3"进行 n 次采样得到 $V_{31},V_{32},\cdots,V_{3n}$。对于每个 V_{3i} 和 V_1,V_2,按照式(7-24)计算得出 $V_{x1},V_{x2},\cdots,V_{xn}$,这些结果已消除了系统误差,然后取平均值 $\bar{V}_x = \dfrac{1}{n}\sum\limits_{i=1}^{n} V_{xi}$ 内,其后,按照前述步骤进行数据处理。这样得出的结果是被测量的最佳估算值。

7.8.2　测量曲线的平滑

任何测量结果都存在随机误差。对于随机误差,如果被测信号是恒定不变的,可以重复测量多次,取其平均值予以消除;如果被测信号是动态信号或者瞬态信号,只能进行一次扫描测量。随机误差的存在,使测量曲线不平滑,工程术语叫作存在毛刺。尽管毛刺不大,但对于诸如微分运算(例如,通过直接测量的速度曲线来描绘加速度曲线),可能出现荒谬的结果。对于动态曲线随机误差的处理,一般是对曲线进行平滑。下面介绍工程上常用的 2 种方法。

7.8.2.1　滑动平均法

滑动平均法简称为滑窗。它是将测量数据边移动窗口边进行平均。其原理如图 7-31 所示。

设混有随机误差的时间信号为 $v(t)$,对 $v(t)$ 进行 n 次采样后形成离散序列 $v(k)$, $k=1$, $2,3,\cdots,n$。以第 k 点为中心,前后各 i 点共 $2i+1$ 点,取加权平均值 $u(k)$,即

$$u(k) = \frac{1}{W}\sum_{j=-i}^{i} v(k+j)w(j) \tag{7-27}$$

$$k = i+1, i+2, \cdots, n-i$$

式中: $w(j)$ 表示由 $2i+1$ 点组成的对称加权函数,称为窗函数; w 为常数。图 7-31 中 $w(j)$ 为三角形函数, $i=2$,窗口宽度 $N=2i+1=5$。将 k 值由 $i+1$ 逐位滑动至 $n-i$,则所得离散信号 $u(k)$ 较之于原信号 $v(k)$ 要平滑得多。注意到加权函数是一个对称函数,因此,在整个曲线两端有 $2i$ 个点不能进行平滑。这对于 n 位较大的情况是不会影响总体效果的。

窗函数 $w(j)$ 的选择是重要的。常用的窗函数有矩形窗、三角窗、抛物线窗等。矩形窗算法简单,运算速度快,因此较为实用。矩形窗算式为

$$u(k) = \frac{1}{N} \sum_{j=-i}^{i} v(k+j)$$

$$k = i+1, i+2, \cdots, n-i$$

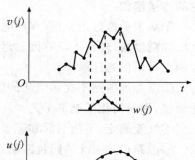

这里 N 等于窗口宽度,即 $N=2i+1$,为常数。

对于矩形窗平滑,窗宽 N 的选择存在矛盾。为了提高平滑效果,必须增大 A 值,但又会使被测信号的波形失真加大,特别是在信号中高频分量十分丰富的峰谷点部位失真更严重。解决此矛盾的办法是提高采样频率。

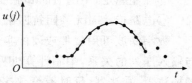

图 7-31　滑动平均原理曲线

7.8.2.2　最小二乘直线拟合

最小二乘直线拟合是将测量数据分成若干小段,每段用直线拟合;而各段所有测量数据与对应直线的偏差之平方和为最小。下面用图 7-32 来说明拟合方法。

图中示意的为其中的一段,应有

$$y = k(x-a) + b \qquad (7-28)$$

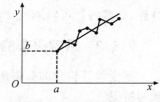

图 7-32　最小二乘直线拟合

为使相邻直线首尾相接,每段起点应是上段终点,那么式(7-28)中的 a,b 是已知值,仅 k 为待定系数。根据最小二乘原理,应使

$$Q = \sum_{i=1}^{N} \left[y_i - k(x_i - a) - b \right]^2$$

为最小。

令 $\mathrm{d}Q/\mathrm{d}k = 0$,得

$$K = \frac{\sum\limits_{i=1}^{N} (y_i - b)}{\sum\limits_{i=1}^{N} (x_i - a)}$$

k 值确定直线的斜率,它的大小与 N 值选取有关。N 大,平滑效果好,但信号波形失真大。与滑动平均法比较,最小二乘直线拟合引起有用信号的失真要小,但运算量要大,两直线段间有明显转折。

7.8.2.3　数字滤波

数字滤波器的作用是利用离散时间系统的特性对输入信号波形(或频谱)进行加工处理,将输入序列 $x(n)$ 按预定要求变换成一定的输出序列 $y(n)$,从而达到改变信号频谱的目的。从广义讲,数字滤波是由计算机程序实现的具有某种算法的数字处理过程。模拟滤波处理的是连续信号,数字滤波处理的是离散信号,而后者是在前者的基础上发展起来的。在许多应用中,数字滤波要比模拟处理适用得多,特别是当处理的信号数据以数字形式出现时。

归纳起来,数字滤波器的优点主要有:

①滤波器的传递函数比较容易改变。比如有些数字滤波器只要改变它的程序就可改变

它的传递函数。

②除了单位延迟元件(存储电路)外,其他运算元件可多路复用。

③精度高,理论上没有因延迟产生的误差,A/D变换的量化误差与运算中的取整误差,原则上可以做到任意小。

④没有因电路不完善引起的误差,特性的再现性好,产品的不一致性小,生产中几乎无须调整,因而简化了制造工艺。

⑤性能稳定,不随时间和温度的改变而改变性能。

⑥电路连接时无须阻抗匹配,而且能构成非线性电路。

数字滤波可用软件或硬件实现。软件实现方法是按照差分方程式或框图所表示的输出与输入序列的关系,编制计算机程序,在计算机上实现;硬件实现方法是把用数字电路制成的加法器、乘法器、延时器等,按框图加以连接,构成运算器(即数字滤波器)来实现。以软件为主的数字滤波器,传递函数容易改变是其最大特点;以硬件为主的数字滤波器,质量的一致性、良好的稳定性,容易做到小型化及低价格等是其最大特点。

常用的滤波电路为RC网络或RC有源滤波器,具有典型的一阶、二阶或高阶传递函数特性,这些特性可以通过计算机高速数值计算来模拟,从而获得滤波效应。

7.8.3 数据采集的原理

基于计算机化的数据采集是自动化数据采集系统的核心,是计算机与外部物理世界连接的桥梁。

7.8.3.1 采样频率、抗混叠滤波器和样本数

假设现在对一个模拟信号 $x(t)$ 每隔 Δt 时间采样1次。时间间隔 Δt 被称为采样间隔或者采样周期,它的倒数 $1/\Delta t$ 被称为采样频率,单位是采样数/秒。$t=0,\Delta t,2\Delta t,3\Delta t,\cdots,x(t)$ 的数值就被称为采样值。所有 $x(0),x(\Delta t),x(2\Delta t)$ 都是采样值。图7-33显示了一个模拟信号和它采样后的采样值,采样间隔是 Δt,注意采样点在时域上是分散的。

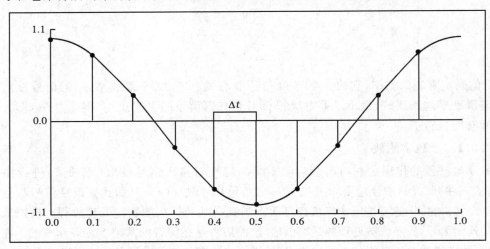

图 7-33 模拟信号和采样显示

如果对信号 $x(t)$ 采集 N 个采样点,那么 $x(t)$ 就可以用下面这个数列表示:

$$\{x(0),x(\Delta t),x(2\Delta t),x(3\Delta t),\cdots,x(k\Delta t),\cdots\} \qquad (7\text{-}29)$$

7.8.3.2 模拟信号和采样显示

数列(7-29)被称为信号 $x(t)$ 的数字化显示或者采样显示。注意这个数列中仅仅用下标变量编制索引,而不含有任何关于采样率(或 Δt)的信息。所以,如果只知道该信号的采样值,并不能知道它的采样率,缺少了时间尺度,也不可能知道信号 $x(t)$ 的频率。

根据采样定理,最低采样频率必须是信号频率的 2 倍。反过来说,如果给定了采样频率,那么能够正确显示信号而不发生畸变的最大频率叫作奈奎斯特频率,它是采样频率的一半。如果信号中包含频率高于奈奎斯特频率的成分,信号将在直流和奈奎斯特频率之间畸变。图 7-34 显示了一个信号分别用合适的采样率和过低的采样率进行采样的结果。

若采样率过低,则还原的信号频率看上去与原始信号不同。这种信号畸变叫作混叠,出现的混频偏差是输入信号的频率和最靠近采样率整数倍频率的差的绝对值。

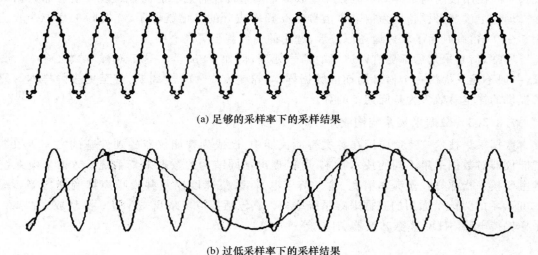

(a) 足够的采样率下的采样结果

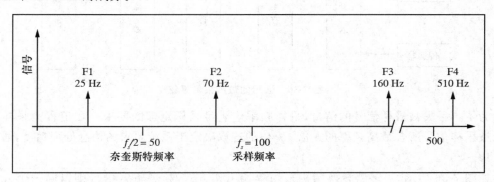

(b) 过低采样率下的采样结果

图 7-34 不同采样率的采样结果

图 7-35 给出了一个例子。假设采样频率 f_s 是 100 Hz,信号中含有 25 Hz,70 Hz,160 Hz 和 510 Hz 的成分。

信号

F1 25 Hz   F2 70 Hz   F3 160 Hz   F4 510 Hz

$f_s/2=50$　　　　$f_s=100$　　　　　　500
奈奎斯特频率　　　采样频率

图 7-35 说明混叠的例子

采样的结果将会是低于奈奎斯特频率($f_s/2=50$ Hz)的信号可以被正确采样,而频率高于 50 Hz 的信号成分采样时会发生畸变。分别产生了 30 Hz，40 Hz 和 10 Hz 的畸变频率 F2，F3 和 F4。计算混频偏差的公式如下：

混频偏差＝ABS(采样频率的最近整数倍 － 输入频率)

其中 ABS 表示"绝对值"，例如：

混频偏差 F2 ＝ |100－70| ＝ 30 Hz

混频偏差 F3 ＝ |(2)100－160| ＝ 40 Hz

混频偏差 F4 ＝ |(5)100－510| ＝ 10 Hz

为了避免这种情况的发生，通常在信号被采集后进行 A/D 转化之前，需要经过一个低通滤波器，将信号中高于奈奎斯特频率的信号成分滤去。在图 7-35 的例子中，这个滤波器的截止频率是 25 Hz。这个滤波器称为抗混叠滤波器。

采样频率应当如何设置呢？是否会首先考虑用采集卡支持的最大频率呢？一般而言，较长时间使用很高的采样率可能会导致数据采集系统没有足够的内存或者硬盘存储数据太慢。理论上设置采样频率为被采集信号最高频率成分的 2 倍就够了，在实际工程中一般选用 5～10 倍，有时为了较好地还原波形，选用的倍数甚至更高一些。

通常，信号采集后都要进行适当的信号处理，例如 FFT 等。这里对样本数又有一个要求，一般不能只提供一个信号周期的数据样本，希望有 5～10 个周期，甚至更多的样本。要求提供的样本总数多为整周期倍的数。

7.8.3.3 数据采集系统构成

数据采集技术广泛地应用在各类智能仪器中，已成为智能仪器的硬件基础之一。根据智能仪器对数据采集不同的技术要求，可以提出不同结构的数据采集系统。数据采集系统的主要技术指标有：分辨率精度、输入信号电平、采集速度以及共模噪声抑制能力等。图 7-36 所示的为一个通用的数据采集系统结构。它包括模拟多路开关 MUX、测量放大器 IA、采样保持电路 SHA、模数转换器 ADC 等。

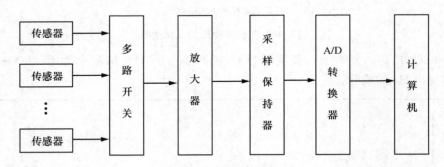

图 7-36 通用的数据采集系统

为了不丢失被采样信号的信息，采样频率应满足采样定理的要求。在工程上采样频率应取被采样信号所含最高频率的 k 倍。k 值的选取决定于系统要求的信息处理精度，通常取 $k \geqslant (10 \sim 20)$。

如图 7-36 所示，当多路转换结构采用单端工作方式时，各输入信号则以同一个公共点为参考点。这个公共点与 IA 以及 ADC 的参考点通常不在同一电位上，其电位差将与每个输入信号串联，从而引起测量误差。而当多路转换结构采用双端差动工作方式时，系统就可以提供良好的共模抑制能力。

　　实际使用中,最方便的是采用包括 MUX,SHA,ADC 以及缓冲接口等在内的单片数据采集系统。采用单片器件、分立元件等安装在一块印刷电路板上构成的模块电路或板级产品,可以提供比单片器件或混合电路更高的性能指标,且在整个要求的时间与温度范围内均能保持额定精度。近年来,单片电路、混合电路的新型器件大量推出,采集模块、板级产品的性能也在不断改善,这些都说明数据采集技术正随着微电子技术的进步而得到不断的发展。

7.8.3.4　模入信号的连接方式

　　电压信号可以分为接地信号和浮动信号 2 种类型。其中,接地信号就是将信号的一端与系统地连接起来,如大地或建筑物的地。因为信号用的是系统地,所以与数据采集卡是共地的。接地最常见的例子是通过墙上的接地引出线,如信号发生器和电源。

　　一个不与任何地(如大地或建筑物的地)连接的电压信号称为浮动信号,浮动信号的每个端口都与系统地独立。一些常见的浮动信号的例子:电池、热电偶、变压器和隔离放大器。

　　测量系统可以分为差分(differential)、参考地单端(RSE)、无参考地单端(NRSE)3 种类型。差分测量系统中,信号输入端分别与一个模拟输入通道相连接。具有放大器的数据采集卡可配置成差分测量系统。图 7-37 描述了一个 8 通道的差分测量系统,用一个放大器通过模拟多路转换器进行通道间的转换。标有 AIGND(模拟输入地)的管脚就是测量系统的地。

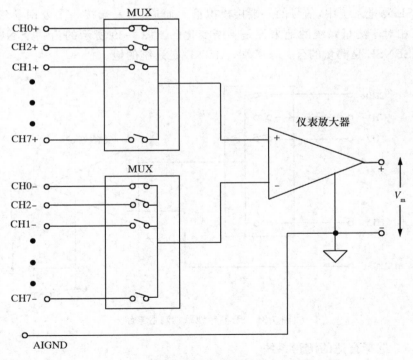

图 7-37　差分测量系统

　　一个理想的差分测量系统仅能测出(＋)和(－)输入端口之间的电位差,完全不会测量到共模电压。然而,实际应用的板卡却限制了差分测量系统抵抗共模电压的能力,数据采集卡的共模电压的范围限制了相对于测量系统地的输入电压的波动范围。共模电压的范围关系到数据采集卡的性能，可以用不同的方式来消除共模电压的影响。如果系统共模电压超过允许范围，需要限制信号地与数据采集卡的地之间的浮动电压，以避免测量数据错误。

RSE 测量系统，也叫作接地测量系统，被测信号一端接模拟输入通道，另一端接系统地 AIGND。图 7-38 所示的为一个 16 通道的 RSE 测量系统。

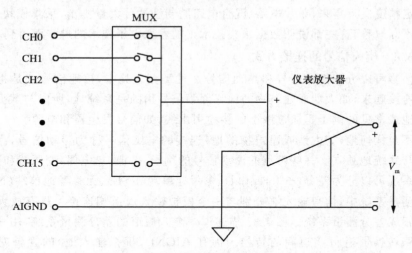

图 7-38   参考地单端测量系统

在 NRSE 测量系统中，信号的一端接模拟输入通道，另一端接一个公用参考端，但这个参考端电压相对于测量系统的地来说是不断变化的。图 7-39 所示的为一个 NRSE 测量系统，其中 AISENSE 是测量的公共参考端，AIGND 是系统的地。

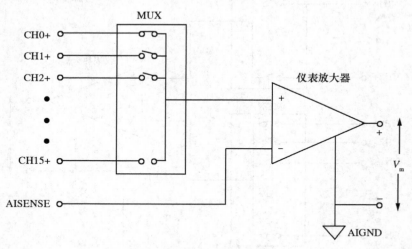

图 7-39   无参考地单端测量系统

7.8.3.5   选择合适的测量系统

测量接地信号最好采用差分或 NRSE 测量系统。如果采用 RSE 测量系统时，将会给测量结果带来较大的误差。图 7-40 展示了用一个 RSE 测量系统去测量一个接地信号源的弊端。在本例中，测量电压 V_m 是测量信号电压 V 和电位差 DV_g 之和，其中 DV_g 是信号地和测量地之间的电位差，这个电位差来自接地回路电阻，可能会造成数据错误。接地回路通常会在测量数据中引入频率为电源频率的交流和偏置直流干扰。避免接地回路形成的办法为在测量信号前使用隔离方法,并测量隔离之后的信号。

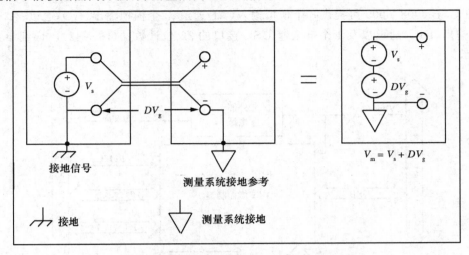

图 7-40   RSE 测量系统引入接地回路电压

如果信号电压很高并且信号源和数据采集卡之间的连接阻抗很小,也可以采用 RSE 系统,因为此时接地回路电压相对于信号源电压来说很小,信号源电压的测量值受接地回路的影响可以忽略。

总的来说,不论测接地信号还是浮动信号,差分测量系统是很好的选择,因为它不仅避免了接地回路干扰,还避免了环境干扰。相反的,RSE 系统却允许 2 种干扰的存在,在所有输入信号都满足以下指标时,可以采用 RSE 测量方式:①输入信号是高电平(一般要超过1V);②连线比较短(一般小于 5 m)并且环境干扰很小或屏蔽良好;③所有输入信号都与信号源共地。当有一项不满足要求时,就要考虑使用差分测量方式。

另外需要明确信号源的阻抗。电池、RTD、应变片、热电偶等信号源的阻抗很小,可以将这些信号源直接连接到数据采集卡上或信号调理硬件上。直接将高阻抗的信号源接到插入式板卡上会导致出错。为了更好地测量,输入信号源的阻抗应与插入式数据采集卡的阻抗相匹配。

7.8.3.6   数据采集器 DAQ 简介

典型的数据采集卡的功能有模拟输入、模拟输出、数字 I/O、计数器/计时器等,这些功能分别由相应的电路来实现。同时,数据采集卡都有自己的驱动程序,用来控制采集卡的硬件操作,一般而言,驱动程序由采集卡的供应商提供。

NI 公司还提供了一个数据采集卡的配置工具软件——Measurement & Automation Explorer,它可以配置 NI 公司的软件和硬件,比如执行系统测试和诊断,增加新通道和虚拟通道,设置测量系统的方式,查看所连接的设备等。

图 7-41   USB-6009 外观

便携式数据采集仪 NI USB-6009(图 7-41)，与 LabVIEW 软件开发平台兼容良好，易于实现上节描述的数据采集与智能调控等功能。

NI USB-6008/6009 可提供 8 个模拟输入(AI)通道、2 个模拟输出(AO)通道、12 个数字输入/ 输出(DIO)通道以及 1 个带全速 USB 接口的 32 位计数器(图 7-42)。详细参数如表 7-3 所示。

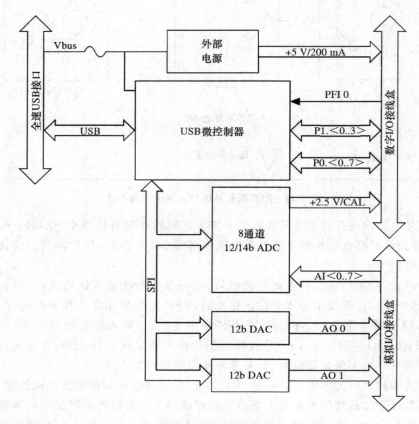

图 7-42　USB-6009 设备框图

表 7-3　USB-6009 详细参数

产品		USB-6009	
产品系列		多功能 DAQ	
总线类型		USB	
产品编号		779026-01	
操作系统/对象		Linux，Mac OS，Pocket PC，Windows	
DAQ 产品家族		B 系列	
测量类型		电压	
与 RoHS 指令的一致性		是	
模拟输入		**数字 I/O**	
通道数	4,8	双向通道	12
单端通道	8	仅输入通道	0

产品		USB-6009	
差分通道	4	仅输出通道	0
分辨率	14 bits	定时	软件
采样率	48 kS/s	逻辑电平	TTL
吞吐量(所有通道)	48 kS/s	输入电流	漏电流,源电流
最大模拟输入电压	10 V	输出电流	漏电流,源电流
最大电压范围	—10～10 V	可编程输入滤波器	否
最大电压范围的精度	138 mV	支持可编程上电状态	否
最小电压范围	—1～1 V	单通道电流驱动能力	8.5 mA
最小电压范围的精度	37.5 mV	总电流驱动能力	102 mA
量程数	8	看门狗定时器	否
同步采样	否	支持握手 I/O	否
板上存储量	512 B	支持模式 I/O	否
模拟输出		最大输入范围	0～5 V
通道数	2	最大输出范围	0～5 V
分辨率	12 bits	**计数器/定时器**	
最大模拟输入电压	5 V	计数器/定时器数目	1
最大电压范围	0～5 V	缓冲操作	否
最大电压范围的精度	7 mV	短时脉冲干扰消除	否
最小电压范围	0～5 V	GPS 同步	否
最小电压范围的精度	7 mV	最大量程	0～5 V
频率范围	150 S/s	最大信号源频率	5 MHz
单通道电流驱动能力	5 mA	脉冲生成	否
总电流驱动能力	10 mA	分辨率	32 bits
物理标准		时基稳定度	50 ppm
长度	8.51 cm	逻辑电平	TTL
宽度	8.18 cm	**定时/触发/同步**	
高度	2.31 cm	触发	数字
I/O 连接器	螺丝端子	同步总线(RTSI)	否

对于数据采集线路设计,采用的传感器输出的均为电压信号,故采用电压式接线方式,接线图如图 7-43 所示。

第7章 数据监测系统

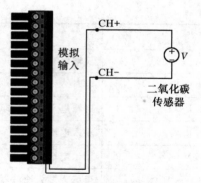

图 7-43　传感器数据采集接线图

🅀习题

　　1. 把灵敏度为 4.4×10^{-4} pC/Pa 的压电式传感器与一台灵敏度调到 0.226 mV/pC 的电荷放大器相接,求其总灵敏度。

　　2. 试判断该结论的正误:测试装置的灵敏度越高,其测量范围就越大。

　　3. 有 2 个温度计,一个响应快,能在 5 s 内达到稳定,一个响应慢,需要 15 s 内才能达到稳定,试问 2 个温度传感器谁的时间常数小?

　　4. 用一个时间常数为 0.35 s 的一阶装置去测量周期分别为 1 s,2 s,5 s 的正弦信号,幅值误差是多少?

　　5. 气象气球携带一种时间常数为 15 s 的一阶温度计,以 5 m/s 的上升速度通过大气层。设温度按每升高 30 m 下降 0.15℃ 的规律变化,气球将温度和高度数据用无线电信号送回地面。在 3 000 m 处所记录的温度为 -1℃。试问实际出现 -1℃ 的真实高度是多少?

第8章 农业生物环境测试技术的新进展

农业生物环境因素种类繁多,其采集与测试新技术层出不穷,它们的共同特点是用于农业生物本身或其环境的监测与控制,大多仍采取微电子化连续监测的方式。目前,非接触快速测量以及计算机化、智能化是其发展方向。

下面分别介绍农业气象、设施园艺温室及畜禽舍环境信息的采集技术,本章侧重于传感器方面,而相应的数据处理技术,读者可参阅本书前面各章及其他有关专著。

8.1 自动气象站

为了连续获取农业气象信息,各国的自动化气象站已很流行。

8.1.1 农田自动气象站实例

8.1.1.1 英国 Delta-T 自动气象站

Delta-T 气象站(型号为 WS-HP1)是度量和记录农业气象状况的一套完整系统。它所配置的标准传感器能够测量空气和土壤温度、风速和风向、相对湿度、降水量以及太阳辐射等。其特性如下:

①在偏远或无掩蔽的地方进行无人值班气象记录;

②内存可从 64K 扩展到 128K,数据采集器通道数达 64 或更多;

③可通过 GSM modem 或便携机收集读数;

④既可作为标准系统,又可由用户选择所需传感器。

Delta-T 气象站以 DL2e 数据采集器为基础,是由多个传感器和一根立柱组成的完整系统(图 8-1)。其数据采集器的每一通道都可根据传感器类型和读数频率进行独立编程。

采集器及除了雨量桶和土壤温度探头以外的所有传感器均安装在一根立柱上。用户可从一台计算机上给数据采集器编程,允许对每个传感器进行独立控制。

数据收集:一台便携机或打印机在不干扰数据采集的情况下可用于收集已存储的读数。采集器可以从立柱上卸下,连在台式计算机上。数据还可通过电话线收集。

控制输出:当传感器信号超过用户定义的阈值时,采集器可以进行控制输出。如气温上升太高,采集器会打开一扇通风口。

图 8-1　WS-HP1 气象站

8.1.1.2　Davis 生长环境监测站——Gro Weather 气象站

Gro Weather 气象站(图 8-2)主要提供与农业生长有关的气象信息,比如温湿度、光照、地温、蒸散量等,并估算植物生长期和收获期。Gro Weather 气象站包括风、温/湿度、气压、叶面湿度、地温、太阳辐射、雨量等传感器以及显示控制器。

图 8-2　Gro Weather 气象站

Gro Weather 气象站在安装结构上分简易安装站(E Z-Mount)和全套部件站(Comprehensive);使用 Gro Weather-Link 与计算机连接,包括 ET 数据记录器和计算机软件。

Gro Weather 气象站应用空气温度、相对湿度、风力(wind run)和太阳辐射来估计 ET_O,其参考模型是以标准草场模型水分蒸发蒸腾损失总量为标准的。ET_O 的计算是通过 Gro WeatherLink ET /Data Logger 实现的,每小时计算一次。为了计算并显示某种作物的 ET_O,需要配有与小型气候站相关的软件(Gro WeatherLink Software)。气象站的储存器可将采集的数据输入电脑并自动生成分析报告和图像。使用时需要设定时间(每隔一定的时间就自动储存一次数据),时间可为 1,5,10,15,30,60 或 120 min。这样,数据储存器根据所设定的时间可以储存 16h 或 3,7,10,21,42,85 d 的数据。其相关的软件可以对数据进行分析、绘图、打印、分类并汇总;计算、显示和打印作物或某种害虫的日积热总数;自动生成 NOAA 报告;还可以对作物的供水进行管理。

Gro Weather 气象站可以显示日水分蒸发蒸腾损失总量(the daily ET_O)、某一段时期的水分蒸发蒸腾损失累积总量(the total ET_O)和某一段时期的日平均水分蒸发蒸腾损失总量

(the average ETO per day during the period)。其单位为毫米(mm)或英寸(in)。

(1)土壤水分蒸发蒸腾损失总量(ET$_O$)　表示某一个地区水分蒸发蒸腾损失总量,单位为毫米(mm)或英寸(in)。

(2)积热(growing degree-day)　因为温度对植物和昆虫(尤其是害虫)的生长发育起着重要的作用,所以对热量的累积值进行测量对于预测作物的成熟是十分必要的。Degree-day 提供了一种估算温度对于植物和/或害虫的生长发育影响程度的计量方法。One degree-day 表示当温度超过基温(基本的生长发育温度)1℃,并一直持续 24 h 时所有热量的总和。也可以说是 1 h 内温度超过基温 24℃所积累热量的总和。

为了用好积热,必须了解适合作物或害虫的生长发育的温度范围。当温度高于或低于此温度时,作物或害虫的生长发育停止。

Gro Weather 气象站通过温度读数和所设置的基温与温度上限来计算积热值。为了准确地计算积热值,气象站不停地统计"每分积热"和"每秒积热"。请注意,由于不同地方的地形、作物和高度不同,对温度的读数有显著的影响,务必确保把温度传感器放在与作物或害虫一样的位置。

Gro Weather 气象站可以显示日积热量(degree-day)、一段时期的累计总积热量和一段时期内平均日积热量。务必设置一个基本温度(比如适合作物生长的最低温度)和一个温度上限。温度的单位可以为华氏温度(℉)或摄氏温度(℃)。

(3)空气温度、土壤温度和表面温度　Gro Weather 气象站可以显示当前的空气温度、土壤温度、温湿指数和风冷指数。另外还有最高/最低空气温度、最高温湿指数和最低风寒温度以及它们所发生的具体时间。Gro Weather 气象站可以显示最高/最低土壤温度,但不能够显示所发生的时间和日期。

(4)太阳辐射　Gro Weather 气象站显示当前太阳辐射强度、日太阳辐射总能量和某一段时间内平均日太阳辐射总量。太阳辐射强度的单位为 W/m,而太阳能的单位为兰利(Ly)。

8.1.1.3　LI-1401 农业气象站

LI-1401 农业气象站(图 8-3)用于测量太阳辐射、土壤温度、空气温度、空气相对湿度、风速、风向和降水量等指标。它的特点是简便、易用、没有复杂的程序;内置一个 LI-1400 数据采集器,具有键盘和显示屏,便于设置和数据转换。其主要部件有:

①数据采集器;

②扩展槽;

③全辐射传感器;

④土壤温度传感器;

⑤空气温度/相对湿度传感器;

⑥风速/风向传感器;

⑦雨量桶;

⑧三角支架、金属密封箱;

⑨固定横杆、外接电池盒;

⑩防辐射罩、RS-232 通信电缆。

图 8-3　LI-1401 农业气象站

8.1.1.4 LI-1405 基本型气象站

LI-1405 基本型气象站(图 8-4)与 LI-1401 农业气象站同样包含了一个 10 频道的数据采集器(LI-1400),所配置的传感器可以测量太阳辐射、空气和土壤温度及降水量。

LI-1405 基本型气象站配置了一个箱子,可以很容易地固定在一个立杆或柱子上,保护电池和数据采集器,还可以作为日光强度计和空气温湿度传感器的固定平台。利用附带的软件,实验数据可以很容易地以表格文件的形式下载到计算机上。其主要部件有:

①数据采集器;

②扩展槽;

③全辐射传感器;

④气温传感器;

⑤土壤温度传感器;

⑥雨量桶;

⑦百叶箱;

⑧外接电池盒;

⑨水平固定支架;

⑩RS-232 通信电缆。

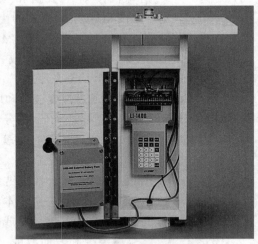

图 8-4 LI-1405 基本型气象站

8.1.2 智能传感器

为实现农田气象信息以及生物信息的自动获取,近年来涌现的智能传感器扮演着日益重要的角色。

所谓智能传感器就是一种带有微处理机的,兼有信息检测、信息处理、信息记忆、逻辑思维与判断功能的传感器。它是人工智能的,它的出现把传感器技术提高到一个新的水准,使传感器技术发展到一个崭新阶段。智能传感器与传统的传感器相比具有很多特点:

①它具有逻辑思维与判断和信息处理功能,可对检测数值进行分析、修正和误差补偿,提高了测量准确度;

②它具有自诊断、自校准功能,提高了可靠性;

③它可以实现多传感器、多参数复合测量,扩大了检测量与使用范围;

④检测数据可以存取,使用方便;

⑤具有数字通信接口,能与计算机直接联机,相互交换信息。

智能式传感器的构成一般分为三大部分:主传感器、辅助传感器和微机硬件系统。

8.1.2.1 智能压力传感器

智能压力传感器用来测量压力参数,主传感器为压力传感器,辅助传感器为温度传感器和环境压力传感器。温度传感器的作用是监测主传感器工作时由环境温度变化或被测介质温度变化而引起的压力敏感元件温度变化,以便修正并补偿因温度变化给测量带来的误差。而环境压力传感器的作用是测量工作环境大气压变化,以便修正它对测量的影响。由此可见,智能式传感器具有较强的自适应能力,它可以根据工作环境因素的变化,进行必要的修正以保证测量的准确性。一个智能式传感器要设置哪些辅助传感器,需要根据工作条件和对传感器性能指标的要求而定。例如,工作环境比较潮湿时,就应设置湿度传感器,以便修正或补偿潮湿对测量的影响。

微机硬件系统用于对传感器输出的微弱信号进行放大、处理、存储和与计算机通信。系统构成情况由其应具备的功能而定。DTP 型智能传感器只有一个串行输出口,以 RS-232 指令格式传输数据(图 8-5)。

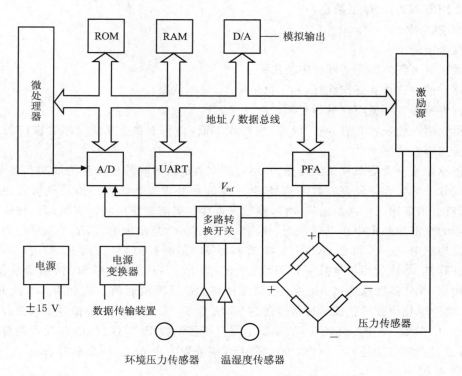

图 8-5　DTP 型智能式压力传感器

压阻式压力传感器已经得到广泛应用,但它的测量准确度受非线性和温度的影响很大,难以高准确度测量。在对其进行智能处理以后,利用单片微型计算机对非线性和温度变化产生的误差进行修正,可以取得了非常满意的效果。在工作环境温度变化为 $10\sim60℃$ 时,智能压阻式压力传感器的准确度几乎保持不变。

8.1.2.2　智能温湿度传感器

在自然界中,凡是有水和生物的地方,在其周围的大气里总是含有或多或少的水汽。大气中含有水汽的多少,表明了大气的干湿程度,用湿度来表示。湿度是较难检测的物理量,其原因是湿气信息的传递比较复杂。

湿气是含有水蒸气的气体。水分子是一种具有非线性结构的强极性分子,相对于其他气体如 CO_2,CH_4,SO_2 等来说,水在自然环境中容易发生三态变化。纯净的气体水比较容易检测。在材料表面多层吸附或结露成液态时,水会使一些高分子材料、电解质材料溶解,同时还会有一部分水分电离成 H^+ 和 OH^-,与溶入水中的许多空气中的杂质(如 SO_2,CO_2,$NaCl$,$NaHCO_3$ 等)结合成酸或碱,使制成湿敏器件的材料不同程度地受到腐蚀、老化,从而丧失其原有的性能。当水汽在器件表面结冰时,水汽的正常检测也受到妨碍。另外,湿度信息的传递不同于温度、磁力、压力等信息的传递,它必须靠携带信息的物质——水对湿敏元件直接接触来完成。故湿敏元件不能密封、隔离,必须直接暴露于待测的环境中。

一个理想化的湿度敏感件所应具备如下性能:

①使用寿命长,长期稳定性好;

②灵敏度高,感湿特性的线性度好;

②使用范围宽,湿度系数小;

④响应时间短;

⑤湿滞回差小;

⑥能在有害气体的恶劣环境中使用;

⑦器件的一致性和互换性好,易于批量生产,成本低廉;

⑧器件感湿特征量应在易测范围以内。

这里介绍一种技术先进,结构简单,生产成本低,有利于农业系统使用和推广的智能型温湿度传感器。

该传感器充分发掘单片机的性能,利用电容充放电的时间特性转化为周期和频率,再利用计算机软件编制程序处理成数字信号,并采用线性处理等数学方法修正敏感元件的非线性,编制符合国际通用标准的通信软件,将数据直接传到需要使用的计算机端。智能型温湿度传感器的全部功能集中在电路板上,如图 8-6 所示。C_1 是湿敏电容,R_2 是温敏电阻,IC_1 是双振荡器集成电路。C_1 和 R_3,R_4 及 IC_1 组成振荡器,输出脉冲信号送到 IC_2 的 INT_0 端。IC_2 为单片计算机,将该脉冲信号数字处理,通过 IC_2 的 $P_{0.0} \sim P_{0.4}$ 线送到 IC_5 液晶显示器,直接显示湿度值,并将该数据通过 IC_3 通信接口芯片与上位计算机通信。R_2 和 R_1,C_2 及 IC_1 组成振荡器,温度变化值被转化成脉冲信号送到 IC_2 的 INT_1 端。IC_2 将脉冲信号用软件处理后变为数值经 IC_2 的 $P_{0.0} \sim P_{0.4}$ 送到 IC_5 液晶显示器直接显示数据,并通过 IC_3 与其他设备交换数据,与其他设备相应的是 CN_1。CN_1 的 6 个引线端分别为:1-电源＋、2-电源－、3-空、4-空、5-数据＋、6-数据－。

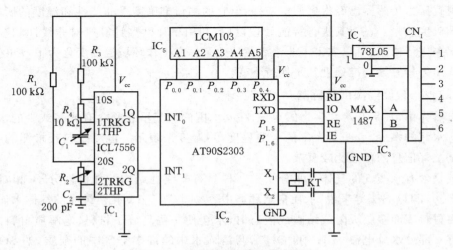

图 8-6　智能温湿度传感器原理图

测量元件由湿敏电容和温敏电阻组成，配合 RC 充放电电路，构成测量电路。每次单片机转换数据由软件来实现，温湿度测量程序的操作过程是一致的。软件进行数据采集和处理后，通过串行通信接口 MAX1487 将数据按照 RS485 串行通信协议发送到需要使用的设备上，或等待需求设备提取。软件预留接入显示设备驱动程序，可直接接入液晶显示板。硬件预留控制输出接口，可使传感器升级为嵌入式温湿度控制器。软件中包含智能处理模块，能对因温度漂移造成的误差进行自动校正。

8.1.2.3　光辐射传感器

太阳辐射是地面生物重要的自然能源，辐射能的测量基于辐射的热效应。总辐射表的热电元件由几十对热电偶串联而成（材料多采用铜-康铜）。电偶的热端涂以黑料（铂黑等），可吸收辐射能量约 95％；冷端涂白料（如氧化镁），可反射辐射能量约 98％。热端吸收辐射能量温度升高，冷端反射辐射温度下降，总体温度维持不变。温差电动势的大小与辐射能量呈线性关系。

总辐射表的光谱响应范围为 $0.3\sim3.0\ \mu m$，它响应来自 2π 立体角入射到水平面的全部辐射。内阻为几十欧姆，转换灵敏度为 $7\sim13\ mV/(kW\cdot m^2)$，测量范围为 $0\sim1.4\ kW/m^2$，输出电压为 $0\sim20\ mV$。

辐射信号检测电路采用低失调电压（$<50\mu V$）、高增益（$1\sim1000$ 可调）的高精度仪表放大器。图 8-7 所示的为光辐射检测电路。

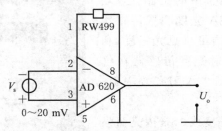

图 8-7　光辐射检测电路

8.1.2.4　风速信息采集

风速的检测采用三杯风速传感器，其测量范围为 $0.25\sim15\ m/s$，启动风速 $>0.25\ m/s$。风速 V 与风杯的线速度 v 有如下关系。

$$V = a + bv + cv^2$$

式中：a,b,c 为仪器常数，a 在数值上近似等于启动风速；b 为风速表的构造系数，风杯的直径越大，风杯的横臂越短，其数值越小，反之则大；c 的值一般极小，仅为 0.0001。

因为一般 c 值可忽略不计，所以 V 与 v 呈线性关系，可表示为

$$V = a + bv$$

风速的电脉冲转换是通过光电转换实现的，风杯的旋转轴控制光电转换器，输出相应的脉冲电信号，脉冲电信号频率与风速亦呈线性关系。图 8-8 所示的为风速检测电路。

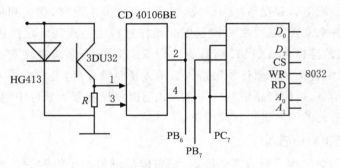

CD 40106BE

HG413   3DU32   8032

图 8-8　风速检测电路

8.2　农业生物环境测试仪器与测试系统简介

8.2.1　LI-250 光照计

LI-250 光照计(图 8-9)是可以显示任何 LI-COR 辐射传感器的测量值和单位的读数设备,例如,利用 LI-250 和 LI-190SA 测量太阳光、植物冠层下、植物生长箱和温室中的光合有效辐射;利用 LI-250 和 LI-210SA 光度测量传感器在光照研究或建筑造型中测量可见光强度;利用 LI-250 和 LI-200SA 日射光度传感器在气象、水文或环境的研究中测量太阳有效辐射。其特性如下:

①可以显示瞬时光照强度或 15 s 内光照强度的平均值;

②性能、可靠性和坚固性良好;

③耗电性小,一节 9 V 的晶体电池可以连续使用 150 h。当电池电压不足时,将在仪器上显示。

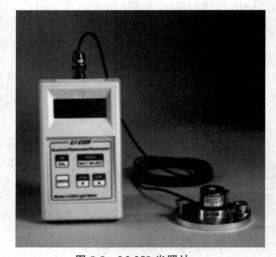

图 8-9　LI-250 光照计

注意事项:LI-250 光照计最好不与 LI-192SA 水下光量子传感器和 LI-193SA 球形水下光量子传感器连接使用,除非另有设备保护,LI-250 光照计不直接接触水。

8.2.2　LI-1400 数据采集器

LI-1400 数据采集器(图 8-10)的特性如下:

①可以与各种各样的传感器连接。包括 LI-COR 光量子传感器、空气和土壤温度传感器以及很多气象传感器等。

②可快速配置。2 个额外的电流通道、1 个脉冲测量电路、几个调节和非调节电压供应设备提供了各种测量传感器的高输入阻抗。

③软件的灵活性强。通过操作软件,用户可以将 LI-1400 作为简单的仪器或数据记录

农业生物环境因素测试技术

仪使用。按键盘上的回车键可以显示指定传感器的输出结果或将其保存在内存中。

④仪器可快速连接。通过应用记录程序可以简单地建立通道的连接,而该程序消除了重复输入的信息。记录程序允许用户输入一个通道的记录程序,包括时间长短、开始/停止时间以及其他信息等,然后将该记录程序应用到其他通道上,消除了重复输入的信息,可以节省大量的时间。通道的连接也要求从一系列的数学函数中进行选择,以应用到传感器的输入中。除了传感器的输入大小和线性化,利用数学函数如数学运算符、Steinhart-Hart 函数、饱和蒸气压、露点温度、自然对数和一个五次多项式等对传感器进行线性化。利用任何其他的电流、电压或数学通道和额外的记录或数学程序能够扩大 9 个数学通道和仪器的计算能力。

⑤LI-1400 配置的 Windows 通信软件可以实现快速的二进制和 ASCII 编码的数据传输或从计算机中上传仪器配置化。

图 8-10　LI-1400 数据采集器

LI-1400 数据采集器的技术指标见表 8-1。

表 8-1　技术指标

电流输入		3 个通过外部密封的 BNC 接口、2 个通过 1400-301 标准扩展端口
电压输入		4 个通过 1400-301 标准扩展端口的高电阻(>500 MΩ)单端通道
脉冲输入		1 个通过 1400-301 标准扩展端口的脉冲通道,连接雨量传感器(最大 1 Hz)
取样时间		1,5,15,30 s
		1,5,15,30 min
		1,3,6,12,24 h
样本间隔		1,5,15,30 s
		1,5,15,30,60 min
键盘		24 键触摸式音频回馈键盘,防水
显示		每行 16 个字符,包括文字和数字
时钟		年、月、日、时、分、秒;精度:±3 min/月(25℃)
内存		96 K 数据存储空间
数据传输		RS-232C 数据线,双向传输
电池要求		4 节 5 号碱性电池
电池	电压	电量不足,15 min 后仪器自动关闭;低电存储保护,关闭前警告
	容量	可连续操作 60 h
外接电源		7~16 V DC

外壳	ABS 塑料盒,防水防尘
工作环境	−25～55℃,0～95％ RH(非冷凝)
存储条件	−30～60℃,0～95％ RH
尺寸	22 cm×13 cm×4.3 cm
质量	0.7 kg

8.2.3　LI-6400 便携式光合作用测量系统

LI-6400 便携式光合作用测量系统(以下简称 LI-6400,图 8-11)代表了目前用于测量整个叶片光合作用的仪器的最高水平。在实验中可以控制所有相关的环境条件,如 CO_2 浓度、水分含量、叶片和叶室温度、光照强度等,配置了叶室荧光计(6400-40)后,还可以同时测量光合作用和荧光强度指标。

8.2.3.1　特性

①整体性。LI-6400 是目前市场上存在的一体化最强的光合作用测量系统,附件易安装和携带。

图 8-11　LI-6400 便携式光合作用测量系统

②自动控制。LI-6400 可以用软件控制所有参数。因此,光响应曲线、CO_2 响应曲线等是自动产生的,不需要人为操作(为自动程序),保证了随着每次数据采集而相应生成响应曲线,避免操作者选择时出现的偶然错误。

③CO_2 和 H_2O 的零平衡。LI-6400 不仅控制进入叶室的水蒸气和 CO_2 的浓度,还能够控制(零平衡)叶室内的 H_2O 和 CO_2 浓度。

④灵活性。LI-6400 的软件界面完全友好、可编程。数据和图形的显示可以随意改变,以适合实验的需要。所有的换算和计算都可以为操作者修改。

⑤LED 红/蓝光源。选择 LED 作为光源是基于以下的重要原因:a. 能够使用系统本身的电池作为电源,无须另外配置笨重的其他电池;b. 几乎不产生热量,不会对叶片产生负面影响;c. 其强度能够在软件控制下在 0～2 000 $\mu mol/(m^2 \cdot s)$ 间连续变化。

⑥土壤呼吸。6400-09 土壤 CO_2 通量室(附件)保证了 LI-6400 能够自动完成土壤碳通量测量。

⑦荧光强度实验。(6400-40)叶室荧光计(附件)使 LI-6400 的功能更加强大,可以同时测量光合作用和荧光强度。

LI-6400 有 2 组完全独立的双路非扩散性红外分析器,用于测量 CO_2 和 H_2O 的绝对浓度,从而实现连续测量参比室和样品室的绝对值,无须假设进入的气体浓度,因而消除了叶室和主机控制器之间的循环管道,可以实时测量叶片的动态指标。光照、CO_2 浓度等对环境条件的影响与气体交换测量之间的时间延迟也不存在。此时,即使在植物的呼吸速率发生变化的情况下,仍然可以按照实验的要求,快速自动控制叶室内的湿度。消除了通往分析器的循环管道,也就节省了水分在管壁的平衡时间。

8.2.3.2 叶室

(1)标准叶室(standard chamber) 标准叶室是在 LI-6400 各种标准套内所包含的,叶室面积为 2 cm×3 cm,是应用最广的一种叶室,而且可以装配 LED 红/蓝光源使用。

(2)簇状叶室(6400-05 conifer chamber) 6400-05 簇状叶室(图 8-12)用于测量一段枝条的针叶,气室环境因子如温度、湿度和 CO_2 浓度可以由 LI-6400 来控制。

簇状叶室是用丙烯酸材料制造的,持久耐用,用钛氟隆作内部涂层,可以减少对水分的吸附。直径为 7.5 cm 的叶室可以容纳 3.5 cm 长的针叶枝条。6400-05 簇状叶室直接固定在 LI-6400 的 CO_2 和 H_2O 红外线气体分析仪的样品室上,可以缩短响应时间。

图 8-12　6400-05 簇状叶室

图 8-13　6400-07 针叶叶室

(3)针叶叶室(6400-07 needle chamber) 针叶叶室(图 8-13)用于测量较长的松针的光合速率。6400-07 针叶叶室有一个 2 cm×6 cm 的窗口、垫圈和特殊设计的凹槽条(可以同时固定 5 个针叶),可以把每个针叶压入凹槽条内。凹槽条可以单独订货,对于短松针,可以与 2 cm×3 cm 的标准叶室配合使用。

叶室的上下两面是透明的 Propafilm® 窗口,光线透过顶部和底部进入叶室(图 8-14)。叶室内的光合有效辐射(PAR)传感器直接测量针叶表面的光照强度。用一个小的热电偶来测量气室内温度,并通过能量平衡的方法来计算得到叶片温度。

光照叶片底部对于直立叶片的测量是很有用的,同时也可以用于试验性的测量。透明叶室底部(6400-08 clear chamber bottom)有一个与标准叶室顶部相同的窗口(图 8-14)。该组件可以与所有的 2 cm×3 cm 的叶室顶部配套使用。

(4)狭长叶叶室(6400-11 narrow leaf chamber) 狭长叶叶室(图 8-15)适于窄而长的叶片。和 6400-07 针叶叶室相似,6400-11 狭长叶叶室的窗口也是 2 cm×6 cm,叶室的上部与 6400-07 针叶叶室的上部相同。光合有效辐射(PAR)传感器包括在标准配置内,用于测量叶片表面的光照。

从叶室的下半部分装入一个标准 LI-6400 叶片温度热电偶,用于测量叶片的温度。

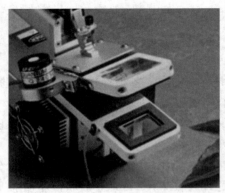

图 8-14　6400-07 针叶叶室的透明叶室底部

图 8-15　6400-11 狭长叶室

（5）鸭嘴叶室（6400-15 abrabiodopsis chamber）6400-15鸭嘴叶室（图 8-16）是为测量拟南芥叶和其他非常小的叶子而设计的,尤其对于那些难以用其他传统叶室夹住的叶片。该叶室上下部分都是透明的,可以使叶子的上下面均受到自然光线的照射。叶室的直径为 1.0 cm,距离分析仪 8.5 cm,这样的设计有利于接近并测量那些紧挨在一起的小叶片。到目前为止,这种测量仍是极为困难的。

叶室窗口是用可替换的透明的 Propafilm® 制造的,其透光性非常好,同时很少吸收热量和吸附水分。叶片温度测量是用一个小的能量平衡热电耦通过测量气室内温度实现的,辐射测量是用标准的量子传感器来测量的。

图 8-16　6400-15 鸭嘴叶室

叶室用电镀铝制造,可以减小水分吸附和提高耐久性。叶室的外表面涂有白色油漆,以改进能量平衡。

8.2.3.3　土壤 CO_2 流量室（6400-09 CO_2 soil flux chamber）

使用 6400-09 土壤 CO_2 流量室（图 8-17）可以测量土壤 CO_2 流量。软件的自动化、卓越的流量控制、分析器处于传感器头部以及精心制造的气室,保证了测量的高度准确和良好的重复性。

LI-6400 传感器头部的 CO_2 和 H_2O 分析器直接与土壤 CO_2 室相连,以保证快速响应。LI-6400 控制器以数字和图形的形式来显示流动速率等结果,进而实现在野外当场可进行实验调整和作出评价。

6400-09 土壤 CO_2 流量室与 LI-6400 主机配合使用,为土壤 CO_2 流量的测量提供了最便利的操作。

图 8-17　6400-09 土壤 CO_2 流量室

8.2.4　LI-820 气体分析仪

LI-820 气体分析仪（图 8-18）是应用于空气 CO_2 测量的、低价格、低维护费用的气体分析仪,代替了 LI-800 气体分析仪。长期以来,LI-COR 公司被认为是生产环境研究领域高质量、便携式红外气体分析仪的市场先行者。

8.2.4.1　测量范围

LI-820 气体分析仪是一个单光路、双波长的非扩散式红外气体分析仪,其结构紧凑,质量小。其最大特点是可以相互改变光路:标准的光路长度是

图 8-18　LI-820 气体分析仪

14 cm(5.5 in),可以测量的 CO_2 的浓度范围是 $(0\sim 1\,000)\times 10^{-6}$ 或 $(0\sim 2\,000)\times 10^{-6}$;可选择的光路长度为 5 cm(2 in),可以测量的 CO_2 浓度范围是 $(0\sim 5\,000)\times 10^{-6}$ 或 $(0\sim 20\,000)\times 10^{-6}$。

CO_2 气体对 4.28 μm 的红外线有强烈的吸收作用,而对 3.9 μm 的红外线基本不吸收,利用双波长的光分别通过气室,由红外探测器检测 2 束光强的变化,即可得到气室中的 CO_2 的浓度。CO_2 检测电路如图 8-19 所示。

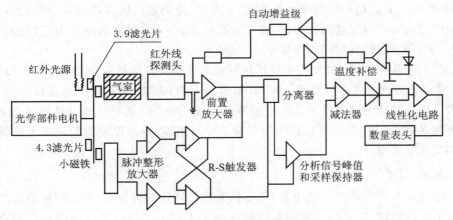

图 8-19　CO_2 检测电路示意图

8.2.4.2　应用范围

LI-820 气体分析仪具有双水平的测量范围,以及可以设置的报警信号继电输出,使得该仪器能够在工业上和其他环境中监测潜在的高 CO_2 浓度。被激活的继电器在仪器上表面的 LED 指示灯上显示。LI-820 适用范围主要包括:

①园艺;

②昆虫的呼吸作用;

③果实储藏;

④气象研究;

⑤温室控制系统;

⑥土壤 CO_2 浓度；

⑦空气通风；

⑧火山研究；

⑨生长箱环境控制。

8.2.4.3 测量技术

LI-820 气体分析仪的光路是一个恒温控制的红外探测系统，可以保持在时间和温度测量精度方面的极高稳定性，而这又扩大了仪器所要求的进行校正的时间间隔。完整的电热调节器和压力传感器提供了在整个测量值程中浓度计算的高精确性。

8.2.4.4 操作原则

LI-820 气体分析仪是一个单光束、双波长的非扩散式红外气体分析仪。CO_2 浓度是当其通过光路时所吸收的红外气体能量的函数。红外气体源向光路中发出发射线，而 CO_2 吸收一定波长的光量子。CO_2 样本通道利用一个中心在 $4.26\ \mu m$ 附近的光学滤光器，与 CO_2 的吸收带相对应，参比通道则利用一个中心在 $3.95\ \mu m$ 的光学过滤器。检测器测量通过光路信号的强度，样本室信号和参比室信号的比值表明 CO_2 所吸收的光照强度的大小，与 CO_2 浓度相对应。

8.2.4.5 数据输出

LI-820 气体分析仪利用基于 Windows 的系统管理软件完成仪器的配置、控制、数据采集、显示等各项功能。用户所选择的参数（CO_2 浓度、测量室内压力或温度）可以通过完全校正过的电压或电流的形式输出。另外，在工业环境中，$0-5V$ 的报警输出可以以语音警告的形式发出，也可以传送至报警器、报警电话、泵或阀。

在 OEM 应用中，当 LI-820 气体分析仪的完整设备与其他控制设备相连时，可以通过基于 XML 语言的协议与其进行交流。XML 语言是一种简单的建立在文本基础上的语言，可以允许用户通过简单的文本串发送二进制指令，通过 RS-232 端口在计算机和仪器之间传递信息。利用 XML 语言，用户可以按照所需要的时间间隔，重新设定的间隔或者配置为自动校正程序等采集数据。

8.2.4.6 维护

LI-820 气体分析仪的维护很方便，可更换光路的清洁非常容易，可以简单地拆除光源和检测器的头部，然后擦洗光路。这样可以减少由污染而引起的检修时间以及厂家重新校正的次数。

8.2.5 LAI-2000 植物冠层分析仪

LAI-2000 植物冠层分析仪利用一个"鱼眼"光学传感器（视野范围 148°）进行辐射测量，计算叶面积指数和其他冠层结构。冠层以上和冠层以下的测量用于采用 5 个角度范围内的光线透射，LAI 是通过植被冠层的辐射转移模型来计算的。

(1)叶面积指数测量 冠层结构——叶片数量和分布对于光线投射、叶片温度湍流、生产力、土壤水分蒸发蒸腾损失总量、降雨截留和土壤温度来说十分重要。直接冠层测量对于小冠层来说十分烦琐且劳动强度很大，对于大的冠层来说则几乎不可能。然而，辐射转移模型表明相对简单的光线透射测量可以提供冠层结构的精确估计。

（2）重要特性

①无损伤地测量叶面积指数；

②测量迅速，时间短；

③可以现场评价叶面积指数；

④不受天气状况影响；

⑤使用范围广，测量范围包括矮小的草地到森林等任何尺寸的冠层；

⑥节省大量费用。

（3）计算指标

①叶面积指数（LAI）；

②LAI 的标准误差（SEL）；

③冠层下可见天空比（DIFN）；

④平均倾斜角（MTA）；

⑤MTA 的标准误差（SEM）；

⑥用于计算结果的上下观测的次数（SMP）。

8.2.6 Testo-480 环境中等热环境评价仪器

热舒适是人体对热环境感觉满意的一种主观体验。不满意或不舒适可由整个身体对温暖或凉感的不适导致，以衡量热舒适感的综合预测平均反应（PMV）和预测不满意百分比（PPD）指数表示。但温暖或凉感的不适也可能是由身体的某一特殊部分受到不必要的冷（或热）所致的，例如，由气流（以涡动气流强度表示）引起的局部不适也可能是较高的垂直温度（头与踝之间）差所致的。这是由地面太热或太冷的不对称辐射热造成的。不适感也可由代谢率太高或穿着太厚所致。

国际标准 ISO 7730 结合了 PMV/PPD 测量中的所有参数。PMV 是预测一大群人的平均气候评估值的指标。PPD 提供了对某种环境气氛不满意的人数的定量预测。集成到 Testo-480 环境中等热环境评价仪器中的测量程序使用可选的附件探针，根据 ISO 7730 直接计算 PMV/PPD 值。测量仪器中生成的图表可帮助人们快速客观地评估室内气候。

Testo-48 环境中等热环境评价仪器内置的 PMV/PPD 测量程序，用户只需选择相应的探头，并选择测量所需的相关参数，如人体活动指数、穿衣指数等等，即可开始测量。测量结束后，仪器不仅能以图表或数字形式显示 PMV/PPD 值，还可显示各个数据的平均值和最大/最小值。

8.2.6.1 Testo-480 环境中等热环境评价仪器的组成

人居舒适度评价主要使用器件如图 8-20 所示。

（1）Testo-480 环境中等热环境评价仪器 是一台多功能测量仪，可测量、分析和记录所有相关的通风和室内空气质量参数。可以通过更换探头对以下参数进行测量：空气流量和体积流量、温度、湿度、压力（压差和绝对压力）、CO_2 浓度、照度强度、PMV/PPD（符合 ISO 7730 标准）、热辐射、湍流程度、WBGT 指数（符合 ISO 7243 标准）。

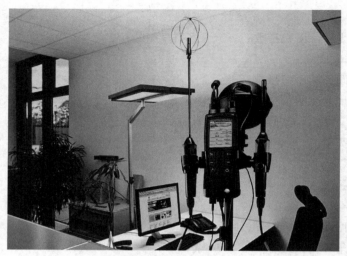

图 8-20　Testo-480 环境中等热环境评价仪器及相关探头

（2）相关探头　主要介绍 3 种。

①热辐射黑球探头（图 8-21）用于测量辐射热，测量值单位为℃。使用 K 型热电偶，测量范围为 0～120℃，稳定时间约 30 min。

②室内空气质量探头（图 8-22）可以测量温度、湿度、CO_2 浓度和绝对压力等。以下介绍温度和 CO_2 浓度的测量范围。

a. 温度测量范围为 0～50℃，准确度为±0.5℃；

b. CO_2 浓度测量范围为 0～10 000 mg/m³，0～5 000 mg/m³ 之间的准确度为±（75 mg/m³ ＋3％mv），5 001～10 000 mg/m³ 的准确度为±（150 mg/m³＋5％mv）。

③紊流度探头（图 8-23）可测量温度和风速，温度测量范围为 0～50℃，准确度为 ±0.5℃；风速测量范围为 0～5m/s，准确度为 ±（0.03 m/s ＋ 4％mv），精度为 0.01 m/s。

图 8-21　热辐射黑球探头　　　　图 8-22　室内空气质量探头　　　　图 8-23　紊流度探头

8.2.6.2　Easy Climate 系统软件

Easy Climate 软件（图 8-24）允许读数通过 USB 电缆直接传输到计算机中，然后可以在计算机中显示、分析或记录。

图 8-24　Easy Climate 软件界面

通过软件可以做到：

①通过软件配置仪器；

②客户和测量数据管理；

③数据导入和数据导出到仪器；

④导入数据创建、保存和打印测量协议；

⑤评价测量值。

软件安装需要管理员权限，可以在下列操作系统上运行：Windows 7，Windows 8，Windows 10。此外需要满足：接口 USB 1.1 或更高，日期和时间设置为自动获取。管理员必须确保系统时间定期与可靠的时间源进行比较，并在必要时进行调整，以确保测量数据的真实性。

安装软件后显示主页如图 8-25 所示。

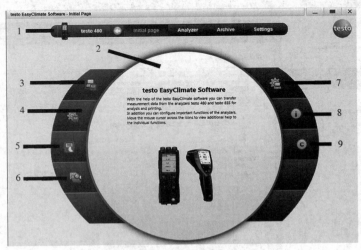

图 8-25　主界面介绍

1.带有状态信息的菜单栏；2.快速访问与预览屏幕；3.连接管理器；4.仪器配置；5.在线测量；

6.管理存档的测量数据；7.项目配置；8.系统信息；9.版权

8.2.6.3 设备连接

把设备连接至电脑后,打开连接管理器,已连接的设备会出现在屏幕上,选择设备,单击"连接",注意每次只能连接一个设备(图 8-26)。

在探头类型选项卡里可以看到已连接的探头类型(图 8-27)。

8.2.6.4 在线测量及保存和导出

注意:静电充电可能会破坏仪器与电脑之间的通信,连接前须将所有部件安装好。

使用在线测量菜单进行测量(选择初始页的在线测量或仪器菜单下的在线测量),在测量过程中,仪器由计算机控制。测量值直接传输到计算机上并显示出来。

(1)在线测量 右侧设置间隔时间,选择"start"开始测量,结束后单击"stop"结束测量(图 8-28)。

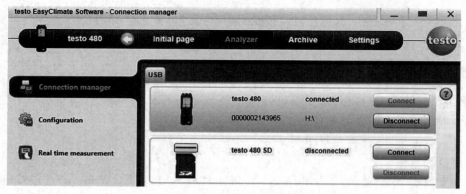

图 8-26 选择连接仪器

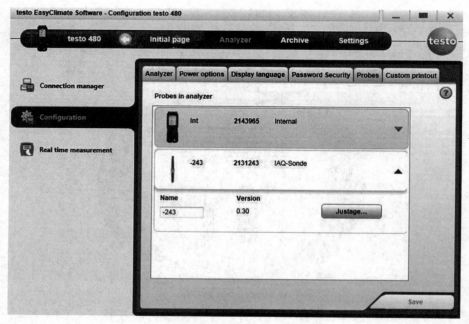

图 8-27 查看连接的探头

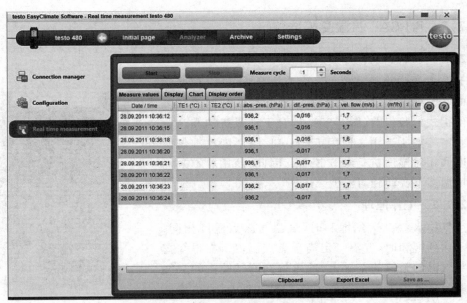

图 8-28　在线测量界面

可通过切换显示模式更改样式,下方按钮可以选择数据导出模式。

(2)数据导出　图 8-29 所示的文档菜单用于在文件夹结构中归档测量结果。如果连接了一个仪器,并且仪器上也有测量值,那么这些测量值就可以从仪器中拷贝到档案中,并且可以改变仪器上的文件夹结构。Excel 导出选项支持使用用户定义的 Excel 模板,可以在同一个目录中创建和保存。可以将一个或多个测量协议直接导出到 Excel 中。

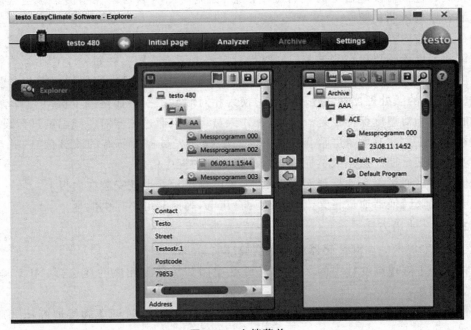

图 8-29　文档菜单

8.2.7　RH CAL 温湿度校准仪

8.2.7.1　仪器简介

RH CAL 温湿度校准仪是一套应用 EdgeTech 的光学冷凝镜面(OCM)基础测量技术来溯源和反馈控制的完全独立的便携式校验仪器(图 8-30),适合于计量机构和企业校准实验室等场所选用。使用 RH CAL 温湿度校准仪能够对温度和相对湿度进行独立控制。因此,使用者不必局限在环境温度下校验相对湿度。

8.2.7.2　工作原理

当空气中水汽已达到饱和时,气温与露点温度相同;当水汽未达到饱和时,气温一定高于露点温度。在得知露点温度与气温的差值的基础上,便可得到测试腔内的空气相对湿度。将被校准仪器的探头放入测试腔内,通过测试数据的对比与分析,便可进行校正。

图 8-30　RH CAL 温湿度校准仪

①空气通过面板上的配件进入仪器。

②安装在内部的真空泵抽进样本空气,为测试提供正压。

③气流一分为二,分别送到能对体积进行精确匹配的控制阀门。相对湿度检测仪可独立调节干湿空气阀门,使气体从全开放状态输送至全封闭状态。湿气控制阀门在面板上设有可装满水的腔室,可以加热腔室使空气湿度达到饱和。干空气控制室内设有空气干燥器。当操作人员通过仪器设定期望的相对湿度值后,控制阀门可以自动控制使干湿空气以适当的比例混合后进入测试腔。

④在测试腔内安装有露点温度传感器,电路板上的控制电路可以控制能跟踪露点温度变化的镜面温度传感器。在测试腔内同时设有空气温度传感器。在每一个传感器内都设有铂丝温度计,能够准确提供空气温度与露点温度。当操作人员通过仪器设定期望的相对湿度后,电路板上的微处理器会将这种信息转换为相对湿度。一定比例的干湿空气自动混合,使测试腔内的相对湿度保持稳定。另外,操作人员也可以通过仪器对空气温度进行设定。

⑤在面板上安装有电子屏幕显示器。它可为操作人员提供所有的测试信息,并可以改变所有参数包括日期。操作人员通过键盘设定期望的程序信息。

⑥模拟输出通过一个连接器面板显示,电子屏幕显示器也被安装在面板上。

⑦电源模块转换器通过将交流电转换为直流电,为控制电路提供能量。

8.2.7.3　使用方法

基于 NI 采集卡的温湿传感器温度湿度校准实验步骤:

①将电子干湿球温度计中的 2 套 PT100 热电阻传感器与相应的变送器、NI USB-6000 数据采集卡相连。

②将箱子打开,连接电源线,在储水器中加适量的水,并通过调压阀接通高压气瓶的纯净干燥气体。

③将需校正传感器的探头放入测试腔内,尽量减少腔内空气与外界空气的交换。

④通过键盘设定温度,待测试腔内的温湿度保持为设定值时,记录被校正仪器的数值。

⑤对 20～40℃,每隔 5℃ 进行测量,进行正反行程的温度值的数据测量后,记录数据。

⑥对应步骤⑤,同步调节 5%～95% 的相对湿度范围,每隔 10% 进行测量,同步记录湿球温度计温度值。

RH CAL 仪器技术指标见表 8-2。

表 8-2　RH CAL 仪器技术指标

技术指标	参数
量程	RH:5%～95%
	AT:10～50℃
精度	RH:±0.5%AT
	AT:±0.1℃
露点和温度传感器	3 线制铂电阻 pt100
温降	60℃(113℉)
速率	0～1.0℃(1.8℉)/s
重复性	±0.05℃
迟滞性	无
电源	110～240 VAC,50～60 Hz,小于 75 W
采样流量	1 L/min
操作温度	0～50℃
输出	模拟信号(0～5 V/4～20 mA),RS232C
显示	LED
重量	14.55 kg
尺寸	52 cm(宽)×20.3 cm(高)×43.1 cm(厚)
外壳	工程塑料箱

8.2.8　风速仪校准仪——直流风洞

风速的测量是生物环境测试领域重要的组成部分,现有测试气流速度的手段主要采用热线测试技术、超声测试技术、压差测试技术等。所有传感器在正式使用之前都需要进行校准,以消除误差,风速传感器也不例外。在校准过程中,风速传感器探头需要处于稳定的风速环境内。大型风洞能提供稳定的风速,但使用不方便,能耗也较高。采用可调风速的迷你风洞对小型风速传感器进行标定,可满足大多情况的测试校准要求。以下简要介绍一款迷你风洞。

8.2.8.1　Testo-554 迷你直流风洞简介

Testo-554 迷你直流风洞(图 8-31)由蜂窝器、交流风机、操作面板、风室等组成。尺寸(宽×高×长)为 190 mm×310 mm×610 mm,进风口直径 φ 为 100 mm。此风洞可以提供 2.5 m/s,5.0 m/s,10 m/s 三种速度的风速,其精度可以达到 ±1%(最小 0.1 m/s)。

Testo-554 迷你直流风洞的进风口安装有蜂窝器(图 8-32),其作用是导直气流,改善气流品质,使之更加均匀、稳定。动力段在出风口处,装有交流风机,出风口外部配有保护网。交流风机启动后,向外部抽风,外部扰乱的气流经过进风口的蜂窝器变为较为均匀的气流流经风室,仪表盘有 3 挡可调风速,可根据需求调节风速的大小。

图 8-31　Testo-554 迷你直流风洞

图 8-32　蜂窝器

8.2.8.2　Testo-554 迷你直流风洞使用方法

使用时,首先将仪器放置在水平操作台上,保证进出风口无遮挡,检查开关旋钮是否置于"0"刻度处。检查无误后,可将待测风速传感器的探头通过风室壁的缺口插入到风室内,将探头置于风室正中心处,利用风洞自带的固定装置将传感器固定好。上述准备完毕后,接通电源,拨通操作板背部的开关,操作板"power"指示灯亮,证明风洞正常工作。通过操作板依次调节风速为 2.5 m/s,5 m/s,10 m/s,由于惯性作用,每次调节风速后待风室内气流稳定后(等待约 30 s)方可记录待测风速传感器的示值。再以同样操作,依次测得 10 m/s,5 m/s,2.5 m/s 风速回程情况下风速传感器的示值。全过程应当尽量减少外部气流扰动,为风洞创造一个相较稳定的环境。使用完毕后将待测风速传感器拆除,将旋钮置于"0"刻度处,关闭操作板背面的电源开关,切断电源,为下一次使用作好准备。

蜂窝器和风机是该仪器的重要部件,严禁堵塞蜂窝器,否则不能达到稳流的效果,易造成较大误差。

8.2.9　Thermo Scientific 17i 型氨分析仪

8.2.9.1　仪器简介

Thermo Scientific 17i 型氨分析仪是一台利用化学荧光技术,通过一氧化氮(NO)与臭氧(O_3)反应时产生的特征性发光与 NO 浓度成比例的性质,测量环境空气中含氮化合物(NH_3,NO,NO_x)浓度的仪器(图 8-33)。该分析仪长期稳定可靠,适合于计量机构和科研院所的实验室使用。

8.2.9.2　工作原理

Thermo Scientific 17i 型氨分析仪利用了 NO

图 8-33　Thermo Scientific 17i 型氨分析仪

与 O_3 的化学发光反应原理进行气体测量,具体反应过程如下:

$$NO_2 \longrightarrow NO \qquad\qquad (8\text{-}1)$$

$$NH_3 \longrightarrow NO \qquad\qquad (8\text{-}2)$$

$$NO + O_3 \longrightarrow NO_2 + O_3 + h\nu \qquad\qquad (8\text{-}3)$$

样气通过外置泵吸入分析仪内部后到达反应室,并与臭氧(由内置臭氧发生器产生)混合,从而进行式(8-3)的化学反应。该反应产生的特征荧光强度与 NO 的浓度成正比,发光反应过程中电子激发态的 NO_2 分子衰减到低能级状态。光电倍增管检测到发光并根据强度转化为相应比例的电信号,经由微电脑处理成可读的 NO 浓度值。

为了检测 NO_x($NO+NO_2$)浓度,NO_2 在进入反应室前先转化为 NO,该转化反应在一个加热到 325℃ 的钼转化器中进行。进入反应室时,转化后的分子与原有的 NO 分子与臭氧一起反应,仪器输出结果即为 NO_x 的浓度值。

为了检测 N_t($NO+NO_2+NH_3$)浓度,NO_2 和 NH_3 均须在进入反应室前先转化为 NO,该转化反应在一个加热到 750℃ 的不锈钢转化器中进行。进入反应室时,转化后的分子与原有的 NO 分子和臭氧一起反应,仪器输出结果即为 N_t(N_{TOTAL})的浓度值。

NO_2 浓度可由 NO_x 模块获得的信号值减去 NO 获得的信号值计算得到

$$NO_x - NO = NO_2 \qquad\qquad (8\text{-}4)$$

NH_3 浓度可由 N_t 模块获得的信号值减去 NO_x 获得的信号值计算得到

$$N_t - NO_x = NH_3 \qquad\qquad (8\text{-}5)$$

Thermo Scientific 17i 型氨分析仪的前面板可以显示 NO,NO_2,NO_x,NH_3 和 N_t 浓度,其中 NO,NO_x 和 NH_3 默认通过模拟输出并储存为本地数据(其他气体浓度数据传输也可根据用户需要添加),同时也支持通过串口或以太网传输数据。其技术指标见表 8-3。

8.2.9.3　使用方法

①连接采样泵、分析仪和转化器模块至合适的交流电源插座。

②打开分析仪模块和转化器模块,并让仪器运行 90 min 使其稳定。

③设置仪器参数,如测量范围、平均间隔等。

④在开始实际监测前,先进行一次多点校正。

⑤开始测量后仪器前面板每隔 10 s 更新一次测量数值,并输出滑动平均值。

表 8-3　Thermo Scientific 17i 型氨分析仪技术指标

技术指标	参数
量程	0～100 ppm
	0～150 mg/m³
精度	±0.4 ppb
气流流速	0.6 L/min
零点漂移(24 h)	<1 ppb

技术指标	参数
量程漂移(24 h)	±1%满量程
线性	±1%满量程
响应时间	120 s
电源	110～115VAC,50～60Hz; 220～240VAC,50～60Hz; 300 W(分析仪),600 W(转换器)
工作温度	15～35℃(安全温度范围 5～45℃)
输出	数字/模拟信号,RS232/RS485,TCP/IP
重量	28 kg
尺寸	41.88 cm(宽)×21.55 cm(高)×57.5 cm(厚)

8.2.10　INNOVA 1412i 红外光声谱气体检测仪

8.2.10.1　仪器简介

INNOVA 1412i 红外光声谱气体监测仪由采样泵、光栅、数据分析系统等组成(图8-34),它的原理是红外光声谱的探测方法。该仪器可同时检测 NH_3,CO_2,CH_4,N_2O 和 SF_6 的气体浓度,以及环境的水汽含量。可根据工作环境的不同,调整采样时间和采样管道的长度,使检测所得数据更科学、合理。

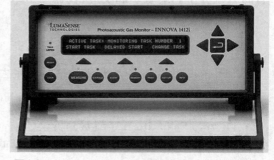

图 8-34　INNOVA 1412i 红外光声谱气体监测仪

8.2.10.2　工作原理

INNOVA 1412i 红外光声谱气体监测仪对气体的选择性是由安装在滤波镜轮上的光学滤波镜决定的。红外波段的激励光束经滤波镜进行强度调制后射入装有被测气体的光声池内,气体分子吸收光辐射后从分子振动基态跃迁至振动激发态再回到基态,使气体气压升高。气压与调制后的激励光束相同的频率被调制形成声波,并通过安装在光声池上的麦克风检测后转换成电信号。水会吸收大部分红外光的波长,并对检测结果造成影响,因此,INNOVA 1412i 红外光声谱气体监测仪的滤波器轮上设置了测量水汽并补偿水汽干扰的滤波镜。

8.2.10.3　使用方法

INNOVA 1412i 红外光声谱气体监测仪离线检测步骤:

(1)连接管路　拧下进气口螺帽检查滤膜是否有堵塞或颜色改变,根据情况更换滤膜;之后将采样管通过机器进气口和出气口(图8-35)连接好,并拧紧。

图 8-35　INNOVA 1412i 进出气口

(2)开机自检　打开开关,机器进入自检程序,显示屏显示如图 8-36 所示时,即可设置检测参数。

图 8-36　INNOVA 1412i 自检完待使用状态

(3)设置检测参数:按"SET-UP"键,显示如图 8-37 所示。

图 8-37　点击"SET-UP"键后显示屏视图

按"MEASUREMENT"下的三角键选择"MEASUREMENT"设置洗气模式、气体采样间隔及检测项目,显示如图 8-38 所示。

图 8-38　选择"MEASUREMENT"后显示屏视图

按"ENVIRONMENT"下的三角键选择"ENVIRONMENT"来设置洗气模式,则显示如图 8-39 所示。根据试验情况,选择"AUTO"或"FIXED TIME"洗气模式,并通过↵、▲、▼、◀、▶键来修改参数;参数设置完毕,按↵键保存参数,系统自动调转至图 8-39 所示。"AUTO"表示通过输入采样管长度来自动设置洗气时长,"FIXED TIME"表示通过输入时间来设置洗气时长。

图 8-39　选择"ENVIRONMENT"后显示屏视图

按"MONITORING TASK"下的三角键选择"MONITORING TASK"(图 8-40),并通过↵、▲、▼、◀、▶及显示屏下的三角键设置气体采样间隔及检测气体。设置完检测参数后,按"SET-UP"键退出参数设置模式。

图 8-40　选择"MONITORING TASK"后显示屏视图

再次按"SET-UP"键,并选"CONFIGURATION"及"UNIT"来设置各参数单位,设置完检测参数后,按"SET-UP"键退出参数设置模式。

（4）开始检测　按"MEASURE"键,显示如图 8-41 所示,之后选择"MONITORING TASK",通过 ↵、▲、▼、◀、▶ 键选择要开始的项目,并按 ↵ 键确定开始项目,选择"START TASK"和"PROCEED"开始检测。一次检测结束后,显示屏上会出现当前所测气体浓度,并随着下一次检测完成而更新数据。

图 8-41　检测前选择"MEASURE"后显示屏视图

（5）停止检测　机器检测过程中按"MEASURE"键,显示屏会出现如图 8-42 所示的提示,选择"YES"停止检测。

图 8-42　检测完选择"MEASURE"后显示屏视图

同时,该设备可连接电脑设置检测参数并存储数据,也可离线下载数据,更多详细使用手册可在 https://innova.lumasenseinc.com/manuals/1412i/下载。

INNOVA 1412i 红外光声谱气体监测仪的技术指标见表 8-4。

表 8-4　INNOVA 1412i 红外光声谱气体监测仪技术指标

技术指标		参数
量程		NH_3：0.2～2 000 mg/m³；CO_2：5～3 500 mg/m³；CH_4：0.4～4 000 mg/m³；N_2O：0.03～300 mg/m³；SF_6：0.006～50 mg/m³
精度		NH_3：±0.2 mg/m³；CO_2：±5 mg/m³；CH_4：±12 μg/m³；N_2O：±15 μg/m³；SF_6：±10 μg/m³
电源		110～240 VAC±10%,50～60 Hz
采样流量		30 m³/s
响应时间	样品整合时间："Normal",5 s 洗气模式："AUTO",采样管 1 m	1 种气体：～27 s 5 种气体＋水汽：～60 s
	样品整合时间："Low Noise",20 s 洗气模式："AUTO",采样管 1 m	5 种气体＋水汽：～150 s
	样品整合时间："Fast",1 s 洗气模式：光声池 4 s,采样管"OFF"	1 种气体：～13 s 5 种气体＋水汽：～26 s

技术指标	参数
操作温度	−25～55℃
操作相对湿度	0～80％
操作大气压	8 000～106 000 Pa
显示	LED
重量	9 kg
尺寸	39.5 cm(宽)×17.5 cm(高)×30 cm(厚)
外壳	工程塑料箱

8.2.11　美国 THermo 450i 脉冲荧光法 SO₂-H₂S-CS 分析仪

8.2.11.1　仪器简介

THermo 450i 脉冲荧光法 SO₂-H₂S-CS 分析仪(以下简称 THermo 450i,图 8-43)采用脉冲荧光技术,内置所有模块,能够快速、精确地测量环境空气中 H_2S,SO_2 和 CS(总硫:硫的化合物中所含的硫),通过菜单控制软件可方便对仪器日常运行和诊断进行操作,具有很好的灵活性和可靠性,对环境温度和气体流量具有宽范围的适应性。

图 8-43　THermo 450i 脉冲荧光法
SO₂-H₂S-CS 分析仪

8.2.11.2　工作原理

THermo 450i 操作原理是将 H_2S 转化成 SO_2,SO_2 分子吸收特定波长紫外辐射光后受到激发,衰减至较低的能量状态,并发射出另一个波长不同的紫外线光。

$$H_2S \rightarrow SO_2$$
$$SO_2 + h\nu_1 \rightarrow SO_2^* \rightarrow SO_2 + h\nu_2$$

①图 8-44 所示的为 THermo 450i 脉冲荧光法 SO₂-H₂S-CS 分析仪的结构示意图,其主要包括进样口、转化炉、碳氢化合物去除器、检测室、泵和出样口。样品进入分析仪后,有 2 个气路可供选择:一个气路将样气导入转化炉测量总硫 CS,即 SO_2,H_2S 被氧化成 SO_2 的总硫含量,另一气路仅测量 SO_2 浓度,样气不经过转化炉而直接进入碳氢化合物去除器,2 个过程气路测量读数的差值是 H_2S 的浓度。

②样气在进入检测室之前需要通过碳氢化合物去除器,其利用渗透效应通过管壁将碳氢化合物分子从样气中剔除出去,SO_2 分子不受影响。

③从碳氢化合物去除器出来后的样气进入检测室,在检测室内紫外线灯有规律的激发 SO_2 分子。冷却的透镜组聚焦脉冲紫外线光到反光镜组件。反光镜组件由 4 片具有选择性的镜子组成,它们只反射能够激发 SO_2 分子的紫外光。当激发态的 SO_2 分子衰减到低能级

的状态时,它们会发射紫外线光,光的强度和 SO_2 浓度呈一定比例,带通滤波装置仅允许激发态 SO_2 分子发出的特定波长的光到达用于检测紫外线光的电倍增管(PMT),PMT 连着一个电路来补偿紫外光的波动并连续的监测脉冲紫外光源。

④离开光学检测室后的样气在气泵的作用下,将通过流量传感器、毛细管以及碳氢化合物去除器的外壳侧,THermo 450i 输出的 SO_2-H_2S-CS 量程浓度值可在前面板上显示,也可带着时间标记通过串口作模拟量输出。

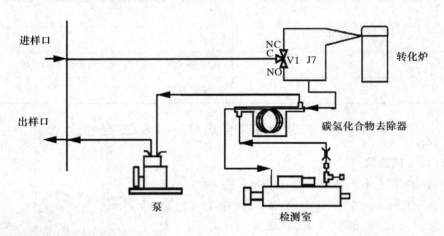

图 8-44　THermo 450i 脉冲荧光法 SO_2-H_2S-CS 分析仪原理结构示意图

8.2.11.3　使用方法

(1)操作界面介绍　图 8-45 所示的为 THermo 450i 脉冲荧光法 SO_2-H_2S-CS 分析仪的操作界面,320×240 像素的液晶显示屏用来显示样品气体浓度、仪器参数、仪器控制、帮助和错误信息等。表 8-5 介绍了各按键的基本功能。

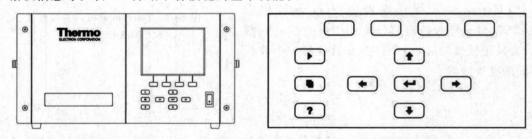

图 8-45　THermo 450i 脉冲荧光法 SO_2-H_2S-CS 分析仪前面板和按钮示意图

表 8-5　按键基本功能

	软键	软键是多功能的按键,可以在任何时候使用显示器确定其功能。使用软键可以直接进入菜单结构、最常用的菜单和屏幕。软键在显示器正下方,按钮功能的转换由屏幕下方用户指定的标签加以显示,这样用户就可以知道各个按钮的功能
▶	运行	用于显示"运行"屏幕,"运行"屏幕通常显示 SO_2 浓度
▉	菜单	用于在"运行"屏幕或回到菜单系统的上一级菜单时显示主菜单

续表 8-5

? 帮助	提供与正在显示的屏幕相关的附加信息
↑ ↓ ← → 上下左右	移动光标或调整特定屏幕内容的数值或状态
↵ 输入	用于选择菜单项,接受/设置/保存变更,和/或启动/关闭各项功能

(2)软件系统操作功能介绍　THermo 450i 脉冲荧光法 SO_2-H_2S-CS 分析仪采用菜单控制软件,开机后显示软件控制概述。启动时显示启动屏幕,内部部件预热并进行诊断检查时显示自动检测。运行屏幕显示的是 SO_2,H_2S 和 CS 的浓度,状态栏显示时间和遥控界面状态。主菜单根据仪器参数和特性等划分为不同功能子菜单,各子菜单依次为"量程""平均时间""校准系数""校准""仪器控制""诊断""报警""检修""口令",主要功能介绍如下:

①量程:量程菜单允许用户操作选择气体单位和 SO_2-H_2S-CS 量程,设置用户量程,还可以选择单量程、双量程和自动量程模式,通过在屏幕上显示"HI"和"LO"来区别量程范围。在单量程模式下,当在 SO_2/CS 模式下,SO_2,H_2S 和 CS 通道都在一个量程范围内,且平均时间及跨度系数相同;在双量程模式下当使用 SO_2/CS 模式时,每一种气体都有 2 路独立的模拟量输出。这两个通道简单地标识为"高量程"和"低量程"。每个通道有其各自的模拟输出量程、平均时间和跨度系数。自动量程模式可以依据浓度值,在高量程和低量程之间切换模拟量输出。高量程和低量程在量程菜单中加以确定。

②平均时间:确定了进行 SO_2,H_2S 和 CS 测量时的时间段(60～300 s),显示出来的读数是在该时间段内所有测量值的平均数。

③校准系数:校准系数菜单显示校准系数,并用来修正仪器(利用仪器自带的内部校准数据)产生的 SO_2,H_2S 和 CS 浓度读数。

④校准:校准菜单用于校准 SO_2 和 CS 的背景值以及 SO_2,H_2S 和 CS 跨度系数。单量程、双量程和自动量程的校准菜单是相似的。

⑤仪器控制:仪器控制菜单包括许多项目。本菜单列出的软件控制可用于控制仪器功能(例如,自动/手动模式、闪光灯、数据日志、通信设置等)。

⑥诊断:诊断菜单提供访问诊断信息和功能的通路,通常用来排除仪器故障。

⑦报警:报警菜单屏幕会显示由分析仪监控的项目,如果监控的项目超出了设定的上限或下限,则该项目的状态将从"OK"("良好")分别转到"LOW"("过低")或"HIGH"("过高")。如果该报警不是等级报警(level alarm),则状态将从"OK"("良好")转到"Fail"("失败")。还会显示探测到的报警数量,表示已经发生了多少次报警。如果没有发现报警,则显示数字零。

⑧检修:只有在仪器处于检修模式时,才会显示检修菜单。在检修模式下,屏幕上会显示检修图标(扳手图标)。

⑨口令:口令菜单供用户配置口令保护。如果仪器锁定,前面板用户接口的设置将无法修改,屏幕将显示锁的图标。只有在输入口令或口令无法设置时才能显示该菜单。

（3）参数指标　THermo 450i 脉冲荧光法 SO_2-H_2S-CS 分析仪的参数指标如表 8-6 所示。

表 8-6　THermo 450i 脉冲荧光法 SO_2-H_2S-CS 分析仪技术指标

预置量程	$0\sim0.05,0.1,0.2,0.5,1,2,5,10$ ppm $0.2,0.5,1,2,5,10,20,25$ mg/m³
扩展量程	$0\sim0.5,1,2,5,10,20,50,100$ ppm $0\sim2,5,10,20,50,100,200,250$ mg/m³
零噪声	人工操作（SO_2 或 CS）　　　自动控制（SO_2 或 H_2S） 1.0 ppm RMS　　　　　　　3.0 ppb RMS（10 s 平均时间） 0.5 ppm RMS　　　　　　　1.5 ppb RMS（60 s 平均时间） 0.25 ppm　　　　　　　　　0.75 ppb RMS（300 s 平均时间）
检测下限	人工操作（SO_2 或 CS）　　　自动控制（SO_2 或 H_2S） 2.0 ppb　　　　　　　　　　6.0 ppb（10 s 平均时间） 1.0 ppb　　　　　　　　　　2.0 ppb（60 s 平均时间） 0.5 ppb　　　　　　　　　　1.5 ppb（300 s 平均时间）
零漂（24 h）	<1 ppb
跨漂（24 h）	$\pm1\%$满量程
响应时间	80 s（10 s 平均时间） 110 s（60 s 平均时间） 320 s（300 s 平均时间）
线性度	$\pm1\%$ 满量程（$\leqslant100$ ppm） $\pm5\%$ 满量程（$\geqslant100$ ppm）
样品流速	lpm（标准）
操作温度	$20\sim30℃$（可在 $0\sim45℃$ 的范围内安全操作）
电源要求	100 VAC @ 50/60 Hz 115 VAC @ 50/60 Hz $220\sim240$ VAC @ 50/60 Hz 300 W
外形尺寸	42.5 cm（宽）× 21.9 cm（高）× 58.4 cm（厚）

▶ 8.3　虚拟仪器系统

虚拟仪器就是加在通用计算机上的一组软件或/和硬件，使用者操作这台计算机，就像是在操纵一台他自己专门设计的传统电子仪器。虚拟仪器技术的实质是充分利用最新的计算机技术来实现和扩展传统仪器的功能。

8.3.1 概述

虚拟仪器（virtual intrument，VI）是 20 世纪 90 年代初期出现的一种新型仪器，它在计算机的显示屏上虚拟传统仪器面板，并尽可能多地将原来由硬件电路完成的信号调理和信号处理功能，用计算机程序来完成。所有测量测试仪器由数据采集、数据测试和分析、结果输出显示等三大部分组成，其中数据分析和结果输出完全可由基于计算机的软件系统来完成，因此，只要另外提供一定的数据采集硬件，就可构成基于计算机组成的测试仪器。这种硬件功能的软件化，是虚拟仪器的一大特征。操作人员在计算机显示屏上用鼠标和键盘控制虚拟仪器程序的运行，就像操作真实的仪器一样，从而完成测量和分析任务。

虚拟仪器是继第一代仪器——模拟式仪表，第二代仪器——分立元件式仪表，第三代仪器——数字式仪器，第四代仪器——智能化仪器之后的新一代仪器，代表了当前测试仪器发展的方向之一。

虚拟仪器是计算机化仪器，由计算机、信号测量硬件模块和应用软件三大部分组成。根据虚拟仪器所采用的信号测量硬件模块的不同，虚拟仪器可以分为下面几种形式。

①PC-DAQ 测试系统：以数据采集卡（DAQ 卡）、计算机和虚拟仪器软件构成的测试系统。

②GPIB 系统：以 GPIB 标准总线仪器、计算机和虚拟仪器软件构成的测试系统。

③VXI 系统：以 VXI 标准总线仪器、计算机和虚拟仪器软件构成的测试系统。

④串口系统：以 RS232 标准串行总线仪器、计算机和虚拟仪器软件构成的测试系统。

⑤现场总线系统：以现场总线仪器、计算机和虚拟仪器软件构成的测试系统。

其中 PC-DAQ 测试系统是最常用的构成计算机虚拟仪器系统的形式。

与传统仪器相比，虚拟仪器最大的特点是其功能由软件定义，可以由用户根据应用需要进行调整，用户选择不同的应用软件就可以形成不同的虚拟仪器。而传统仪器的功能是由厂商事先定义好的，其功能用户无法变更。当虚拟仪器用户需要改变仪器功能或需要构造新的仪器时，可以由用户自己改变应用软件来实现，而不必重新购买新的仪器（图 8-46）。

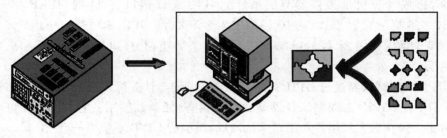

传统仪器，厂商定义　　　　　　　　　　虚拟仪器，用户定义

图 8-46　传统仪器与虚拟仪器之区别

8.3.2　虚拟仪器的组成

同传统的仪器相比，虚拟仪器具有许多优点。虚拟仪器由用户自己设计和定义，可满足自己的特殊要求。虚拟仪器可以很方便地以改变软件方法来适应不同的需求，其功能更加灵活、强大，而且很容易同网络、外设及其他应用连接；可以很快地跟上计算机的发展，更新

自己的仪器,这样不仅价格低,还能节省开发、维护费用。

那么如何构造自己的专用虚拟仪器系统呢?虚拟仪器主要由传感器、信号采集与控制板卡、信号分析软件和显示软件几部分组成(图8-47)。

图 8-47　虚拟仪器原理图

8.3.2.1　硬件功能模块

根据虚拟仪器所采用的信号测量硬件模块的不同,虚拟仪器可以分为下面几类。

(1)PC-DAQ 数据采集卡　通常,人们利用计算机扩展槽和外部接口,将信号测量硬件设计为计算机插卡或外部设备,直接插接在计算机上,再配上相应的应用软件,组成计算机虚拟仪器测试系统。这是目前应用得最为广泛的一种计算机虚拟仪器组成形式。按计算机总线的类型和接口形式,这类卡可分为 ISA 卡、EISA 卡、VESA 卡、PCI 卡、PCMCIA 卡、并口卡、串口卡和 USB 口卡等。按板卡的功能则可以分为 A/D 卡、D/A 卡、数字 I/O 卡、信号调理卡、图像采集卡、运动控制卡等(图8-48)。

图 8-48　PC-DAQ 数据采集卡

(2)GPIB 总线测试仪器　GPIB(general purpose interface bus)是测量仪器与计算机通讯的一个标准总线。通过 GPIB 接口总线,可以把具备 GPIB 总线接口的测量仪器与计算机连接起来,组成计算机虚拟仪器测试系统。GPIB 总线接口有 24 线(IEEE-488 标准)和 25 线(IEC-625 标准)2 种形式,其中以 IEEE-488 的 24 线 GPIB 总线接口应用最多。在我国的国家标准中确定采用 24 线的电缆及相应的插头插座,其接口的总线定义和机电特性如图 8-49 所示。

GPIB 总线测试仪器通过 GPIB 接口和 GPIB 电缆与计算机相连,形成计算机测试仪器。与 DAQ 卡不同,GPIB 总线测试仪器是独立的设备,能单独使用。它的出现使电子测量独立的单台手工操作向大规模自动测试系统发展,典型的 GPIB 系统由一台 PC 机、一块 GPIB 接口卡和若干台 GPIB 形式的仪器通过 GPIB 电缆连接而成。在标准情况下,一块 GPIB 接口可带多达 14 台仪器,电缆长度可达 40 m。GPIB 技术可用计算机实现对仪器的操作和控制,替代传统的人工操作方式,可以很多方便地把多台仪器组合起来,形成自动测量系统。

GPIB 测量系统的结构和命令简单,主要应用于台式仪器,适合于精确度要求高,但对计算机高速传输没要求时应用(图8-50)。

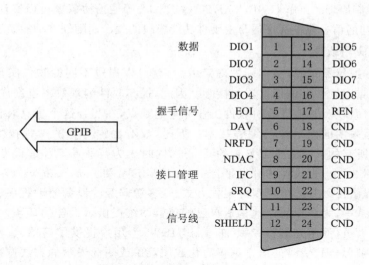

数据	DIO1	1	13	DIO5
	DIO2	2	14	DIO6
	DIO3	3	15	DIO7
	DIO4	4	16	DIO8
握手信号	EOI	5	17	REN
	DAV	6	18	CND
	NRFD	7	19	CND
	NDAC	8	20	CND
接口管理	IFC	9	21	CND
	SRQ	10	22	CND
	ATN	11	23	CND
信号线	SHIELD	12	24	CND

图 8-49　GPIB 总线接口定义图

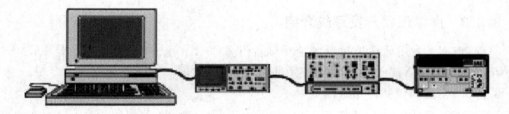

图 8-50　GPIB 测量示意图

（3）VXI 总线模块　是另一种新型的基于板卡式相对独立的模块化仪器。从物理结构看，一个 VXI 总线系统由一个能为嵌入模块提供安装环境与背板连接的主机箱和插接的 VXI 板卡组成，具有稳定的电源，强有力的冷却能力和严格的 RFI/EMI 屏蔽。由于它的标准开放、结构紧凑、数据吞吐能力强、定时和同步精确、模块可重复利用、有众多仪器厂家支持的优点，很快得到了广泛的应用。与 GPIB 仪器一样，它需要通过 VXI 总线的硬件接口才能与计算机相连。

经过十多年的发展，VXI 总线系统的组建和使用越来越方便，尤其是组建大、中规模自动测量系统以及对速度、精度要求高的场合，有其他仪器无法比拟的优势。然而，组建 VXI 总线系统要求有机箱、插槽管理器及嵌入式控制器，造价比较高。

（4）RS232 串行接口仪器　很多仪器带有 RS232 串行接口，通过连接电缆将仪器与计算机相连就可以构成计算机虚拟仪器测试系统，实现用计算机对仪器进行控制。

（5）现场总线模块　是一种用于恶劣环境条件下的、抗干扰能力很强的总线仪器模块。与上述的其他硬件功能模块相类似，在计算机中安装了现场总线接口卡后，通过现场总线专用连接电缆，就可以构成计算机虚拟仪器测试系统，实现用计算机对现场总线仪器进行控制。

8.3.2.2　驱动程序

任何一种硬件功能模块，要与计算机进行通信，都需要在计算机中安装该硬件功能模块的驱动程序（就如同在计算机中安装声卡、显示卡和网卡一样），仪器硬件驱动程序使用户不必了解详细的硬件控制原理和了解 GPIB,VXI,DAQ,RS232 等通信协议就可以实现对特定仪器硬件的使用、控制与通信。驱动程序通常由硬件功能模块的生产商随硬件功能模块一起提供。

8.3.2.3　应用软件

构造一个虚拟仪器系统,基本硬件确定以后,就可以通过不同的软件实现不同的功能。"软件即仪器",应用软件是虚拟仪器的核心。因此,提高软件编程效率也就成了一个非常现实的问题。根据微软及其他计算机软件工业专家的观点,在当今这个信息时代,提高软件编程效率的关键是采用面向对象的编程技术。但是,仅有面向对象的编程技术还是不够的。因为,不可能让所有的人都去学习复杂的 C++,同时成为行业专家和编程专家,为此,我们在这里重点介绍 2 种虚拟仪器的开发平台——LabVIEW 和 Labwindows/CVI。

这两种编程语言以其简单直观的编程方式、众多源码级的设备驱动程序、丰富实用的分析、表达功能支持等,为用户快速地构造自己的仪器系统提供了最佳的环境。尤其是面向科学家、工程技术人员(而不是编程专家)的 LabVIEW,为用户提供了简单、直观、易学的图形编程方式,把复杂、烦琐、费时的语言编程简化成用菜单或图标提示的方法选择功能(图形),并用线条把各种功能(图形)连接起来。可以节省大约 80% 的程序开发时间,其运行速度却几乎不受影响。

8.3.3　虚拟仪器开发系统介绍

目前,市面上常用的虚拟仪器的应用软件开发平台有很多种,但常用的是 LabVIEW,Labwindows/CVI,Agilent VEE 等,本节将对用得最多的 LabVIEW 进行简单介绍。

8.3.3.1　虚拟仪器应用入门

LabVIEW 是为那些对诸如 C,C++,Visual Basic,Delhi 等编程语言不熟悉的测试领域的工作者开发的,它采用可视化的编程方式,设计者只需要将虚拟仪器所需的显示窗口、按钮、数学运算方法等控件从 LabVIEW 工具箱内用鼠标拖到面板上,布置好布局,然后在其程序框图窗口中将这些控件、工具按设计的虚拟仪器所需要的逻辑关系,用连线工具连接起来即可(图 8-51)。

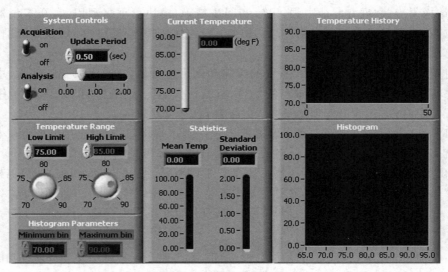

图 8-51　虚拟仪器应用之一

图 8-52 所示的为温度测量仪的程序框图连线图。

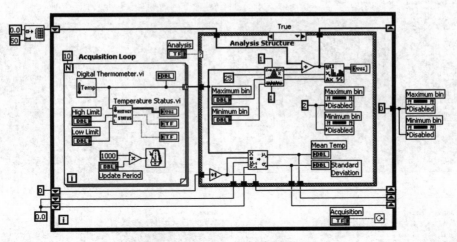

图 8-52 虚拟仪器应用之二

8.3.3.2 LabVIEW 在数字信号处理中的应用

LabVIEW 作为一种强大的信号处理软件,其基础语言"G 语言"作为图形化语言,不仅可以代替传统的测量仪器,还拥有应用方案灵活、性能提高快、综合成本低等优点。不论是工程实践还是院校教学,它都是一个很不错的工具软件,也越来越多地在工业领域、教育领域得到推广。

LabVIEW 中提供了强大的数据采集工具包,可以很简单地通过工具包对声卡进行调用。例如,使用 Acquire Sound 工具包获取相关声音信息,只需要设置相关参数就可以获得所需要的语音信息。

对声音进行采集时主要的参数为录音时间、采样位数、采样频率和声卡通道。在 Lab-VIEW 的 Acquire Sound 工具包中都涵盖了相关参数的设置。双击该函数控件即可看见相应的设置面板(图 8-53)。

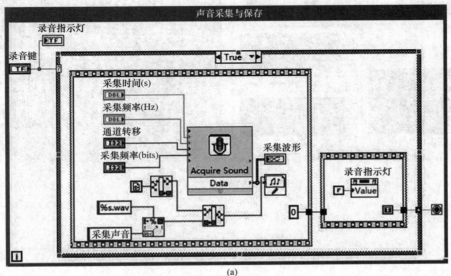

(a)

图 8-53 虚拟仪器应用之三

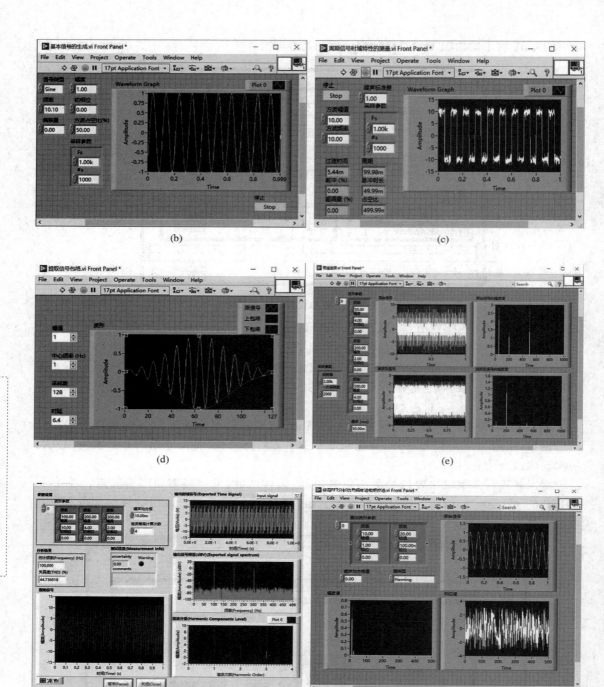

(b)

(c)

(d)

(e)

(f)

(g)

续图 8-53

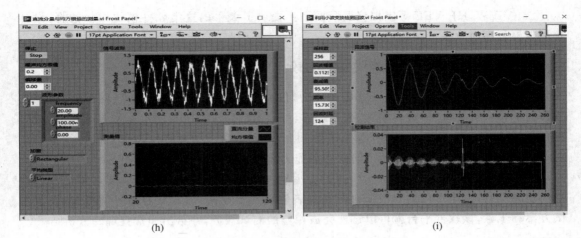

(h)　　　　　　　　　　　　　　　　　(i)

续图 8-53

8.3.4　虚拟仪器典型单元模块

虚拟仪器的核心是软件,其软件模块主要由硬件板卡驱动模块、信号分析模块和仪器表头显示模块 3 类软件模块组成。

硬件板卡驱动模块通常由硬件板卡制造商提供,直接在其提供的 DLL 或 ActiveX 基础上开发就可以了。目前 PC-DAQ 数据采集卡、GPIB 总线仪器卡、RS232 串行接口仪器卡、FieldBus 现场总线模块卡等许多仪器板卡的驱动程序接口都已标准化。为减小因硬件设备驱动程序不兼容而带来的问题,国际上成立了可互换虚拟仪器驱动程序(interchangeable virtual instrument)设计协会,并制订了相应软件接口标准。

信号分析模块的功能主要是完成各种数学运算,在工程测试中常用的信号分析模块包括:

①信号的时域波形分析和参数计算;

②信号的相关分析;

③信号的概率密度分析;

④信号的频谱分析;

⑤传递函数分析;

⑥信号滤波分析;

⑦三维谱阵分析。

目前,LabVIEW,MATLAB 等软件包中都提供了这些信号处理模块,仪器表头显示模块主要包括波形图、选钮、仪表头、推钮、温度计、棒图等(图 8-54)。

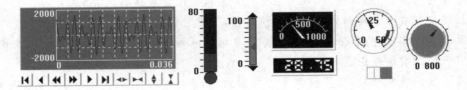

图 8-54　虚拟仪器应用之四

LabVIEW,HP VEE等虚拟仪器开发平台提供了大量的这类软件模块以供选择,设计虚拟仪器程序时直接选用就可以了。

8.3.5　虚拟仪器和传统仪器的比较

传统的意思是本身带有输入输出的能力,仪表上有按钮、旋钮、标度尺、图形等功能;在仪器内部包含有数模、模数转换器、微处理器、存储器、总线等,所有的电路都是固定的;仪器把信号输入后,通过内部的处理,得出结果,供技术人员参考。虚拟仪表则是以计算机为核心,充分利用计算机强大的显示、处理、存储能力来模拟物理仪表的处理过程。

虚拟仪器的关键是软件的开发,通过应用软件,根据不同的需要,可以实现不同测量仪表的功能。通常,用户仅需要根据自己在仪表领域的专业知识,定义各种界面模式,设置测试方案和步骤,该软件平台就可以迅速完成相应的测试任务,并给出非常直观的分析结果。

8.3.6　虚拟仪器的发展

无论哪种 VI 系统,都是将硬件仪器(调理放大器、A/D 卡)搭载到笔记本电脑、台式 PC或工作站等各种计算机平台上,加上应用软件而构成的,基本可以实现用计算机的全数字化的采集测试分析。因此 VI 发展完全跟计算机的发展同步,显示出了 VI 的灵活性和强大的生命力。虚拟仪器的崛起是测试仪器技术的一次"革命",是仪器领域的一个新的里程碑。未来的 VI 完全可以覆盖计算机辅助测试(CAT)的全部领域,几乎能替代所有的模拟测试设备。它的重要意义在它有许多未知部分有待大家去发现。

虚拟仪器的前景十分光明,基于计算机的全数字测量分析是采集测试分析的未来。

虚拟仪器技术是当今计算机和仪器最新技术相结合的产物。虚拟仪器技术学习起来并不困难,因为它的概念很简单,且随着计算机编程技术的发展,使用计算机编程序将会越来越简单,尤其是图形编程语言 LabVIEW 的推出,更为没有编程经验的科技人员使用计算机铺平了道路,所以 LabVIEW 被誉为"科学家和工程师的语言",只要会操作计算机就足够了。

❓习题

1. 在机械式传感器中,影响线性度的主要因素是什么?

2. 举出 5 种你熟悉的机械式传感器,并说明它们的变换原理。

3. 电阻丝应变片与半导体应变片在工作原理上有何区别? 各有何优缺点? 应如何根据具体情况选用?

4. 电感传感器的灵敏度与哪些因素有关? 要提高灵敏度可采取哪些措施? 采取这些措施会带来什么后果?

5. 电容传感器、电感传感器、电阻应变片传感器的测量电路有何异同?

6. 试按接触式与非接触式区分各类传感器,列出它们的名称和变换原理。

7. 欲测量液体压力,拟采用电容传感器、电感传感器、电阻应变片传感器和压电传感器,请绘出可行的方案原理图。

8. 有一批涡轮机叶片,需要检测是否有裂纹,请列举出 2 种以上方法,并简述所用传感器的工作原理。

9.何谓霍尔效应？其物理本质是什么？用霍尔元件可测量哪些物理量？请举出3个例子说明。

10.选用传感器的基本原则是什么？在实际中如何运用这些原则？

11.磁电动圈式传感器的动态数学模型是（　　　）。

A.一阶环节　　　　　B.二阶环节　　　　　C.零阶环节　　　　　D.比例环节

12. 常用的光电元件传感器包括（　　　）。

A.电荷耦合器　　　B.光敏电阻　　　　C.压电晶体　　　　D.光敏晶体管

13.SnO_2型气敏器件在（　　　）下灵敏度高,而在（　　　）下稳定,此特点适宜于检测（　　　）微量气体。

A.低浓度　　　　　B.高浓度　　　　　C.低温度　　　　　D.高温度

14. 由许多个MOS电容器排列而成的,在光像照射下产生（　　　）的信号电荷,并使其具备转移信号电荷的自扫描功能,即构成固态图像传感器。

A.电子　　　　　　B.空穴　　　　　　C.磁场变化　　　　　D.光生载流子

15.基于（　　　）类型的传感器是从被测对象以外的辅助能源向传感器提供能量使其工作,称为能量控制型传感器。

A.压电效应式　　　B.热电效应　　　　C.光生电动势效应　　D.磁阻效应

16.（　　　）的基本工作原理是基于压阻效应。

A.金属应变片　　　B.半导体应变片　　C.压敏电阻　　　　D.光敏电阻

17.金属电阻应变片的电阻相对变化主要是由于电阻丝的（　　　）变化产生的。

A.尺寸　　　　　　B.电阻率　　　　　C.形状　　　　　　D.材质

18.光敏元件中（　　　）是直接输出电压的。

A.光敏电阻　　　　B.光电池　　　　　C.光敏晶体管　　　　D.光导纤维

19.压电式传感器是个高内阻传感器,因此要求前置放大器的输入阻抗（　　　）。

A.很低　　　　　　B.很高　　　　　　C.较低　　　　　　D.较高

20.光敏电阻受到光照射时,其阻值随光通量的增大而（　　　）。

A.变大　　　　　　B.不变　　　　　　C.变为零　　　　　　D.变小

21.压电式传感器常用的压电材料有（　　　）。

A.石英晶体　　　　B.金属　　　　　　C.半导体　　　　　D.钛酸钡

22.压电式传感器使用（　　　）时,输出电压几乎不受连接电缆长度变化的影响。

A.调制放大器　　　B.电荷放大器　　　C.电压放大器

23.压电元件并联连接时,（　　　）。

A.输出电荷量小,适用于缓慢变化信号测量

B.输出电压大,并要求测量电路有较高的输入阻抗

C.输出电压小,并要求测量电路有较高的输入阻抗

D.输出电荷量大,适用于缓慢变化信号测量

参 考 文 献

[1] 王霄锋. QS9000 参考手册学习与理解—测量系统分析. 北京:清华大学出版社,2004

[2] 李庆祥,王东生,李玉和. 现代精密仪器设计. 北京:清华大学出版社,2004

[3] 徐洁. 检测技术与仪器. 北京:清华大学出版社,2004

[4] 国家计量总局. 中华人民共和国国家计量检定规程汇编:温度专业. 北京:中国计量出版社,2002

[5] 王伯雄. 测试技术基础. 北京:清华大学出版社,2003

[6] 高庆中. 温度计量. 北京:中国计量出版社,2004

[7] 朱家良. 温度计量测试丛书:温度显示仪表及其校准. 北京:中国计量出版社,2008

[8] 钱绍圣. 测量不确定度:实验数据的处理与表示. 北京:清华大学出版社,2002

[9] 陈礼. 流体力学与热工基础. 北京:清华大学出版社,2002 年

[10] 国家质量监督检验检疫总局. GB/T 2624.4—2006,用安装在圆形截面管道中的差压装置测量满管流体流量. 北京:中国标准出版社,2017

[11] 袁志发,负海燕. 试验设计与分析. 北京:中国农业出版社,2007

[12] 姚家奕. 多维数据分析原理与应用. 北京:清华大学出版社,2004

[13] 张云涛. 数据挖掘原理与技术. 北京:电子工业出版社,2004

[14] 孔德仁,狄长安,陈捷,等. 工程测试技术. 北京:清华大学出版社,2008

[15] 张华,赵文柱. 热工测量仪表. 北京:冶金工业出版社,2006

[16] 张东风,片秀红. 热工测量及仪表. 3 版. 北京:中国电力出版社,2015

[17] 李吉林. 温度计量. 2 版. 北京:中国质检出版社,北京,2006

[18] 阎吉昌. 现代分析测试应用丛书:环境分析. 北京:化学工业出版社,2002

[19] R.E 贝德福德. 温度测量. 袁先富,译. 北京:计量出版社,1983

[20] 陈德钊. 多元数据处理. 北京:化学工业出版社,1998

[21] 张毅,张宝芬,曹丽,等. 自动检测技术及仪表控制系统. 3 版. 北京:化学工业出版社,2012

[22] 王森. 在线分析仪器手册. 北京:化学工业出版社,2008

[23] 刘元扬. 自动检测和过程控制. 3 版. 北京:冶金工业出版社,2005

[24] 唐经文. 热工测试技术. 重庆:重庆大学出版社,2007

[25] 赵军良. 物理测量技术. 北京:科学出版社,2012

[26] 左峰. 化工测量及仪表. 4 版. 北京:化学工业出版社,2020

[27] 杨立. 红外热成像测温原理与技术. 北京:科学出版社,2012

[28] 林宗虎. 工程测量技术手册. 北京:化学工业出版社,2000

[29] 李家伟,陈积懋. 无损检测手册. 北京:机械工业出版社,2004

[30] 孟华. 工业过程检测与控制. 北京:北京航空航天大学出版社,2002

[31] 蔡武昌. 流量测量方法和仪表的选用. 北京:化学工业出版社,2001

[32] 纪纲. 流量测量仪表应用技巧. 北京:化学工业出版社,2003

[33] 肖明耀. 测量不确定度表达指南. 北京:中国计量出版社,1994

[34] 孔德仁. 工程测试与信息处理. 北京:科技出版社,2003

[35] 苏彦勋. 流量计量与测试. 2版. 北京:中国计量出版社,2007

[36] 程贺. 流量测量及补偿技术. 北京:化学工业出版社,1995

[37] 凌善康. 温度—温标及其复现方法. 北京:中国计量出版社,1984

[38] 王江. 现代计量测试技术. 北京:中国计量出版社,1990

[39] 李在清. 光谱光度测量与标准. 北京:中国计量出版社,1993

[40] 李吉林. 辐射测温和检定/校准技术. 北京:中国计量出版社,2009

[41] 苏大图. 光学测试技术. 北京:北京理工大学出版社,1996

[42] 潘其光. 常用测温仪表技术问答. 北京:国防工业出版社,1989

[43] 石镇山,宋彦彦. 温度测量常用数据手册. 北京:机械工业出版社,2008

[44] 姜忠良. 温度的测量与控制. 北京:清华大学出版社,2005

[45] 魏龙. 热工与流体力学基础. 北京:化学工业出版社,2011

[46] 杨德骥. 红外测距仪原理及检测. 北京:测绘出版社,1989

[47] 刘辉. 电子仪器与测量技术. 北京:国防工业出版社,1992

[48] 孔德仁. 工程测试与信息处理. 北京:国防工业出版社,2003

[49] 王跃科. 现代动态测试技术. 北京:国防工业出版社,2003

[50] 国家质量监督检验检疫总局. JJF 1094—2002. 测量仪器特性评定. 北京:中国标准出版社,2002

[51] 李慎安. 测量准确度与测量仪器准确度. 北京:仪器仪表标准化与计量,2000(1):35-36

[52] 李慎安. 测量不确定度的计算机计算程序. 石油工业技术监督,1999(3):3-4

[53] Horst Ahlers. 多传感器技术及其应用. 王磊,马常霞,周庆,译. 北京:国防工业出版社,2001

[54] R. L 摩尔. 测试基础. 胡鼎昌,夏仲平,译. 北京:机械工业出版社,1985

[55] Z. A 亨利. 环境科学测试设备和测量. 余群,冯纪明,等译. 北京:机械工业出版社,1984

[56] McCree K J. Test of Current Definitions of Photosynthetically Active Radiation Against Leaf Photosynthesis Data. Agricultural Meteorology. 1972,10:443-453

[57] Lewis P D and Morris T R. Poultry and coloured light. World's Poultry Science Journal,56: 189-207

[58] The Basis of Physical Photometry. Technical report 18.2. Commission Internationale de l'Éclairage. Vienna,1983,1-37

[59] Prescott N B and Wathes C M. Spectral sensitivity of the domestic fowl. British Poultry Science 1999,40: 332-339